voir
l'invisible

voir l'invisible

Écrin
Échange et coordination recherche-industrie

Sous la direction de **Jean-Pierre Gex**

adaptation de
René Cuillierier

introduction de
Evelyn Fox Keller

préface de
Jean-Marie Lehn

omniscience
www.omniscience.fr info@omniscience.fr

Chez le même éditeur, dans la collection Écrin

Technologies du futur – Enjeux de société, 2005
Énergies alternatives, 2007
Hydrogène – Énergie du futur ? (à paraître, 2008)
Énergie nucléaire (à paraître, 2008)
De la terre à la table (à paraître, 2008)

Jaquette et couverture
Anne de Courseulles

Maquette et composition
JM.DESIGN www.jm-design.eu
creative behaviour

400 avenue Roumanille - BP 309 - 06906 Sophia-Antipolis cedex

ISBN : 978 2 916097 13 8

« Quand on est instruit, on comprend que la nature ayant gravé son image et celle de son auteur
dans toutes choses, elles tiennent presque toutes de sa double infinité. »
(Pensées, III, 24, Blaise Pascal*)*

« Car enfin qu'est-ce que l'homme dans la nature ?
Un néant à l'égard de l'infini, un tout à l'égard du néant, un milieu entre rien et tout. »
(Pensées, II, 72, Blaise Pascal*)*

« Voici mon secret. Il est très simple : on ne voit bien qu'avec le cœur,
l'essentiel est invisible pour les yeux. »
(Le Petit Prince, Antoine de Saint-Exupéry*)*

Préface

Ce livre est le fruit d'une coopération spontanée et enthousiaste de 101 auteurs du monde de la recherche et de l'industrie, experts dans leur domaine d'activité scientifique. Leur but commun est de montrer que la science nous permet de franchir les frontières du visible et de révéler le monde de l'invisible. Le lecteur découvrira toute la beauté de ce que nous ne pouvons percevoir directement avec nos yeux mais qui est présent à toutes les échelles, de l'infiniment petit à l'infiniment grand et en particulier à celle de l'être humain.

Ce livre présente une centaine d'exemples choisis dans ce vaste domaine de l'invisible. Ceux-ci montrent combien les scientifiques font preuve d'imagination, de créativité et de technicité pour réaliser des images qui visualisent ce que l'œil ignore mais qui néanmoins existe réellement. Ces images, qui sont source d'émerveillement, nous font percevoir et comprendre ce monde de l'invisible.

Cet ouvrage, qui s'adresse à un public de non-spécialistes, fera découvrir au plus grand nombre, sous forme concise et simple, les merveilles de la nature et de la vie. Personne ne peut en effet rester indifférent à la beauté de certaines images.

Je souhaite que cette lecture passionne de nombreux jeunes, qu'ils deviennent des soutiens fervents et des partenaires actifs de la recherche dans le cadre d'une carrière scientifique pour le plus grand bien de notre société, de nous tous !

Jean-Marie Lehn

Professeur au Collège de France
Membre de l'Académie des sciences
Prix Nobel de chimie

Institut de science et d'ingénierie supramoléculaires (Isis)
Laboratoire de chimie supramoléculaire
UMR 7006 CNRS-Université Louis Pasteur, Strasbourg

Sommaire

Voir l'univers

Voir... imperceptiblement

Avant-propos

L'œil est l'instrument de la vue. Il voit les objets qui nous entourent à la seule condition qu'ils émettent de la lumière, soit directement, soit par réflexion, soit par diffusion : par exemple, on voit le Soleil directement, la Lune parce qu'elle réfléchit le rayonnement solaire, le bleu du ciel parce que le rayonnement solaire est diffusé par l'atmosphère. Cette lumière véhicule trois informations : les trois dimensions (l'espace), le mouvement (le temps) et la *couleur*. Ainsi, à la lumière du soleil ou des éclairages classiques, l'œil est parfaitement adapté à nous diriger dans nos activités de la vie quotidienne. Hélas, il ne l'est absolument plus quand ces activités s'intéressent à des événements à l'échelle de l'infiniment petit ou de l'infiniment grand.

Considérons tout d'abord la couleur. Le rayonnement lumineux est considéré soit comme un ensemble de grains de lumière (les photons), soit comme une juxtaposition de vibrations ayant chacune une fréquence propre (la couleur) dont la durée s'appelle *longueur d'onde*. Les couleurs vues par l'œil sont celles de l'arc-en-ciel ; elles varient, en longueurs d'onde, de 4 à 7 dixièmes de millionième de mètre. L'ensemble du rayonnement, quant à lui, va de quelques dizaines de milliardièmes de mètre (le rayonnement X dur) au mètre (les ondes radar).

Qu'en est-il des dimensions ? L'œil apprécie des dimensions qui vont du millimètre à quelques kilomètres, alors que celles du monde qui nous entoure se situent entre le centième de milliardième de mètre (dans l'atome) et des millions de milliards de kilomètres (les galaxies lointaines).

Il en est de même pour le mouvement. Le mouvement perceptible à l'œil nu va de l'ordre du dixième de seconde à quelques heures, alors que la durée des événements de l'univers est comprise entre le milliardième de milliardième de seconde (le temps d'établissement d'une liaison chimique) et environ 13,7 milliards d'années (le début de l'Univers).

Pour *voir l'invisible*, la curiosité et la soif de connaissance conduisent donc l'être humain à utiliser ou à inventer des sources autres que celles qui émettent les couleurs de l'arc-en-ciel : les sources à rayons X, les infrarouges, les synchrotrons, les radars, etc. Il invente aussi des systèmes d'imagerie de diverses natures pour dépasser les limites imposées par son œil : les microscopes pour voir le tout petit, les spectromètres pour voir et analyser les couleurs, les télescopes pour voir très loin, etc. À cette fin, ces systèmes d'imagerie sont sensibles au rayonnement et traitent les informations recueillies sous forme d'images visibles à l'œil nu.

Dans le domaine de l'infiniment petit, le noyau ou les nucléons de l'atome sont sondés par des accélérateurs de particules qui jouent le rôle de gigantesques microscopes de plusieurs kilomètres de diamètre. Un rêve de chimiste est même devenu accessible : on voit en temps réel la formation d'une liaison entre atomes grâce à des mesures temporelles qui ont une résolution de l'ordre du millionième de milliardième de seconde (la *femtoseconde*). On vise pour bientôt le milliardième de milliardième de seconde (l'*attoseconde*). Dans des mesures sur le noyau, on est même descendu au-dessous du centième de milliardième de milliardième de seconde.

En médecine, les nouvelles technologies d'imagerie procurent des informations sur l'ensemble des organes du corps humain dont la précision n'a rien à voir avec celle obtenue dans le passé avec les premières radiographies par rayons X. Ces informations nous permettent, très souvent, de diagnostiquer, de suivre l'évolution d'une maladie et de déterminer les effets des médicaments ; elles peuvent guider aussi les gestes du praticien lors d'une intervention chirurgicale en *réalité augmentée*.

Qu'en est-il lorsqu'un laboratoire parvient à *voir* le photon, que l'on peut considérer comme la particule élémentaire de la lumière ? Et plus encore, lorsqu'une optique adaptative nous donne une vision presque parfaite de la mosaïque de photorécepteurs qui tapisse la rétine de l'œil ? Ironie ou caprice de la nature, l'invisible est l'organe de la vue même !

En physique des matériaux, pour la première fois, on a accès aux constituants élémentaires. On voit non seulement les atomes et les molécules individuellement, mais on les manipule, on les déplace, on teste même leur résistance pour les rendre plus pérennes. On apprend aussi que les matériaux qui nous entourent s'organisent en rangées d'atomes présentant des motifs réguliers et que les défauts qui perturbent cette belle régularité sont bien souvent au cœur même de leurs propriétés remarquables…

En informatique, la puissance de calcul des ordinateurs en parallèle nous projette dans des mondes virtuels. Ainsi en est-il de la fouille d'une grotte préhistorique, de la reconstitution d'une cité romaine ou des courants des océans, ou encore du contrôle d'un réseau de neurones artificiels dans le cerveau d'un robot qui nous permet de mieux comprendre nos propres mécanismes cognitifs !

Enfin, dans le domaine de l'infiniment grand, des télescopes immenses, de plus en plus sophistiqués, des satellites de plus en plus performants et des forces de calcul considérables permettent de voir de plus en plus loin dans l'espace, et par conséquent de remonter le temps en examinant notre Univers tel qu'il était il y a des milliards d'années. On voit l'importance de la matière invisible de l'Univers, la vibration des planètes ou l'environnement proche des trous noirs, mais aussi notre bonne veille Terre avec ses problèmes de réchauffement et de pollution, et tout ce qui fait que la vie y est possible.

Ces mondes invisibles sont passionnants et nous concernent tous. Ils reflètent la richesse de la vie. Sans plus tarder, nous vous souhaitons à tous une excellente lecture.

Jean-Pierre Gex
Directeur du domaine Optoélectronique
Écrin

Rendre perceptible l'imperceptible

Evelyn Fox Keller
Chaire Blaise Pascal
Recherches épistémologiques et historiques sur les sciences exactes et les institutions scientifiques (Rehseis) - UMR 7596 CNRS-Université Paris Diderot, Paris 7
Professeur émérite d'histoire et de philosophie des sciences, Massachusetts Institute of Technology (MIT), Cambridge (États-Unis)

La science moderne nous attire et nous aspire dans des mondes mystérieux et inconnus. Comme les illusionnistes d'autrefois, les savants d'aujourd'hui sont capables de stupéfiants tours de prestidigitation. De brefs comptes rendus du travail de plus d'une centaine d'entre eux, lesquels représentent un très bon éventail de la recherche contemporaine, sont rassemblés dans ce livre, afin d'inviter tous les profanes à *voir l'invisible*.

À partir de leurs recherches dans des mondes totalement inaccessibles à nos sens ordinaires, ces scientifiques de tous horizons ont essayé ici de rendre ces mondes disponibles par le biais de représentations visuelles, en rendant accessibles des images de ce qui se trouve au-delà de notre portée. Dans la tradition consacrée des Lumières, ils s'efforcent justement de répandre la lumière sur les vastes parties de l'univers qui étaient cachées jusqu'à maintenant, enterrées dans ce qui était, mais n'est plus, une impénétrable obscurité. Ils rendent ainsi visible l'invisible.

Ils nous transportent à travers les murs tel le passe-muraille ; ils nous équipent de caméras pour *voir* l'intérieur de territoires inconnus ou ils nous montrent la structure microscopique, voire nanoscopique, qui confère leurs propriétés aux matériaux. Ils nous emportent à l'intérieur du corps humain où, tels des microchirurgiens, nous sommes invités à explorer l'architecture neurovasculaire du cerveau ou les infimes détails du système vasculaire du cœur humain en train de battre ; ils nous réduisent en minuscules passagers pour un voyage à l'intérieur de l'animal, de la plante ou de la cellule bactérienne. Ils nous permettent d'identifier les molécules qui nous donnent la vie : nous les *voyons* à présent en train de danser, et nous pouvons désormais observer les infimes mécanismes biologiques de la cellule attelée à son prodigieux travail. Ils nous emmènent même au-delà des limites de la physique classique ; nous devenons les voyeurs de la vie intime d'une molécule ou les spectateurs quantiques de la formation d'une liaison entre deux atomes, de l'orbite d'un électron, d'un photon ou d'un neutrino. Mais ils nous font aussi assez grands pour *voir* notre vaste Univers. Nous sommes invités à observer la couche d'ozone dans ses moindres déplacements, à scruter les signes d'une Terre en train de se réchauffer, à explorer notre environnement planétaire puis celui de notre système solaire, à regarder l'intérieur d'étoiles très lointaines, à observer la matière invisible de l'Univers et même à examiner la structure des galaxies.

Plus encore. Ils mettent non seulement l'infiniment petit et l'infiniment grand à notre portée, mais aussi le passé le plus éloigné et l'avenir le plus lointain. Nous visitons des sites préhistoriques, nous nous promenons à travers les rues de l'ancienne Rome, ou encore nous découvrons les secrets perdus des potiers islamiques du VIIIe siècle. Et avec un peu d'imagination, nous pouvons lire dans les cartes de l'avenir, entrevoir ce qui nous attend. En bref, ils nous offrent une vue du monde qui transcende notre simple perspective et, affranchis des entraves que sont les limites de notre existence physique, nous dépassons la finitude de nos capacités sensorielles : nous accédons à

une vue du dessus ou de l'au-delà, une vision omnisciente de l'univers qui nous entoure.
Qui pourrait résister au charme d'une telle promesse ? Pourtant, avant d'embarquer pour ce voyage magique, il pourrait être utile de nous poser quelques questions. Commençons par une interrogation assez simple. Qu'y a-t-il de si important dans le fait de voir ?
Le désir de voir peut être, bien évidemment, considéré comme primaire chez l'être humain. Ceux d'entre nous qui sont assez chanceux pour voir progressent dans la vie avec leurs propres yeux. Voir permet d'anticiper, de savoir ce qui se trouve au-delà de notre toucher, ou ce qui se trouvait là avant que nous ne puissions l'atteindre de notre main. Nous faisons grand cas de la réalité de ce que nous voyons – comme le suggère l'expression « Je ne crois que ce que je vois », c'est la vision qui confirme notre réel. Plus encore, nous édifions notre cartographie mentale du monde sur la base de ce que nous voyons. Nombreuses sont les représentations contenues dans ce livre qui peuvent servir et qui servent vraiment de guide pour agir sur le monde – elles servent au corps médical pour affiner les procédures chirurgicales, à l'ingénierie pour fabriquer des matériaux plus performants ou de meilleurs instruments, à la sécurité civile pour élaborer des plans plus efficaces, etc.
Mais il y a encore un autre intérêt à voir, évident pour une grande majorité des illustrations présentées ici, et l'on peut même soutenir qu'il est plus important pour nous qui sommes des enfants des Lumières : voir permet de comprendre. En vérité, voir est si intimement lié au fait de comprendre que comprendre devient, à son tour, une façon de voir – l'expression « Ah je vois maintenant » traduit bien cette idée. En fait, il est devenu difficile de parler de compréhension sans évoquer la métaphore de la vision. Le but de la science est de *voir* une nature dévoilée ; expliquer les choses, c'est les rendre *claires et évidentes* pour mettre en lumière, illuminer le paysage qui se trouve devant nous ; nous comprenons quand nous avons vu, soit avec les yeux de notre corps physique, soit, plus intensément, avec l'œil de l'esprit. Ici, dans cette sélection d'images, c'est en premier lieu notre vue prosaïque que les scientifiques interpellent ; nous sommes invités à regarder avec l'implication claire que, une fois que nous aurons vu avec nos yeux physiques, nous verrons aussi avec l'œil de l'esprit. Nous comprendrons. *Voir l'invisible*, c'est comprendre l'univers qui nous entoure.
N'oublions pas enfin le plaisir considérable que voir peut offrir. C'est aussi une fonction de la vision – une raison de rendre les choses accessibles à notre sens visuel. Intentionnellement ou non, nombreuses sont les illustrations de ce livre qui sont incroyablement belles. Indépendamment de ce que ces images pourraient nous rendre capables de faire, de ce qu'elles pourraient rendre possible de

faire dans notre monde, mis à part ce qu'elles pourraient enseigner à propos de ce monde, et par le pouvoir de leur beauté visuelle, elles font tout simplement plaisir. Dans des textes conçus pour faire connaître les prouesses technologiques de la science moderne, il est beaucoup trop facile de ne pas tenir compte de la fonction esthétique d'une telle imagerie, même sans prendre en compte le charme direct qui opère quand nous nous trouvons devant ces superbes représentations ; sans elles, aucun livre de ce type n'aurait d'ailleurs été capable d'atteindre un public non spécialiste. Mais ces images ne peuvent pas toutes être, bien sûr, qualifiées d'objets esthétiques. Cependant, le fait qu'un grand nombre d'entre elles le soit représente une condition déterminée et préalable, sur laquelle les éditeurs ont insisté et à laquelle les différents contributeurs se sont efforcés de répondre. De fait, ils ont visiblement réussi, avec beaucoup de générosité, et le régal visuel qui en résulte suffira certainement à combler le lecteur.

Pourquoi voir est-il important ? Les réponses à cette question indiquent différentes directions. La première de notre liste est relativement simple : elle suggère que la vision a une fonction *cartographique*, et nous invite à voir au moins certaines de ces représentations comme des guides d'action. Mais quelle sorte d'action ? Eh bien, cela dépend ; chaque exemple induit une réponse spécifique et nous devons nous adresser au scientifique pour qu'il nous dise ce que ces représentations visuelles le rendent capable de faire. La question qui reste en suspens est celle de leur véracité : ce que nous voyons est-il réellement là ? L'image présentée est-elle un guide fiable d'action ? L'action en elle-même est sûrement le meilleur test possible pour le savoir. Nous apprenons que ce que nous voyons est bien réel, et n'est ni une illusion, ni un artefact de la technologie utilisée ; nous pouvons d'ailleurs *toucher* certains de ces objets révélés, en les déplaçant ou en les modifiant. Nous n'avons encore aucune raison de nous attendre à ce qu'une carte fiable représente fidèlement la réalité. Les cartes ne ressemblent pas aux paysages à travers lesquels nous voyageons : elles sont conçues pour faciliter nos voyages et non pour ressembler fidèlement au terrain lui-même. Il en est de même pour un bon nombre des représentations visuelles proposées ici. Nous n'avons pas nécessairement de raison d'en attendre la fidélité même – en réalité, c'est souvent le contraire. Dans la mesure où une représentation visuelle doit servir de guide d'action, elle doit être choisie, stylisée, colorisée avec soin. Dans beaucoup de ces images, plus d'attention a été portée aux besoins de notre observation qu'aux propriétés intrinsèques de que nous sommes supposés voir, et à juste

titre. La fonction de ces images est en effet de montrer, mais d'une manière qui pourrait trahir l'ambiguïté de ce terme : il s'agit en fait de *montrer* au sens de guider, de dresser une carte ou un plan, plutôt que de simplement exhiber. *Voir l'invisible* serait ici une façon de parler qui n'impliquerait pas que l'invisible ait réellement été rendu visible, mais seulement que l'invisible ait été offert à l'exploration, *comme* s'il était visible.

Parler de représentations visuelles comme de cartes, offertes *comme si* elles donnaient un accès visuel à l'invisible, amène à considérer un genre de représentation qui n'a rien à voir du tout avec la réalité – à savoir, en bref, des images visuelles qui ne sont pas les images d'un objet réel, mais celles d'une simulation ou d'une représentation abstraite d'un objet, d'un processus qui se trouveraient *ici et ailleurs*. Prenons, par exemple, l'image d'un électron entouré de six molécules d'eau. À vrai dire, comme l'explique l'auteur, ce n'est pas l'image d'un électron en soi que nous voyons (ci-dessous), mais celle de l'impact que les molécules d'eau qui l'entourent ont sur sa surface potentielle – cette surface est une propriété de l'électron qui fonctionne, tout au moins pour le chimiste ou le physicien, comme une *carte d'identité* de l'électron. En d'autres mots, nous ne regardons pas un électron mais une propriété particulière de cet électron : sa surface potentielle. Or, en vérité, ce n'est même pas la surface potentielle de l'électron que nous regardons, mais plutôt les résultats du calcul de cette propriété, elle-même basée sur le modèle d'un électron qui interagit avec des molécules d'eau. Ce que nous regardons est une simulation de la surface potentielle, obtenue à partir de calculs, et présentée sous une forme visuelle dans l'espoir qu'elle facilitera notre compréhension. Ici encore, *voir l'invisible* n'est qu'une façon de parler. L'électron n'a pas été rendu visible ; au lieu de cela, il est présenté *comme si* l'une de ses propriétés – ou mieux encore,

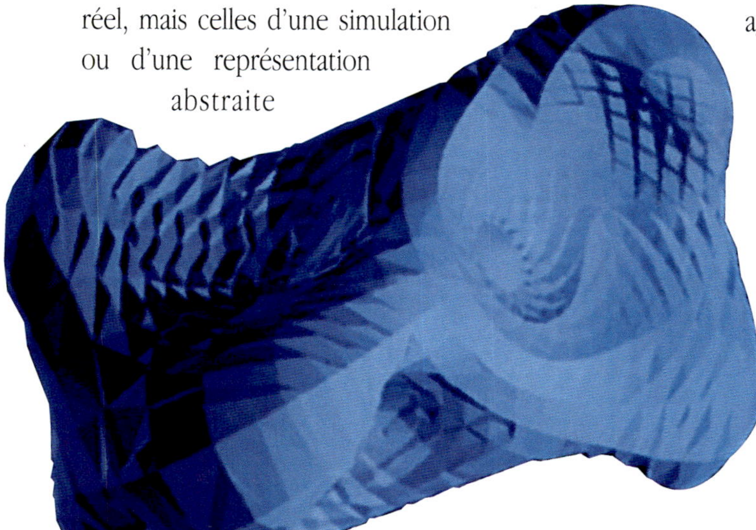

comme si l'électron lui-même – s'offrait à nos propres yeux. Ici aussi l'image s'offre comme guide, comme une sorte de *carte* ; mais, à la différence de la carte visuelle du système cardiovasculaire, cette image semble être offerte dans l'espoir qu'elle nous aidera à développer une carte mentale, une idée de ce qu'est l'électron, qu'elle nous aidera à le comprendre.

Cela nous amène directement à la deuxième fonction de la vision, explicitement soulignée dans cette introduction : voir implique comprendre. Cette affirmation peut, elle aussi, sembler – au moins à la lumière des phénomènes observés dans cet ouvrage – aller de soi, mais un simple examen plus poussé la révèle considérablement plus problématique qu'elle ne le semblait au premier abord. En fait, quel lien voir a-t-il avec comprendre ? Qu'est-ce que nous voulons vraiment dire par comprendre ? Ce mot a-t-il le même sens pour des individus différents ? Ce mot a-t-il le même sens dans des contextes différents ? Voilà certes de vastes interrogations, sûrement bien trop vastes pour cette introduction. Et pourtant quelques remarques pourraient être utiles. Il devrait être évident, à partir de l'expérience ordinaire, que la signification de *comprendre* n'est pas figée – mais qu'elle varie selon le contexte, selon les attentes et selon les besoins. D'ailleurs, les scientifiques eux-mêmes ne sont pas toujours d'accord sur cette signification. Pour certains, ce terme revêt un sens premier pratique : comprendre un effet signifie être capable de le (re)produire matériellement. Pour d'autres, comprendre signifie avoir un modèle mathématique qui, étant donné l'état d'un système à un moment initial, peut prévoir l'état du même système à un instant futur. D'autres peuvent se contenter d'un modèle statistique qui reproduit virtuellement un effet. D'autres encore peuvent parfois se satisfaire de la simple observation d'une suite de faits pour faire sens. De toute évidence, les représentations visuelles jouent des rôles très variés dans chacun des cas mentionnés ici – pour n'en citer que quelques-uns. Elles contribuent par exemple à créer l'impression d'assister à quelque chose, d'*y avoir été*, et, par conséquent, elles peuvent légitimer le témoignage. Elles remplissent aussi parfois la fonction de plans (de façon très similaire aux cartes que nous avons déjà évoquées) en guidant la conception d'un objet. Parfois aussi, elles peuvent remplir la fonction de diagrammes qui concrétisent des relations abstraites. Nous aimerions vraiment laisser là ces interrogations afin qu'elles incitent le lecteur à trouver ses propres réponses, à se forger sa propre opinion, en répondant à la question suivante : comment, et en quel sens, ce que nous voyons dans chacune des illustrations facilite-t-il notre compréhension ?

Se pose enfin la question de savoir ce que nous voulons signifier par *voir*, ou plus précisément, ce que nous voulons vraiment dire lorsque nous parlons de *voir l'invisible* ? N'y a-t-il pas là un paradoxe ? La phrase ne promet-elle pas ce qui, par définition, ne peut pas faire l'objet d'une promesse tenue ? L'invisible est ce qui se trouve au-delà du visible. Nous sommes capables de naviguer chirurgicalement à l'intérieur du corps humain, mais nous ne pouvons pas littéralement *voir* le réseau neural du cerveau, pas plus que nous ne pouvons littéralement *voir* la structure d'une molécule. Nous parlons ici d'élargir l'éventail de la sensibilité humaine mais, comme nous l'avons indiqué plus haut, ce qui est réellement présenté n'est, dans de nombreux cas, qu'un compte rendu devenu visible grâce à l'utilisation de données elles-mêmes non visuelles. Les scientifiques, et les non-scientifiques, en sont arrivés à croire que les objets sont *réellement là* et sont *réellement* comme ils nous les présentent, non parce qu'ils les ont vus de leurs propres yeux, mais parce qu'ils les voient sur la base d'une évidence produite par d'autres sortes d'investigations – par exemple, par des électrons ou par des ondes radio, ou encore par des ondes lumineuses hors du champ visuel. C'est le témoignage de telles investigations, plus que le témoignage humain, qui prouve l'existence de ces objets. Pour *voir l'invisible*, les données transmises par les instruments doivent être transformées sous une forme à laquelle nous sommes *capables* d'accéder. En d'autres termes, nous ne voyons pas les objets eux-mêmes : ce que nous voyons sont des images et des illustrations conçues par des instruments qui ne dépendent pas de la perception humaine – et qui n'ont même pas besoin d'un composant optique ou visuel. La donnée n'est pas visuelle en elle-même, mais elle est transformée en une forme visuelle. En vérité, ce sont précisément de tels instruments – et pas du tout l'expérience trop faillible de nos sens – qui garantissent la conviction scientifique de la réalité des objets observés. L'opinion des scientifiques ne repose pas en général sur le fait de voir, mais plutôt sur l'enregistrement ou la mesure. Leurs yeux, quelque utiles puissent-ils être pour percevoir une information, ou pour progresser dans la compréhension, sont entièrement inutiles en tant qu'arbitres factuels. La représentation visuelle est néanmoins admise par le profane comme nécessaire au fondement de l'opinion ou de la conviction. L'hypothèse courante veut que le profane ait tendance à ne croire que ce qu'il voit de ses propres yeux. On pourrait même dire que les magnifiques représentations de ce livre sont là pour charmer et induire qu'elles sont des mécanismes rhétoriques élaborés pour convaincre et que leur succès dépendra du fait qu'elles auront ou non créé l'illusion de représentations réalistes.

Lorsque Étienne-Jules Marey, physiologiste français du XIXe siècle, invente la *chronophotographie*, il invente un système photographique qui permet d'enregistrer le mouvement, de décomposer photographiquement la locomotion, étape par étape, ce qui échappait jusque là à la perception humaine. Il fit d'ailleurs un certain nombre de commentaires intéressants sur la relation entre son instrumentation et l'observateur humain. Ces commentaires restent pertinents dans le cadre des instruments extrêmement plus sophistiqués que nous utilisons aujourd'hui.

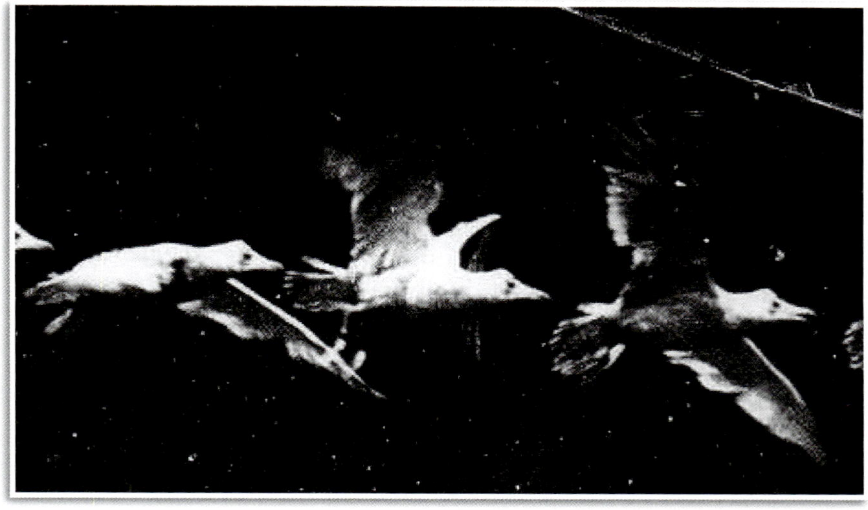

« Non seulement ces appareils sont destinés à remplacer parfois l'observateur, et dans ces circonstances s'acquittent de leur rôle avec une supériorité incontestable, mais ils ont aussi leur domaine propre où rien ne peut les remplacer. Quand l'œil cesse de voir, l'oreille d'entendre, et le tact de sentir, ou bien quand nos sens nous donnent de trompeuses apparences, ces appareils sont comme des sens nouveaux d'une étonnante précision. »

(E.-J. Marey, *La méthode graphique dans les sciences expérimentales*, 1878)

Si ces appareils peuvent être « comme des sens nouveaux », ils leur sont d'une « supériorité incontestable » et sont d'une « étonnante précision ». Et à vrai dire, il est déterminant pour leur fonction qu'ils ne soient, en fait, pas du tout des sens.

Il y a, dans la position de Marey, une ambivalence pertinente sur ce que la chronophotographie nous apporte ; on peut tout à fait trouver un écho de la même ambivalence à travers toutes les présentations de ce livre, malgré le fait qu'elles font référence à des technologies visuelles qui ont été développées presque 150 ans après les inventions de Marey. Nous souhaiterions terminer cette introduction en nous tournant vers l'interprétation de cette position faite par l'historien d'art Joel Snyder.

« Marey n'a jamais abandonné sa conception de la photographie comme représentation de ce que nous voyons ; il n'a pas non plus abandonné la notion de chronophotographie comme une forme de révélation de l'imperceptible, comme l'enregistrement de spectacles indétectables par l'œil humain. L'observateur oscille un moment entre ce qui est visible à l'œil nu et photographiquement reproductible, et ce qui est invisible à l'œil mais néanmoins reproductible par des moyens chronophotographiques. »

(J. Snyder, « Visualization and Visibility », 1998)[1]

1- Toutes les citations utilisées ici sont tirées de l'article de Joel Snyder, « Visualization and Visibility », publié dans *Picturing Science, Producing Art*, C.A. Jones, P. Galison, Routledge, 1998, p.379-400. Les citations de Marey se trouvent également dans cet article.

Le lecteur oscille devant un fossé que rien ne peut combler, entre la « révélation de l'imperceptible », représentation de ce que personne n'a en réalité jamais pu réellement voir, et le fait de rendre accessible à la vision ce qui n'a pas encore été vu, peut-être même ce qui ne peut pas être vu à l'œil nu. Les photographies sont faites pour rendre visible ce qui ne peut pas être vu en réalité mais qui aurait pu l'être par principe, exactement comme les microscopes et les télescopes sont faits pour rendre visible ce qui est d'ordinaire, mais pas fatalement, invisible. La chronophotographie a néanmoins révélé des aspects du mouvement qui en fait n'avaient jamais pu être vus auparavant. Nous rencontrons là un fossé que seule l'imagination peut combler. Marey dit d'ailleurs que les images de la chronophotographie plaisent plus à notre imagination qu'à nos sens. Et ce à quoi Snyder fait allusion quand il parle d'« oscillation » n'est rien de plus qu'une manière particulière par laquelle l'imagination travaille à combler un tel fossé.

C'est la même « oscillation » qui se présentera au lecteur de ce livre, elle sera aussi présente pour lui qu'elle l'a été pour le public de Marey. Il y a en effet un sens par lequel le lecteur n'a pas d'autre choix que de voir les images de « ce qui est invisible à l'œil mais néanmoins reproductible par des moyens » techniques, comme s'il regardait ce qui est photographiquement représentable. Nous n'avons pas d'autre moyen de voir ce qui est à notre disposition. Plus encore, comme pour souligner ce fait, comme pour renforcer cette oscillation même, le contenu de cet ouvrage rappelle parfois directement l'inévitable référence au fait réel de voir par le montage habile d'images de la photographie représentative avec des images de ce que nous ne pouvons pas voir.

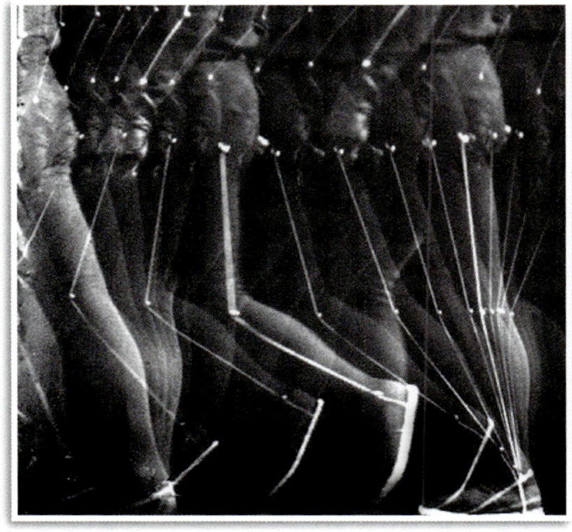

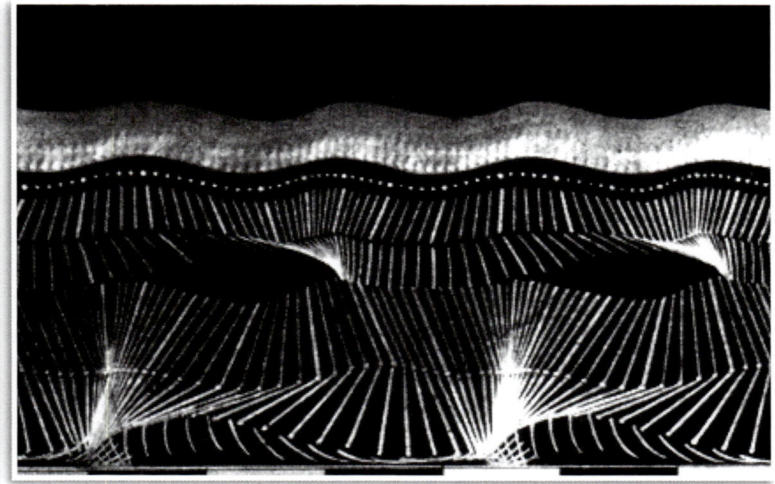

Nous l'avons déjà dit : une telle oscillation agit de manière à combler le fossé entre ce qui est photographiquement indescriptible, ce qui est invisible, et ce que nous pouvons voir de nos propres yeux. Mais il n'y a évidemment rien de simple ni de neutre dans ce processus. En comblant ce fossé, l'oscillation agit de façon à prêter aux images du photographiquement indescriptible l'autorité, la crédibilité et les attentes de ce que nous sommes enclins à donner au visible, par exemple en nous persuadant de la réalité d'objets invisibles qui sont ainsi représentés.

Snyder souligne un autre point, qui semble également pertinent pour aiguiser notre expérience ; il se rapporte au même processus mais dans le sens opposé.

« Non seulement ces images peuvent représenter ce que nous ne pouvons pas voir, mais elles nous apportent, en définitive, le témoignage de ce que nous sommes censés voir vraiment et que nous ne pourrions pas voir autrement – elles nous permettent de revendiquer ce que nous avons exactement devant les yeux – et, enfin, elles nous permettent d'affiner notre jugement sur ce que nous voyons. Les chronophotographies peuvent ainsi nous emporter dans un domaine que nous ne pouvons pas voir ; pourtant, en même temps, elles peuvent aussi montrer ce que nous pouvons voir... »

(J. Snyder, « Visualization and Visibility », 1998)

En d'autres termes, l'oscillation entre ce qui est visible et ce qui ne l'est pas confère à ce que nous voyons de nos propres yeux – y compris les images photographiquement descriptibles de ce qui peut être vu – toute l'autorité que nous sommes prêts à accorder aux articles de la recherche scientifique. Nous attendons donc de ces productions qu'elles nous indiquent ce que nous pouvons voir et ce que nous voyons réellement.

Voici un livre qui surprendra, mais qui instruira aussi. Mieux encore, c'est un livre qui comblera certainement l'œil de plaisir. Nous invitons donc le lecteur à ne pas retenir de ce voyage qui lui est offert uniquement le plaisir visuel que les images qui suivent pourront lui procurer, mais en même temps, au fur et à mesure de sa lecture, nous l'incitons à se laisser sensibiliser à la problématique inhérente à l'idée même de *voir l'invisible* et à s'emparer de son contenu pour nourrir les réflexions que ces mêmes images ne manqueront pas de soulever.

voir

Sa Majesté des mouches

Nicolas Franceschini

Mouvement et perception - UMR 6152
CNRS-Université de la Méditerranée, Marseille

L'œil d'un insecte est formé de nombreux petits yeux adjacents, les ommatidies, chacun coiffé d'une facette. Au fond de chaque ommatidie se trouvent des cellules photoréceptrices. On observe ici le contenu d'environ 40 ommatidies parmi les 3 000 de l'œil d'une mouche domestique vivante et intacte. Chaque point lumineux est un récepteur, analogue aux photorécepteurs de la rétine humaine. Comme eux, ils ont un diamètre infime (1 à 2 micromètres). Ils sont groupés par paquets de huit, dont sept sont visibles ici, à raison d'un paquet par ommatidie : six récepteurs périphériques, numérotés R1 à R6 (en rouge) et un récepteur central R7 (vert, noir ou rouge) prolongé par le récepteur R8. Les couleurs observées sont des couleurs naturelles, dites d'*autofluorescence*. Elles ont permis de démontrer que la vision des couleurs chez l'insecte repose sur des ommatidies qui n'ont pas toutes la même sensibilité spectrale.

Pour obtenir cette image, une mouche collée à l'extrémité d'un cure-dent a été amenée sous le microscope, un œil orienté vers l'objectif. Pour mettre au point le microscope sur la rétine, il a fallu s'affranchir des facettes qui sont de véritables lentilles convergentes dont la présence est indésirable. Pour cela, on les *neutralise optiquement* en déposant une simple goutte d'eau sur leur surface : on peut alors voir à travers chacune d'entre elles. Le microscope utilisé est à *épifluorescence* ; il a révélé que les cellules photoréceptrices sont fluorescentes *in vivo*. Elles émettent des lumières rouge ou verte, selon l'ommatidie, sous l'effet d'un éclairement bleu intense. Chaque cellule est un capteur photoélectrique plus sensible que le meilleur photomultiplicateur jamais construit par l'homme. Elle répond à l'éclairement par un signal électrique pouvant atteindre 60 millivolts, que l'on mesure en pénétrant dans son cytoplasme avec une microélectrode ultrafine (0,1 micromètre). En associant de tels enregistrements *intracellulaires* à la visualisation de la rétine *in vivo*, on a pu assigner à chaque récepteur une sensibilité spectrale donnée et établir une véritable division du travail au sein de la rétine de mouche : les deux cellules centrales (R7 et R8)

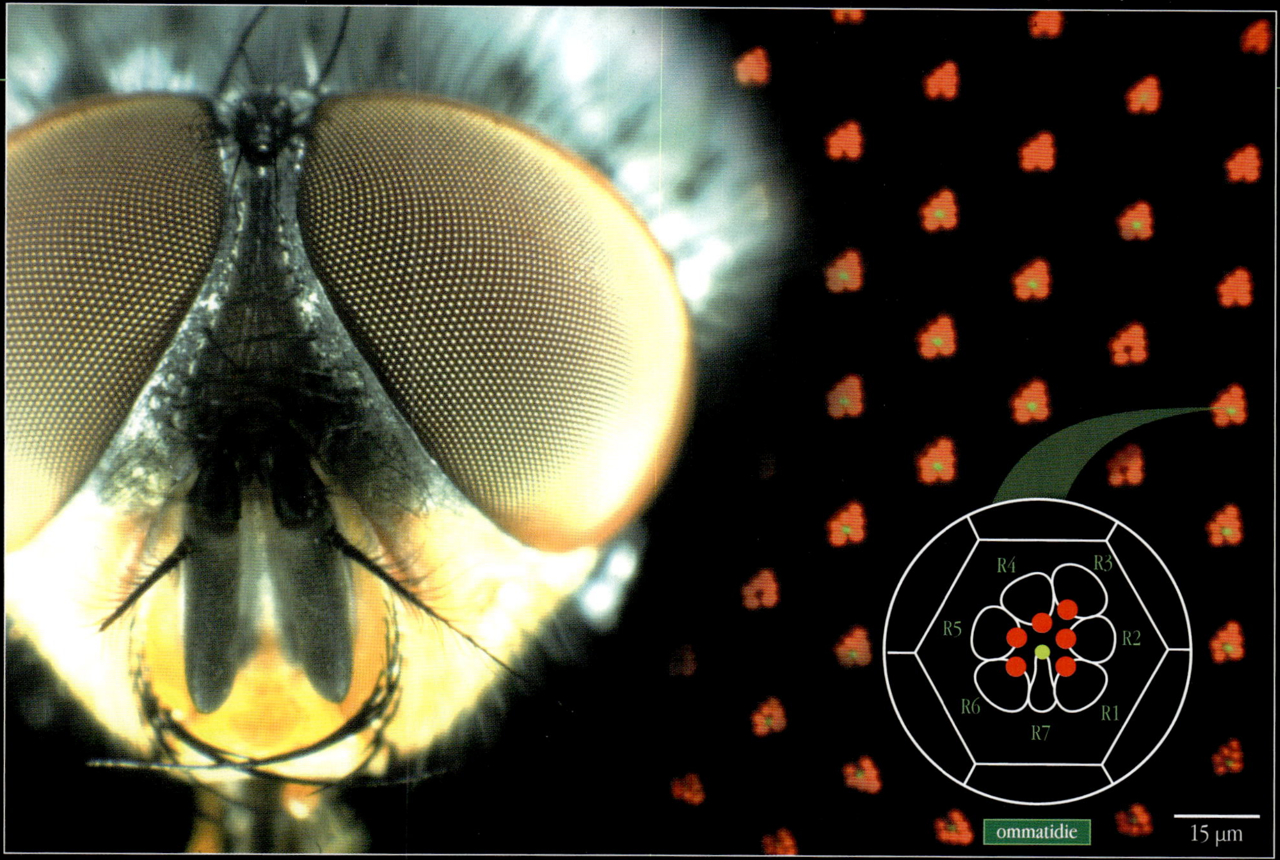

– 30 - 214 - 216 –

participent à la vision des couleurs, tandis que les six cellules périphériques (R1 à R6) participent à la vision du mouvement.

La découverte de l'autofluorescence des photorécepteurs s'est produite alors que je m'obstinais à vouloir marquer les neurones en injectant dans la rétine des colorants fluorescents à des concentrations de plus en plus fortes. Des expériences de contrôle ont montré que les cellules étaient d'autant *plus* fluorescentes qu'on injectait *moins* de colorant. Une nuit passée au laboratoire m'a permis de comprendre que les colorants injectés ne faisaient qu'atténuer une émission *naturelle* insoupçonnée des pigments visuels, émission d'autant plus inattendue qu'elle n'existe pas chez les vertébrés (dont le pigment visuel se décolore sous l'effet de la lumière).

La mouche est un *aéronef* agile transportant son million de neurones dans les endroits les plus imprévus. Merveille de neuronique et d'optronique intégrées, cette créature autonome illustre des problèmes généraux de contrôle sensorimoteur propres aux animaux et aux véhicules intelligents de demain. En rendant la rétine de la mouche accessible *in vivo*, cette expérience a ouvert la voie à la microstimulation lumineuse de chaque cellule individuelle. Grâce à ces manipulations infaisables chez un vertébré, nous avons décrypté le fonctionnement des neurones détecteurs de mouvement qui se cachent derrière la mosaïque rétinienne. Il est apparu que ces neurones contrôlent la locomotion en mesurant la vitesse de défilement de l'image rétinienne, le *flux optique*. En transcrivant le schéma de fonctionnement de ces neurones en microcircuits électroniques, nous avons donné naissance à des robots, terrestres ou aériens, capables de s'orienter et d'éviter les obstacles. De tels robots *neuromimétiques* ont le mérite d'éclairer, à leur tour, le fonctionnement des boucles sensorimotrices chez l'animal.

Pour en savoir plus

« A bio-inspired flying robot sheds light on insect piloting abilities », N. Franceschini, F. Ruffier et J. Serres, *Current Biology*, 2007, **17**, p. 329-335.

« Reconstruire pour mieux comprendre : de la mouche au robot », N. Franceschini, *Cerveaux et machines*, Hermès, 1999, p. 247-268.

« Early processing of colour and motion in a mosaic visual system », N. Franceschini, *Neuroscience Research*, 1985, supplément **2**, p. 17-49.

« Fluorescence of photoreceptor cells observed in vivo », N. Franceschini, K. Kirschfeld et B. Minke, *Science*, 1981, **213**, p. 1264-1267.

« Evidence for a sensitising pigment in fly photoreceptors », K. Kirschfeld, N. Franceschini et B. Minke, *Nature*, 1977, **269**, p. 386-390.

Au fond des yeux

Nicolas Franceschini

Mouvement et perception - UMR 6152
CNRS-Université de la Méditerranée, Marseille

Lorsqu'on observe au microscope l'œil composé d'une mouche sans en neutraliser les facettes, on observe sept curieuses taches rouges dont l'agencement rappelle fortement celui des sept minuscules cellules photosensibles présentes dans chaque *ommatidie* (petit œil élémentaire de l'œil à facettes de la mouche). Si l'on fait basculer la tête de l'insecte de côté ou vers l'avant, le phénomène reste le même, comme figé au fond de l'œil. On a donné à ce phénomène optique surprenant le nom de ***pseudopupille profonde***.

En réalité, chaque facette est une microlentille qui agit comme une loupe : elle donne, tout au long de son axe optique, une image virtuelle agrandie du motif présent dans son plan focal, c'est-à-dire de ses sept photorécepteurs. Comme le même motif se répète dans le plan focal de chaque facette et que les axes optiques de toutes les facettes convergent en un même point (le centre de courbure de l'œil), on s'attend à voir en ce point se superposer les images individuelles du motif en question, données par chaque facette. La pseudopupille profonde résulte précisément de cette superposition, au centre de courbure de l'œil, d'images virtuelles agrandies des photorécepteurs, issues de plusieurs ommatidies adjacentes.

La formation du phénomène témoigne de la perfection extraordinaire de la construction optique de l'œil composé. Chez certains insectes, les photorécepteurs sont cernés d'une couronne de pigment noir : on en retrouve donc une image agrandie au centre de courbure de l'œil. La tache noire est alors si grosse qu'elle rappelle la pupille de l'œil humain ; elle est visible à l'œil nu dans la profondeur de l'oeil d'une sauterelle ou d'une libellule (ci-contre chez l'abeille). Ce phénomène de fausse pupille, qu'on appelle aussi la *pseudopupille*, a longtemps intrigué entomologistes et physiciens.

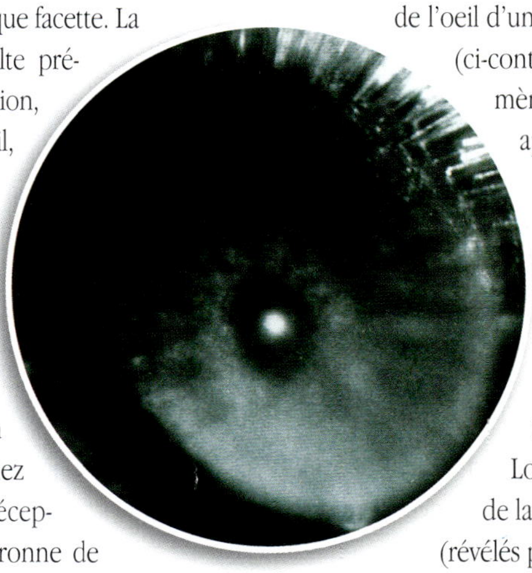

En expliquant ce phénomène, nous avons pu découvrir un mécanisme d'adaptation ingénieux illustré par les trois photographies suivantes. Lorsqu'on éclaire fortement l'œil de la mouche, les photorécepteurs (révélés par la pseudopupille profonde) apparaissent rougeâtres, puis présentent, deux secondes plus tard, une couleur verte papillotante

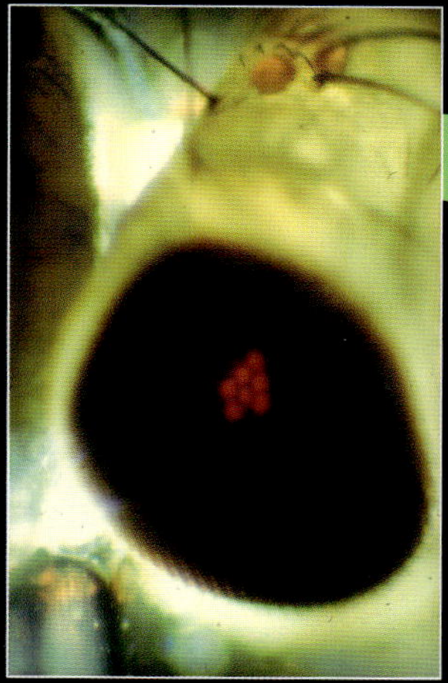

œil de drosophile (mouche du vinaigre) montrant la pseudopupille profonde, qui paraît rouge en lumière naturelle ; l'impression de flou est due au fait que la mise au point est faite non pas à la surface de l'œil mais dans sa profondeur.

œil de drosophile montrant les changement rapides d'apparence de la pseudopupille profonde observée en lumière blanche incidente

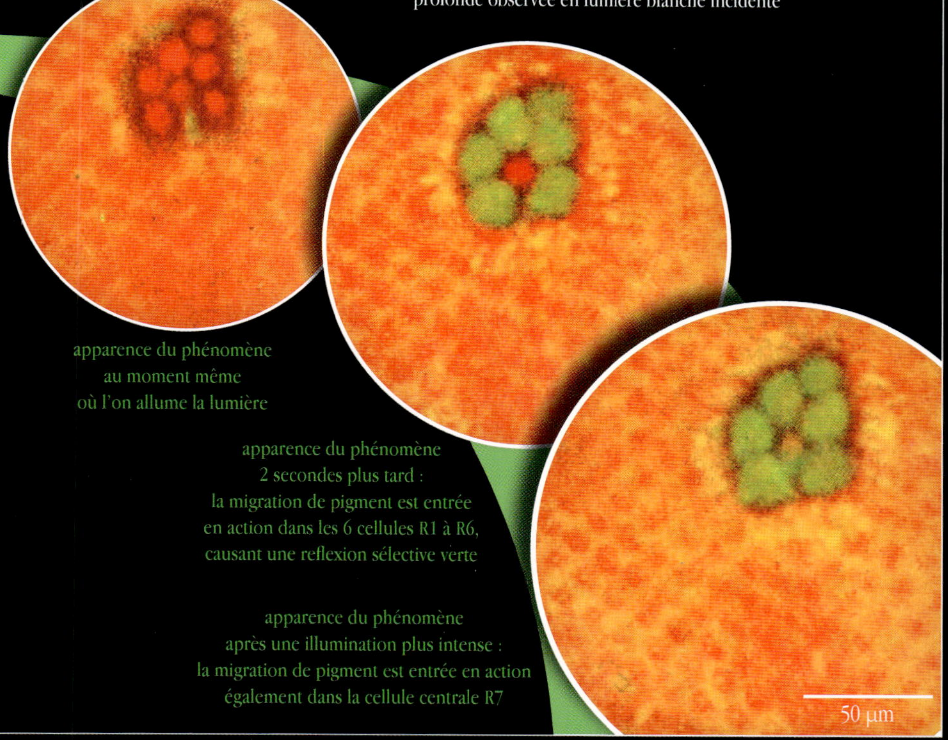

apparence du phénomène au moment même où l'on allume la lumière

apparence du phénomène 2 secondes plus tard : la migration de pigment est entrée en action dans les 6 cellules R1 à R6, causant une reflexion sélective verte

apparence du phénomène après une illumination plus intense : la migration de pigment est entrée en action également dans la cellule centrale R7

— 28 - 214 - 216 —

(du moins les six récepteurs périphériques). Le responsable de ce changement est une nanomachine biologique. Sous l'effet de la lumière, de très fins granules pigmentaires (100 nanomètres) migrent dans le cytoplasme de chaque photorécepteur et absorbent une partie de la lumière (causant accessoirement une vive réflexion verte). Cet atténuateur automatique représente la *pupille privée* de chaque cellule – par opposition à la *pupille collective* de nos yeux qui atténue la lumière de toute la rétine. On a donc découvert la vraie pupille des insectes en démystifiant la fausse !

Contrairement à l'œil de l'homme et des vertébrés, dont l'optique est bien comprise depuis le XIXe siècle, l'œil composé des insectes et des crustacés présentait encore, vers la fin des années 1960, des phénomènes optiques mystérieux laissant planer une ombre sur son fonctionnement véritable. Décrit pour la première fois par le Marquis de Serres en 1826, le phénomène de pseudopupille a fait couler beaucoup d'encre. En fait, il s'explique simplement comme la conséquence d'un réseau de microlentilles présentant toutes le même motif dans leur plan focal et dont les axes optiques convergent en un même point. Dernier bastion de l'optique physiologique, la pseudopupille aura résisté 145 ans, alors que son explication ne fait appel qu'à des notions d'optique géométrique du niveau d'une classe de lycée aujourd'hui !

Si la pseudopupille profonde ne joue aucun rôle pour l'insecte lui-même, elle offre à l'expérimentateur une fenêtre exceptionnelle sur le système nerveux d'un animal. La compréhension du phénomène de la pseudopupille aura permis, par exemple, de découvrir chez la mouche du vinaigre d'importants mutants oculaires (notamment le mutant *sevenless,* dépourvu de photorécepteurs R7), d'analyser *in vivo* les pigments visuels de cellules individuelles, ou de comprendre le mécanisme de phototransduction (conversion du signal lumineux en un signal électrique dans un photorécepteur). Des mécanismes biologiques fondamentaux ont pu être étudiés grâce à la pseudopupille profonde, comme la différenciation cellulaire et le développement du système nerveux. En incorporant à des photorécepteurs de mouche un gène humain impliqué dans des maladies telles que la chorée de Huntington, on a pu étudier *in vivo* la dégénérescence neuronale qui en est la cause.

Pour en savoir plus

« Le contrôle automatique du flux lumineux dans l'œil composé des diptères », N. Franceschini et K. Kirschfeld, Biological Cybernetics, 1976, 21, p.181-203.

« Les phénomènes de pseudopupille dans l'œil composé de Drosophila », N. Franceschini et K. Kirschfeld, Biological Cybernetics, 1971, 9, p.159-182.

L'invisible d'où naît le visible

François Lacombe

Laboratoire d'études spatiales et d'instrumentation en astrophysique (Lesia)
UMR 8109 CNRS-Observatoire de Paris
Mauna Kea Technologies

Sur une image du fond de l'œil, on a représenté un zoom révélant la mosaïque des photorécepteurs – les cônes – qui tapissent la rétine. Après un traitement adéquat, une telle image permet de mesurer *in situ* les distances entre les cônes et leur densité en chaque point de la surface. Ces mesures de la densité surfacique des photorécepteurs conduisent à la constitution d'une carte, où les couleurs représentent le nombre de cônes par mm² – du bleu (20 000) au rouge (60 000). Les anomalies de cette distribution sont susceptibles d'apporter des renseignements précieux sur certaines maladies dégénératives de la rétine. L'originalité de ces images est qu'elles reposent sur une technique développée à l'origine pour l'astronomie.

La rétine est un édifice cellulaire complexe, qui met simultanément en œuvre de nombreuses fonctions biologiques, dont la combinaison forme ce que nous appelons la vue. Nichés dans les profondeurs de l'architecture rétinienne, les photorécepteurs, à l'origine du *stimulus* visuel, y jouent un rôle central. Un dépeuplement partiel ou total de la région maculaire, provoqué par certaines maladies dégénératives de la rétine, mène progressivement à la cécité. Pour détecter ces maladies à un stade très précoce, pour mieux comprendre leur évolution et mettre en œuvre des thérapies plus efficaces, il est indispensable d'observer *in vivo* la mosaïque de ces photorécepteurs. Malheureusement, ces cellules particulières sont si petites – de deux à trois micromètres de dimensions latérales dans la région centrale de la rétine, la fovéa – qu'il est théoriquement impossible de les observer avec un instrument d'ophtalmologie classique faisant face à l'œil, puisque celui-ci doit d'abord « traverser », pour accéder à la rétine, d'autres éléments optiques imparfaits, à savoir la cornée et le cristallin. De fait, les performances de l'œil sont limitées essentiellement pour des raisons physiologiques. Le diamètre de sa pupille et sa distance focale lui confèrent bien, pour la longueur d'onde de la lumière visible, un pouvoir séparateur théorique de 1 à 2 micromètres comptés dans le plan de la rétine. Mais dans la réalité, ce pouvoir n'est, au mieux, que de 5 micromètres, à cause de petits défauts de surface et d'homogénéité des composants oculaires (cornée, cristallin, humeur vitrée, etc.), qui provoquent des déviations, ou *aberrations*, de la lumière. Les photorécepteurs, dont la taille est de l'ordre de 5 micromètres, ne sont donc optiquement accessibles, depuis l'extérieur de l'œil, qu'à un instrument qui serait capable de corriger ces défauts physiologiques.

Ce problème des médecins ophtalmologistes s'apparente à celui qu'ont rencontré les astronomes qui, pour combattre les aberrations générées par la turbulence

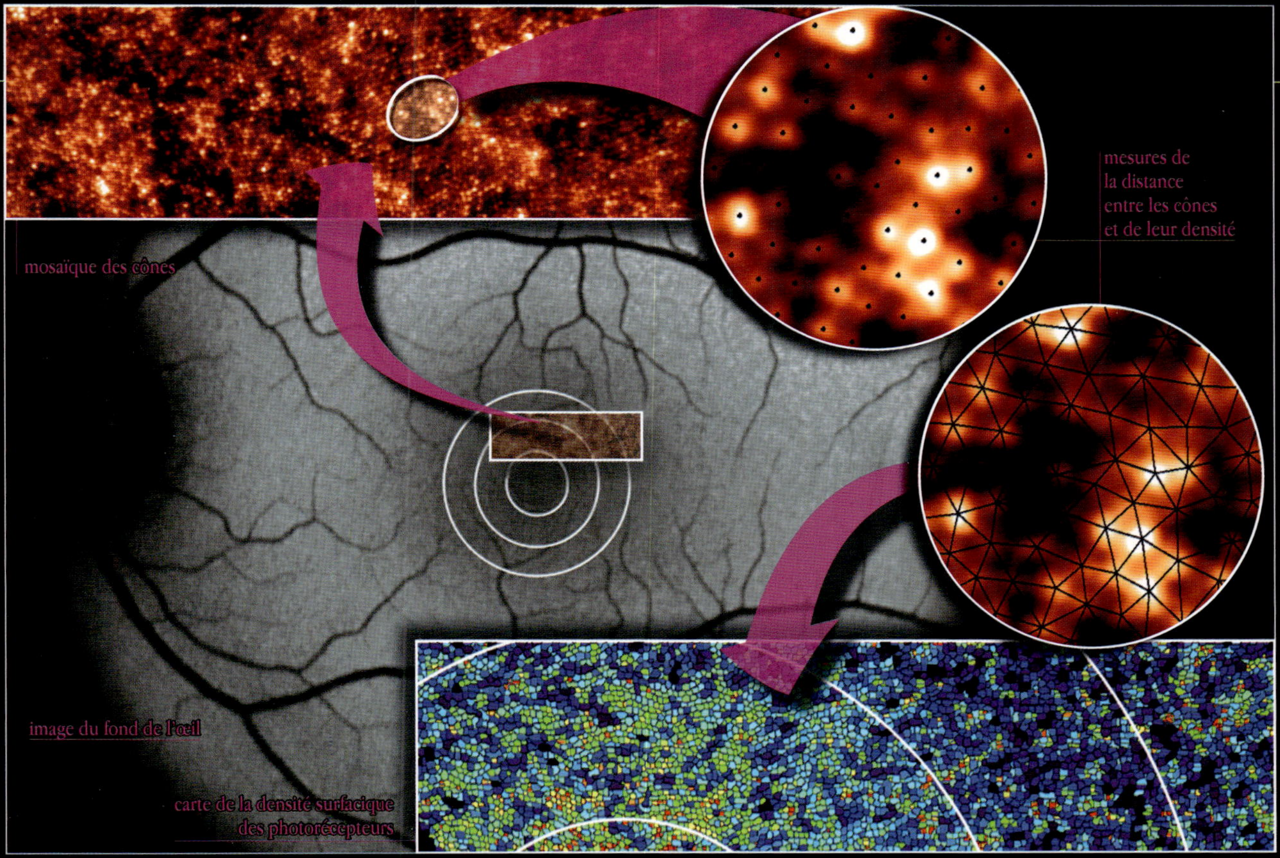

— 72 - 176 - 206 —

atmosphérique et la forte dégradation des performances de leurs télescopes, ont dû développer des techniques dites d'*optique adaptative*. La méthode consiste à équiper l'instrument, ici le rétinographe, d'optiques capables de mesurer les aberrations oculaires et de produire des aberrations compensatoires de signe opposé. Un asservissement du profil de ces optiques permet à l'ensemble « imageur + œil » de s'adapter à toute évolution, même rapide, de la courbure des dioptres oculaires (jusqu'aux fluctuations du film de larmes, par exemple). Le voile qui recouvre la mosaïque des photorécepteurs est alors levé.

L'optique adaptative est une technique transdisciplinaire. Elle résulte de la combinaison de micro- et de nanotechnologies de pointe, celles des miroirs déformables et des capteurs, avec des principes de mathématiques et d'automatique complexes, dont les plus grandes réalisations nécessitent des calculateurs aux architectures spécifiques. Après avoir révolutionné l'astronomie, où elle s'est progressivement imposée depuis 20 ans sur tous les grands télescopes au sol, l'optique adaptative s'installe maintenant dans des domaines aussi divers que les lasers de puissance ou l'imagerie médicale. L'arrivée des optiques liquides dans les caméras des futurs téléphones portables marquera peut-être son entrée dans notre vie quotidienne. Mais parmi les applications qui héritent de l'astronomie, l'ophtalmologie tient une place à part, dans la mesure où, fait marquant, les développements y sont réalisés conjointement par des astronomes et des médecins. Ironie ou caprice de la nature, l'invisible est ici l'organe de la vue même. Voir la rétine, pour comprendre la cécité, c'est aussi voir et comprendre la vue et, dans une certaine mesure, notre perception du réel et notre interaction avec lui. Espérant en décupler l'acuité, certains ont imaginé tourner cette technique vers l'extérieur de l'œil, plutôt que vers l'intérieur, nous révélant ainsi un monde de détails toujours plus fins. Un rêve qui s'efface hélas devant la nécessité de disposer également, pour capter ces images, de cellules photoréceptrices elles aussi bien plus fines...

Pour en savoir plus

http://lesia.obspm.fr/astro/optada/OEIL/pages/accueil.html

La vision braille

Edwige Pissaloux
Institut des systèmes intelligents et de robotique (Isir) - FRE 2507
CNRS-Université Pierre et Marie Curie, Paris 6

Une personne équipée de lunettes *intelligentes* constituant un système dit de *stéréovision* perçoit son environnement par le toucher. On observe à gauche comment la disposition des objets situés devant le sujet est décomposée en deux types de zones – celles qui présentent un obstacle et celles qui sont libres – et traduite sur une surface braille. Cette interface à stimulation tactile est réalisée grâce à la technologie des alliages à mémoire de formes (des matériaux intelligents qui adoptent des formes définies à l'avance selon la façon dont ils sont excités). Elle permet de représenter l'espace – ici quelques mètres seulement devant le sujet à cause de la taille limitée de la surface braille utilisée.

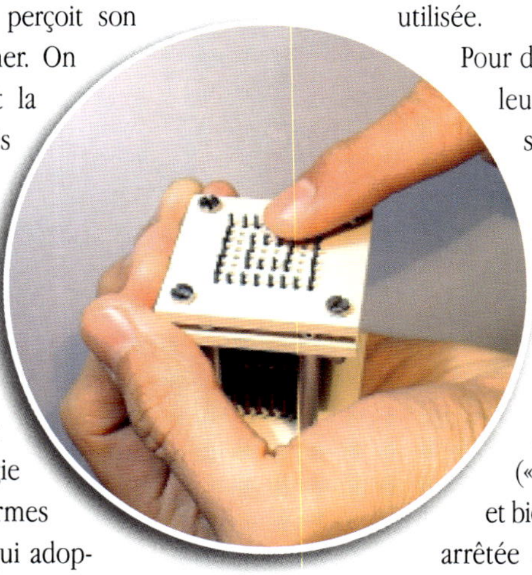

Pour détecter les obstacles, estimer leur mouvement, pour les localiser par rapport à soi et anticiper leur position future, notre cerveau construit une *carte cognitive* de son environnement à partir des informations recueillies par tous nos sens : l'odorat (« ça sent les gaz d'échappement »), l'ouïe (« j'entends un bruit de moteur ») et bien sûr la vue (« une voiture est arrêtée sur le passage clouté, mais les informations précédentes m'apprennent qu'elle s'apprête à démarrer »). Chez les déficients visuels et chez les aveugles, cette carte mentale est privée de l'information essentielle fournie par les yeux. Aussi de nombreux laboratoires conçoivent-ils pour ces personnes des aides, des assistances technologiques qui leur permettent de compléter leur carte cognitive de l'espace. Pour cela, le système doit être non invasif – difficile d'avoir une vie normale avec des électrodes plantées dans le cortex visuel ! La conception de surfaces tactiles à haute densité associées à un système de vision est l'une des réponses possibles, encore doit-elle fournir l'information sous une forme utilisable, c'est-à-dire qui soit en accord à la fois avec les principes de la physiologie du toucher et avec les règles qui régissent notre perception de l'espace. C'est une tâche très ardue qui nécessite de tester plusieurs solutions pour trouver la meilleure réponse technique possible.

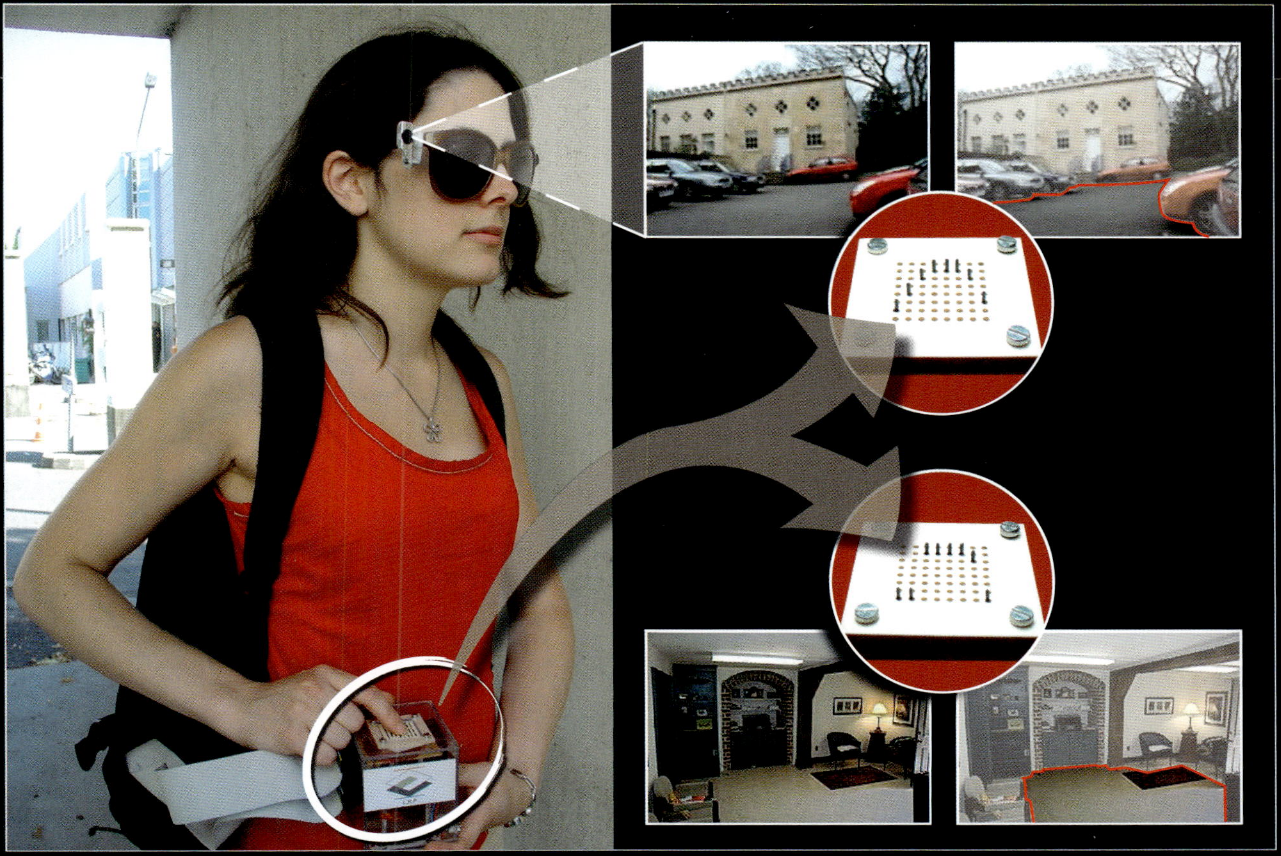

— 210 —

L'information tactile délivrée par l'interface de l'instrument contient une représentation simplifiée de l'espace obtenue par projection sur la surface de la terre : elle s'apparente à une « carte routière » élémentaire. Elle permet d'appréhender certains éléments de l'organisation spatiale environnante, en particulier les obstacles qui exigeront la modification de la posture courante du sujet. Elle crée ainsi une réalité virtuelle adaptée à la tâche à exécuter. Mais pour afficher sur la tablette les divers éléments de l'environnement (meuble, mur, arbre, trou dans le sol, etc.), il faut commencer par les identifier. La méthode est fondée sur la perception binoculaire. Une seule caméra ne suffirait pas pour fournir des informations en trois dimensions : impossible en effet, dans ces conditions, de savoir à quelle distance se trouvent les objets filmés. Ce sont donc deux caméras miniatures qui sont montées sur les branches d'une paire de lunettes classique, et qui se chargent de capter la scène qui se trouve devant le sujet. Avec deux images, il est possible d'accéder à la troisième dimension, la profondeur. Exactement comme avec nos deux yeux. Chacune des deux caméras capte une image de l'environnement sous un angle différent de l'autre, et un traitement mathématique des images obtenues permet de recréer une vue en 3D et de reproduire sur l'interface les objets et leur éloignement dans l'espace.

La représentation tactile fournit une nouvelle sorte d'interface « homme-espace » grâce à laquelle des sujets perçoivent un environnement *invisible* (comme lors de l'auscultation des organes par un chirurgien) ou s'orientent dans l'espace (comme lors de la navigation des aveugles, ou pour des voyants dans des situations extrêmes). À plus longue échéance, cette capacité visuotactile permettra peut-être à des robots d'interagir avec l'espace de manière similaire à celle de l'homme, de façon à pouvoir y « vivre » avec lui. Puisque *voir* n'est pas *percevoir*, de tels robots devront avoir la capacité de construire une carte dynamique de l'espace évoluant avec leurs propres capacités « mentales » : les recherches sur les interfaces tactiles sont alors un moyen de comprendre les mécanismes cognitifs mis en jeu dans ce processus. Les applications de tels systèmes sont nombreux, que ce soit dans les domaines de la robotique (mobile, médicale, etc.) que dans le cadre de certains loisirs (environnements virtuels, jeux, etc.).

Pour en savoir plus

« Déplacement dans l'espace : quelles aides technologiques ? », E. Pissaloux et F. Maingreaud, *Journal de Basse Vision*, mars-avril 2007, p. 22-26.

« Vers une aide pour l'interaction avec l'espace pour les déficients visuels basée sur la perception tactile », R. Velazquez, E. Pissaloux, E. Fontaine et M. Hafez, *Journal européen des systèmes automatisés*, 2007, 41, p. 179-198.

Un œil sur le conducteur

Jean-Christophe Popieul et Philippe Simon

Laboratoire d'automatique, de mécanique et d'informatique industrielles et humaines (Lamih) - UMR 8530 CNRS-Université de Valenciennes et du Hainaut-Cambrésis

L'œil de cette conductrice assise dans un simulateur routier (en médaillon à droite) est éclairé par une source infrarouge (le dispositif dit d'oculométrie placé sur sa tête) et filmé par une caméra. Un calculateur analyse ces images en temps réel, y repère les mouvements de la pupille et en déduit la direction du regard. Le point fixé par la conductrice est alors incrusté sur les images de la scène tournées par une autre caméra (en bas à gauche). Un expérimentateur organise depuis son pupitre de contrôle (ci-contre) la séquence des événements routiers auxquels le sujet et son véhicule vont être confrontés. Pendant cette simulation, on met en relation les paramètres de la simulation (vitesse du véhicule, contexte routier, trafic, etc.) avec les mouvements des yeux pour identifier les zones ou les objets observés par la personne et déterminer en permanence ses *intentions*. Si le système identifie le début d'une action dangereuse, voire l'imminence d'un accident, il tentera d'abord d'en informer la conductrice au moyen de micromouvements du volant visant à le ramener sur la bonne trajectoire. Si cela ne suffit pas et si le risque continue de croître, le système prendra le contrôle du véhicule.

L'anticipation en temps réel des situations potentiellement dangereuses en voiture nécessite d'avoir un minimum d'information sur ce qui se passe dans la tête du conducteur. Pour ce faire, notre approche repose principalement sur la direction du regard. Dans la réalité, il serait très complexe d'identifier l'objet particulier qui attire l'attention du conducteur à partir de la seule direction de son regard. Dans une simulation, en revanche, les choses peuvent être entièrement automatisées, puisque c'est nous qui avons placé les objets, les éléments de paysage et les autres véhicules qui la composent. Pour identifier les écarts entre la situation qui se produit effectivement à un moment donné et ce qui doit être considéré comme une situation normale, il faudrait disposer d'un modèle des mécanismes de prise de décision définissant une *norme*, c'est-à-dire l'ensemble des *bonnes décisions* qu'il faut prendre dans chaque situation

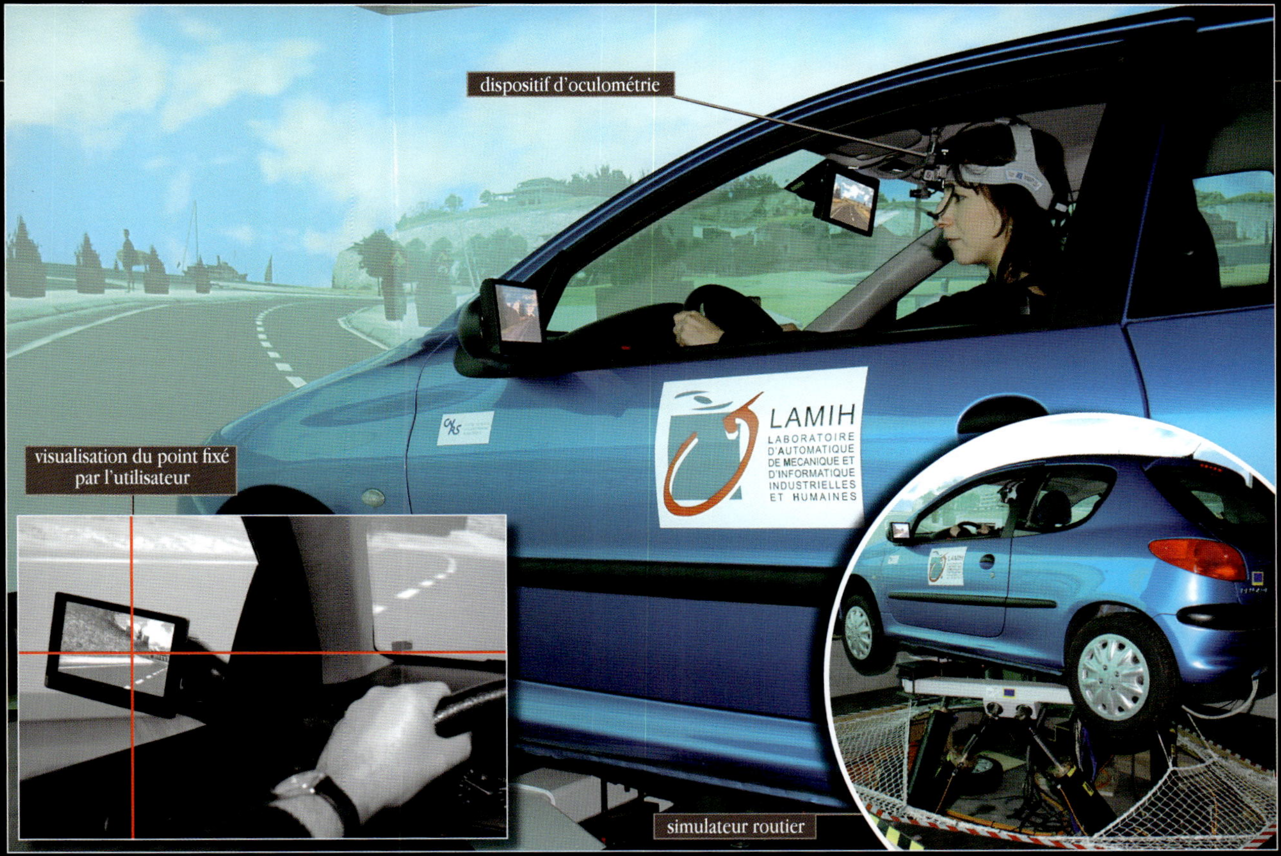

– 216 –

possible. Hélas, la complexité du système constitué par le conducteur, son véhicule et leur environnement rend impossible la construction d'un tel modèle prenant en compte toute la diversité des situations, des conducteurs, de leurs objectifs, etc. La seule approche actuellement envisageable est de nature statistique. Elle se heurte tout de même à de nombreux problèmes, notamment celui d'avoir des quantités de données importantes pour couvrir autant que faire se peut cette diversité.

Ces travaux s'inscrivent dans la mise au point d'un système global d'aide à la conduite dont le principe repose sur un partage d'informations de haut niveau entre les différents couples conducteur-véhicule composant le trafic, ceci afin d'anticiper le plus possible les situations dangereuses. L'un des aspects de cette recherche consiste à utiliser les dispositifs technologiques existants ou à l'étude, qui permettent aux véhicules de communiquer entre eux. L'ensemble des véhicules composant le trafic formeraient alors une sorte de grand calculateur disposant d'informations globales sur la situation, y compris sur les stratégies et les tactiques de conduite des différents intervenants. L'objectif de la manœuvre est de tirer de cet ensemble de données partagées des indications sur la meilleure décision à prendre pour chaque conducteur. Il sera alors possible de l'en informer, voire aussi d'adopter un certain niveau d'automatisation du véhicule dont certaines fonctions seraient reprises en main par l'ordinateur de bord en cas de détection d'interférence avec un autre véhicule.

Les accidents de la route sont l'un des fléaux de notre société nécessitant une prise en compte de l'ensemble des acteurs pour en réduire significativement le nombre. Le développement de systèmes d'assistance pouvant pallier la plupart des défaillances du conducteur est une voie prometteuse, mais il n'en demeure pas moins que le conducteur restera l'élément central du système. En particulier, les utilisateurs ne devront pas considérer de tels dispositifs comme des garde-fous les affranchissant de leur propre responsabilité !

Pour en savoir plus

http://www.arcos2004.com/

Eye Tracking Methodology – Theory and Practice, A Duchowski, Springer, 2003.

http://www.fondation-maif.fr/

http://www.univ-valenciennes.fr/simulateur_sherpa/

voir
la matière

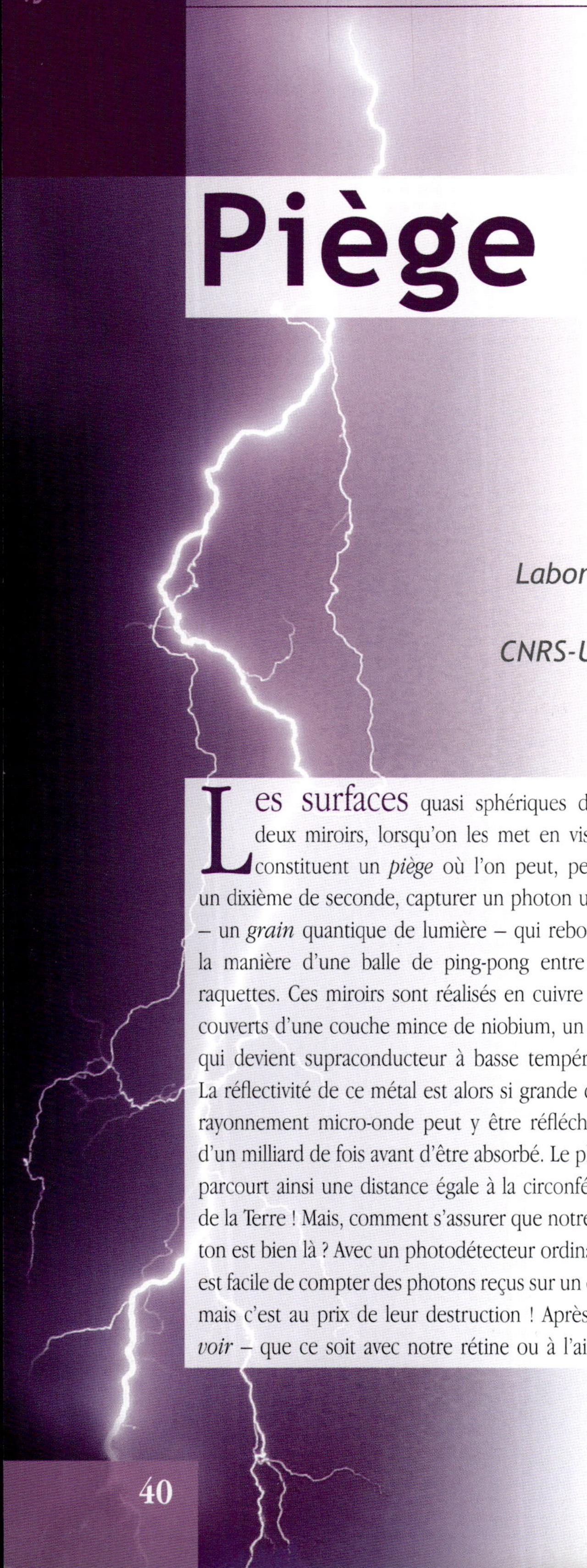

Piège à photons

Michel Brune

Laboratoire Kastler Brossel (LKB) - UMR 8552
École nationale supérieure
CNRS-Université Pierre et Marie Curie, Paris 6

Les surfaces quasi sphériques de ces deux miroirs, lorsqu'on les met en vis-à-vis, constituent un *piège* où l'on peut, pendant un dixième de seconde, capturer un photon unique – un *grain* quantique de lumière – qui rebondit à la manière d'une balle de ping-pong entre deux raquettes. Ces miroirs sont réalisés en cuivre et recouverts d'une couche mince de niobium, un métal qui devient supraconducteur à basse température. La réflectivité de ce métal est alors si grande que le rayonnement micro-onde peut y être réfléchi plus d'un milliard de fois avant d'être absorbé. Le photon parcourt ainsi une distance égale à la circonférence de la Terre ! Mais, comment s'assurer que notre photon est bien là ? Avec un photodétecteur ordinaire, il est facile de compter des photons reçus sur un écran, mais c'est au prix de leur destruction ! Après tout, *voir* – que ce soit avec notre rétine ou à l'aide de détecteurs artificiels – a toujours consisté à absorber l'énergie des photons incidents pour la convertir en signal électrique…

On sait depuis longtemps qu'une mesure perturbe le système étudié. Lorsqu'on plonge un thermomètre dans un verre d'eau chaude par exemple, on laisse s'égaliser la température de l'eau avec celle du mercure et, en toute rigueur, la température mesurée est très légèrement inférieure à la température initiale de l'eau. On pourrait espérer rendre cette perturbation aussi petite que l'on veut, mais la mécanique quantique nous enseigne que cet espoir est vain : il existe une perturbation minimale – fixée par le postulat de projection – et il est donc fondamentalement impossible de mesurer un système microscopique sans le perturber. Heureusement, cette limitation n'impose rien d'aussi brutal qu'une annihilation pure et simple de notre photon. En théorie, une mesure quantique idéale devrait pouvoir nous donner le nombre de photons dans la cavité au prix d'une perturbation qui rendrait inaccessible leurs autres propriétés, mais sans les absorber pour autant. Pour cela, notre détecteur est constitué d'atomes qui traversent un par un la cavité comprise entre les deux miroirs.

Ces atomes sont préparés dans des états dits *de Rydberg* : leur électron le plus périphérique est presque arraché à l'atome et circule sur une orbite *géante* (à l'échelle atomique). Ces atomes sont incapables d'absorber les photons qui rebondissent dans la cavité et ils sont donc transparents. Cependant, lorsqu'un photon apparaît entre les miroirs, il retarde le mouvement de l'électron d'un demi-tour d'orbite lors de sa traversée de la cavité. Selon qu'un photon est présent ou non, le petit dipôle électrique porté par l'atome prend alors deux

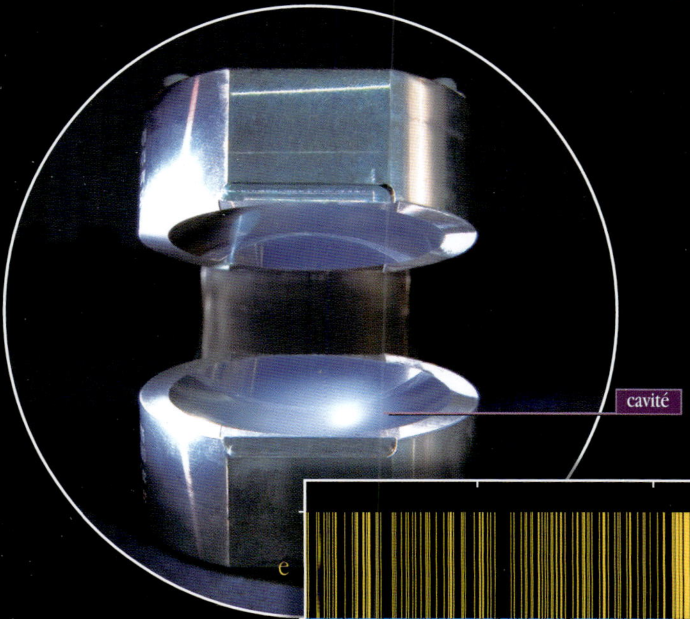

naissance, vie et mort d'un photon

On détecte environ 2 500 atomes lors de cette séquence. Un atome détecté dans la bande g correspond à une cavité vide tandis qu'un atome détecté dans la bande e témoigne de la présence d'un photon. L'apparition d'un photon dans la cavité se manifeste dans un changement brutal de l'état dans lequel les atomes sont détectés. Nous observons ici un photon qui reste présent dans la cavité pendant 0,5 seconde.

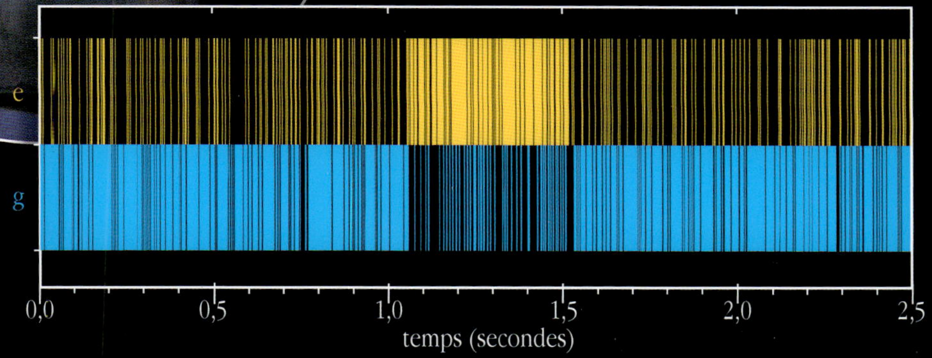

— 44 - 104 —

valeurs opposées que l'on peut mesurer à la sortie. Selon l'état dans lequel on le détecte, chaque atome répond donc par « oui » ou par « non » à la question de savoir si un photon est présent. C'est ainsi que l'on peut détecter un photon sans le détruire, ce que l'on vérifie en répétant la mesure : on voit et on revoit le même photon un grand nombre de fois. On observe alors un comportement typiquement quantique des systèmes physiques composés d'un très petit nombre de particules élémentaires : le photon surgit pour ainsi dire du néant, puis disparaît tout aussi soudainement après un certain temps. Des *sauts quantiques* que nous ne provoquons pas et dont nous ne sommes que les témoins !

En observant les objets quantiques au niveau le plus fondamental, dans une situation conceptuellement simple et bien contrôlée, on parvient à réaliser certaines des *expériences de pensée* imaginées par les fondateurs de la physique quantique pour percer ses mystères. Il est difficile d'en prédire les applications. On peut y voir les prémices de l'utilisation de la logique quantique pour traiter l'information. En augmentant progressivement le nombre de photons, on espère observer la façon dont, en se complexifiant, les systèmes physiques obéissant aux lois étranges de la mécanique quantique finissent par exhiber des comportements *classiques*, qui nous sont familiers à l'échelle macroscopique.

Pour en savoir plus

« Quantum jumps of light recording the birth and death of a photon in a cavity », S. Gleyzes, S. Kuhr, C. Guerlin, J. Bernu, S. Deléglise, U.B. Hoff, M. Brune, J.-M. Raimond et S. Haroche, *Nature*, 2007, 446, p. 297-300.

« Ultrahigh finesse Fabry-Pérot superconducting resonator », S. Kuhr, S. Gleyzes, C. Guerlin, J. Bernu, U.B. Hoff, S. Deléglise, S. Osnaghi, M. Brune, J.-M. Raimond, S. Haroche, E. Jacques, P. Bosland et B. Visentin, *Applied Physics Letters*, 2007, 90.

« Progressive field-state collapse and quantum non-demolition photon counting », C. Guerlin, J. Bernu, S. Deléglise, C. Sayrin, S. Gleyzes, S. Kuhr, M. Brune, J.-M. Raimond et S. Haroche, *Nature*, 2007, 448, p. 889-893.

http://www.lkb.ens.fr/-Electrodynamique-quantique-en

www.cqed.org

La traque du neutrino

Thierry Stolarczyk

Laboratoire de recherche sur les lois fondamentales de l'Univers (Dapnia)

CEA, Direction des sciences de la matière, Saclay

Dans les abysses de la Méditerranée, les 900 *yeux* (dont trois ont été photographiés ci-dessous pendant leur immersion) du télescope sous-marin Antarès observent les phénomènes les plus violents de l'Univers. Ces cataclysmes émettent des particules de très haute énergie appelées neutrinos et qui ont la propriété de traverser la matière sans coup férir. Il faut toute l'épaisseur de la Terre pour que certains d'entre eux aient une chance d'être capturés par un atome de matière, émettant alors une autre particule, le *muon*, dont la vitesse est – du fait de la très haute énergie du neutrino incident – excessivement proche de celle de la lumière dans le vide. Du coup, dans l'eau cette fois, les muons voyagent *plus vite* que la lumière (dans ce milieu et émettent un flash bleuté comparable au « bang » des avions lorsqu'ils franchissent le mur du son. La détection de cette lumière ténue permet de reconstruire la trajectoire du muon qui est, à très peu de choses près, celle du neutrino incident. On espère alors, à partir de cette trajectoire, retrouver sur la voûte céleste le point d'origine de cette particule.

Notre principale source d'information sur l'Univers est la lumière émise par les astres lointains. Cependant, elle peut-être absorbée par des obstacles rencontrés en cours image de synthèse 3D à partir de mesures

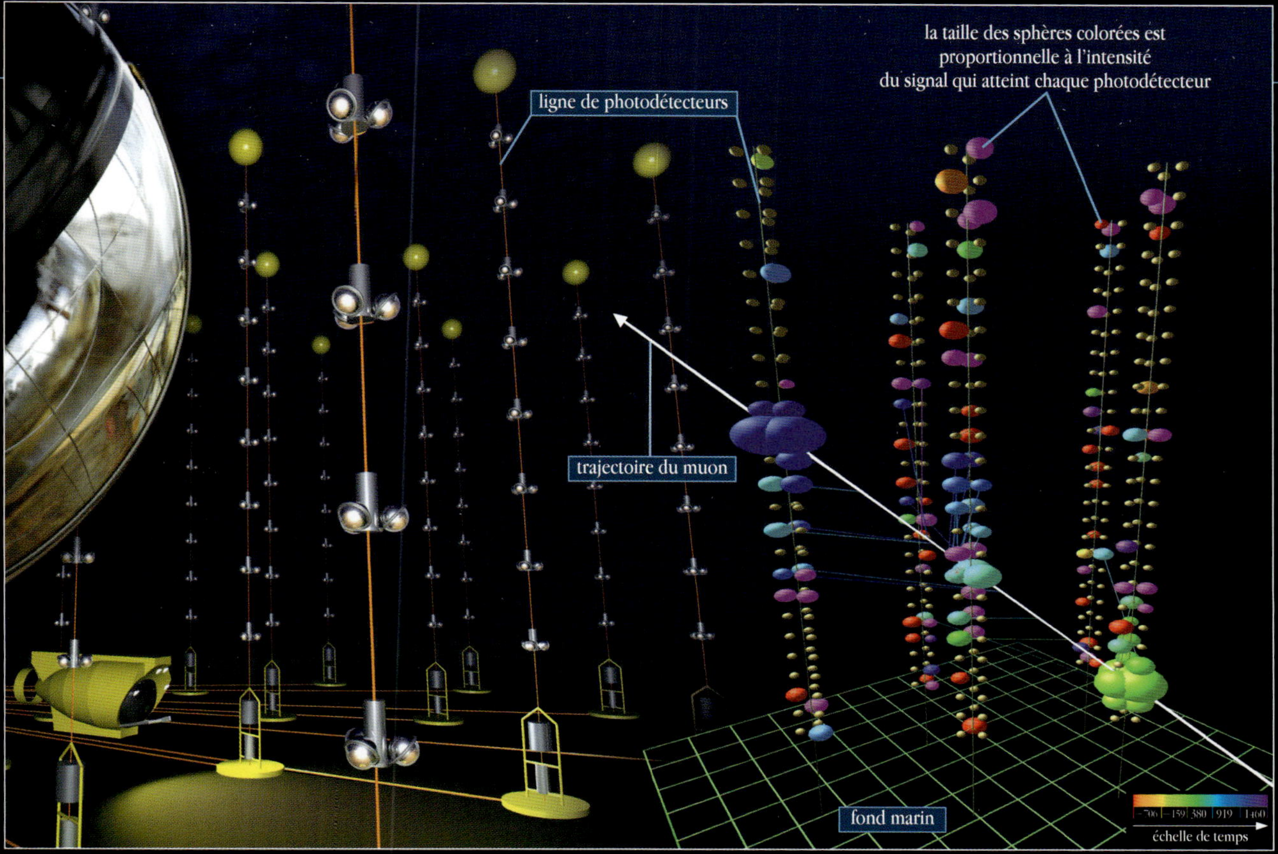

— 142 - 162 - 168 —

de route. Les protons, particules également émises en grande quantité par certaines explosions d'étoiles, sont quant à eux déviés par le champ magnétique de notre galaxie, voire par celui de la Terre. Les neutrinos, au contraire, présentent l'avantage de n'interagir que très peu avec la matière, et pas du tout avec les champs magnétiques. Ils nous parviennent donc des confins de l'Univers sans avoir été jamais arrêtés ni déviés. Le problème, évidemment, est que pour la même raison, sa détection est un défi de taille. La seule solution est d'interposer entre la source et l'expérimentateur l'objet le plus massif que nous ayons à notre disposition : la Terre toute entière ! Sur les milliards de neutrinos qui la traversent chaque année, seule une poignée interagit de façon à produire un muon et sa lumière bleutée. L'information sur la direction d'origine de ces particules est, en revanche, d'une grande précision.

Le réseau de détection, baptisé Antarès, a été initié en 1996 par le CEA et le CNRS. Ces 900 photodétecteurs sont répartis sur 12 lignes de 450 mètres de hauteur installées sur une surface carrée de 200 mètres de côté. La première ligne a été déployée en 2006 et le détecteur est complet depuis 2008. Ces lignes sont composées de 25 étages de trois photorécepteurs espacés d'une quinzaine de mètres. Pour reconstruire la trajectoire d'un muon, il faut connaître la position de chaque détecteur à quelques centimètres près et le moment où il a été touché par le flash à quelques milliardièmes de seconde près. Comme les lignes de photorécepteurs oscillent au gré du courant, on doit donc mesurer et reconstituer leur forme à chaque instant à l'aide d'un système de positionnement acoustique. Chaque étage est par ailleurs équipé de gyroscopes. Sur ces mêmes étages, une électronique embarquée numérise les signaux reçus et envoie les données jusqu'à la Seyne-sur-Mer près de Toulon. Les lignes reposent par 2 500 mètres de fond. Cette profondeur permet d'atténuer considérablement le rayonnement cosmique qui, en provenance de l'atmosphère, masquerait les trop rares neutrinos. En outre, l'obscurité totale qui règne à ces profondeurs permet de discerner la lumière bleutée des muons.

Comprendre l'Univers lointain, c'est remonter le temps, à l'époque de la formation des grandes structures – les galaxies et les amas de galaxies – et finalement se rapprocher du big-bang. Étudier les événements les plus violents, les particules les plus énergétiques, c'est se confronter à la physique qui prévalait dans cet Univers primordial, bien au-delà de ce qui est envisageable dans un laboratoire sur Terre, même avec les plus puissants des accélérateurs de particules.

Pour en savoir plus
http://antares.in2p3.fr

Comme un électron dans l'eau...

Yann A. Gauduel
Laboratoire d'optique appliquée - UMR 7639
CNRS-École polytechnique-ENS Techniques avancées

Cet étrange tubercule bleu est une particule élémentaire, un électron ! Bien sûr, une telle entité est si petite qu'elle est rigoureusement impossible à « voir » et son comportement, régi par les lois probabilistes de la mécanique quantique, interdit de se la représenter comme un simple objet matériel parfaitement localisé. Le calcul numérique permet cependant de se faire une représentation à la fois réaliste et précise d'un électron libre dans de l'eau. Les molécules d'eau (en médaillon) sont électriquement neutres, mais les charges n'y sont pas réparties de façon uniforme : les atomes d'**hydrogène** (en blanc) sont légèrement positifs, tandis que les atomes d'**oxygène** (en rouge) portent une charge négative. En conséquence, l'électron libre s'entoure d'une « cage » de molécules dont les atomes d'hydrogène sont orientés vers lui. La surface bleue représente l'empreinte de ces molécules sur la sphère d'influence électrique de l'électron (les creux correspondent aux atomes d'hydrogène).

Pour l'essentiel, les réactions chimiques dans le monde qui nous entoure – de l'oxydation des métaux à la photosynthèse des végétaux en passant par la production d'énergie dans les cellules vivantes – sont des échanges d'électrons entre les atomes. L'eau de mer, par exemple, sous l'influence des rayons ultraviolets du Soleil, est un immense réservoir d'électrons, indispensables aux réactions chimiques qui assurent le métabolisme du plancton. L'étude des mécanismes mis en jeu dans ces réactions nécessite de visualiser l'électron libre dans son environnement, afin de le suivre et d'observer son devenir. On sait, par exemple, réaliser et interpréter une image de l'orientation des molécules d'eau dans la glace à l'aide d'une technique dite de « résonance paramagnétique électronique ». Mais pour y déceler la présence d'un électron, encore

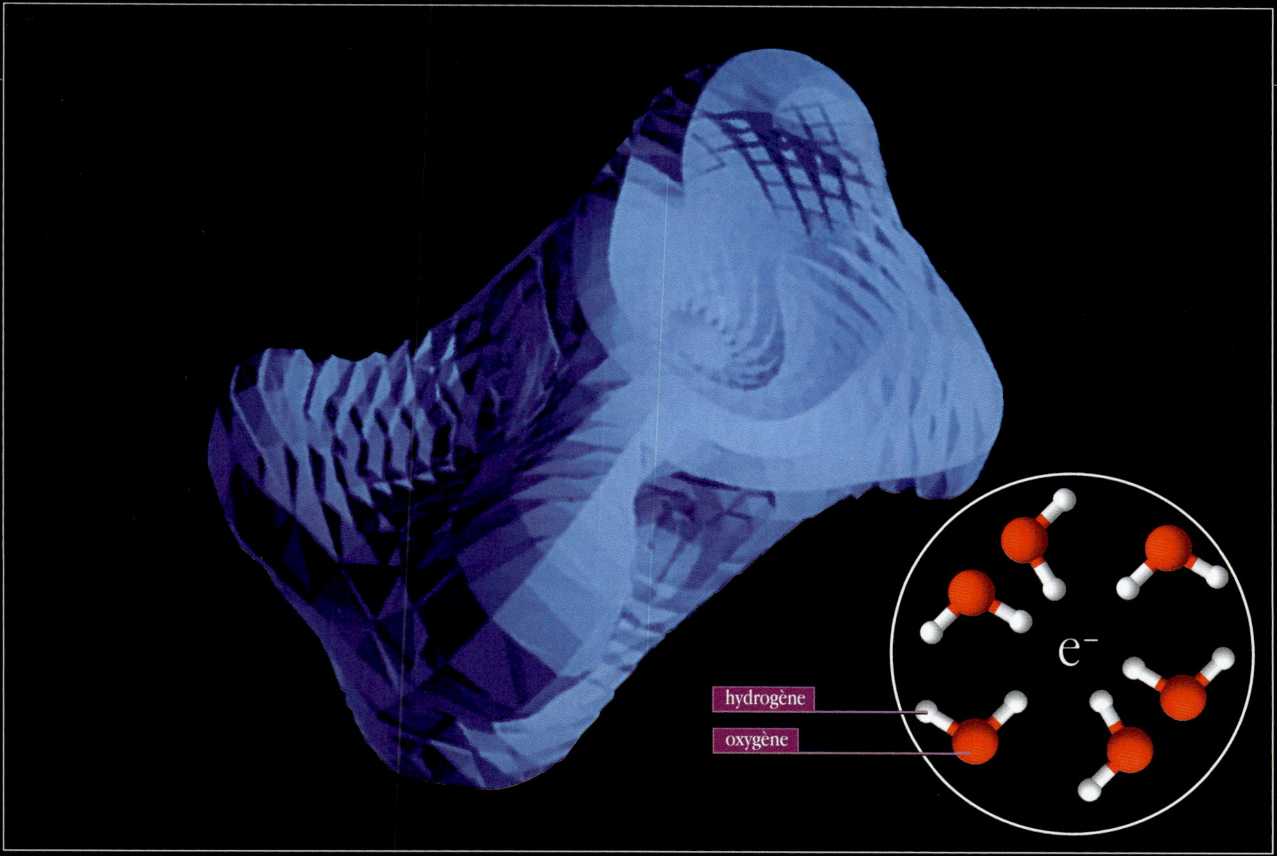

– 18 - 40 - 46 - 104 –

faut-il savoir ce que l'on cherche ! Le calcul numérique vient ici à la rescousse en établissant un portrait robot de l'influence de l'électron sur les molécules d'eau… ce qui permet de reconnaître le coupable dans la réalité. L'invisible devient alors visible !

Le calcul des interactions entre l'électron et son cortège de molécules exige de subdiviser l'espace en plusieurs milliers de petits domaines élémentaires dont la forme et les dimensions dépendent précisément de ces interactions ! Un problème dont la résolution a exigé des heures de calculs sur un super-calculateur. Sans l'accroissement exponentiel de la puissance de calcul disponible au cours des années 1990, le développement de nouvelles méthodes d'analyse numérique et d'outils graphiques en trois dimensions performants, une telle représentation aurait été impossible. Or, elle s'avère désormais indispensable.

Depuis la découverte de l'électron par Joseph J. Thomson en 1897 et la détermination de sa charge en 1904 par Robert A. Millikan, cette particule élémentaire fait l'objet de nombreuses recherches, tant par les physiciens que par les chimistes. Cependant, ses comportements, régis par la mécanique quantique, sont très éloignés de notre intuition naturelle. En principe, ils ne sont compréhensibles qu'au travers d'équations mathématiques abstraites. Malheureusement, à part dans des cas artificiellement simples, il est très difficile de résoudre ces équations de façon exacte, en particulier lorsque les entités quantiques interagissent dans un environnement complexe réaliste.

En résumant les comportements quantiques sous une forme visuelle, l'image favorise leur compréhension. L'observation d'objets quantiques à l'aide d'images numériques représente donc une avancée majeure dans l'exploration de la matière à l'échelle de l'infiniment petit. Elle constituera une aide inestimable à la « révolution industrielle » des nanotechnologies, de la conception de nouveaux matériaux assemblés à l'échelle du nanomètre (10^{-9} m) tels les nanoparticules et les « quantum dots » luminescents, à la mise au point de sources d'énergie non polluantes, comme les piles à hydrogène.

Pour en savoir plus

Voyage au cœur de la matière, É. Augé, P. Bambade, A. de Bellefon, R. Brou, H. Coubre et B. Pire, Belin-CNRS édition, 2002.

La naissance d'une liaison chimique

Yann A. Gauduel

Laboratoire d'optique appliquée - UMR 7639
CNRS-École polytechnique-ENS Techniques avancées

Deux molécules répondant au nom de **diméthylsulfure** (ou DMS, en médaillon à droite) s'associent au cours d'une réaction chimique pour former un ion moléculaire de **diméthyldisulfure** (ou DMDS, en médaillon en haut) en se liant par leurs **atomes de soufre** (en jaune). Le graphe montre comment l'énergie du couple de molécules diminue au cours du temps pour tomber à sa valeur minimale lorsque la liaison est totalement formée. Si l'énergie est plus basse à la fin qu'au départ, c'est que l'interaction entre les deux molécules doit être stabilisée pour donner naissance à une nouvelle liaison. L'amplitude du signal (axe vertical) caractérise l'importance du phénomène en train de se produire et augmente à mesure que la liaison prend forme. Le tout ne dure que 1 500 femtosecondes, soit environ un millionième de millionième de seconde !

Un tel processus, par lequel deux atomes se lient en mettant en commun des électrons, n'a longtemps été perceptible pour les chimistes que comme une « boîte noire » : on connaissait les produits de départs et les produits d'arrivée, mais pas les étapes intermédiaires qui faisaient simplement l'objet de spéculations théoriques. Et pour cause… Comme on le voit, l'ensemble du phénomène est extraordinairement rapide. Grâce aux lasers modernes délivrant des flashs d'une brièveté inimaginable – et que l'on a qualifiés pour cela « d'appareils photo les plus rapides du monde » – nous pouvons désormais « filmer » la formation de ces liaisons chimiques. Le principe de cette technique avancée rappelle celui du stroboscope qui, en éclairant un phénomène à intervalles réguliers, permet de le voir se dérouler *au ralenti*, un peu comme les roues des chariots dans les westerns. Une première impulsion laser déclenche ici la réaction, tandis que la suivante est différemment absorbée selon l'énergie du couple de molécules. Suivant la période à laquelle cette seconde impulsion intervient, on obtient un *instantané* de la formation de la liaison à un moment donné. Nous avons utilisé des lasers qui fournissent des impulsions lumineuses de 80 femtosecondes (1 fs = 10^{-15} s) et espacées de quelques dizaines de femtosecondes à quelque 1 600 femtosecondes suivant le moment que nous voulions surprendre. Comme le domaine du spectre lumineux absorbé par les molécules dépend de leur énergie, il nous a fallu utiliser un *laser blanc pulsé* contenant différentes longueurs d'onde, c'est-à-dire différentes couleurs, pour couvrir toute la gamme parcourue par le phénomène au cours de son évolution. Au total, plusieurs dizaines d'heures ont été nécessaires pour acquérir les 500 000 informations qui constituent cette reconstitution en 3D de la formation d'une liaison entre deux atomes de soufre.

laser blanc pulsé, image de synthèse 3D

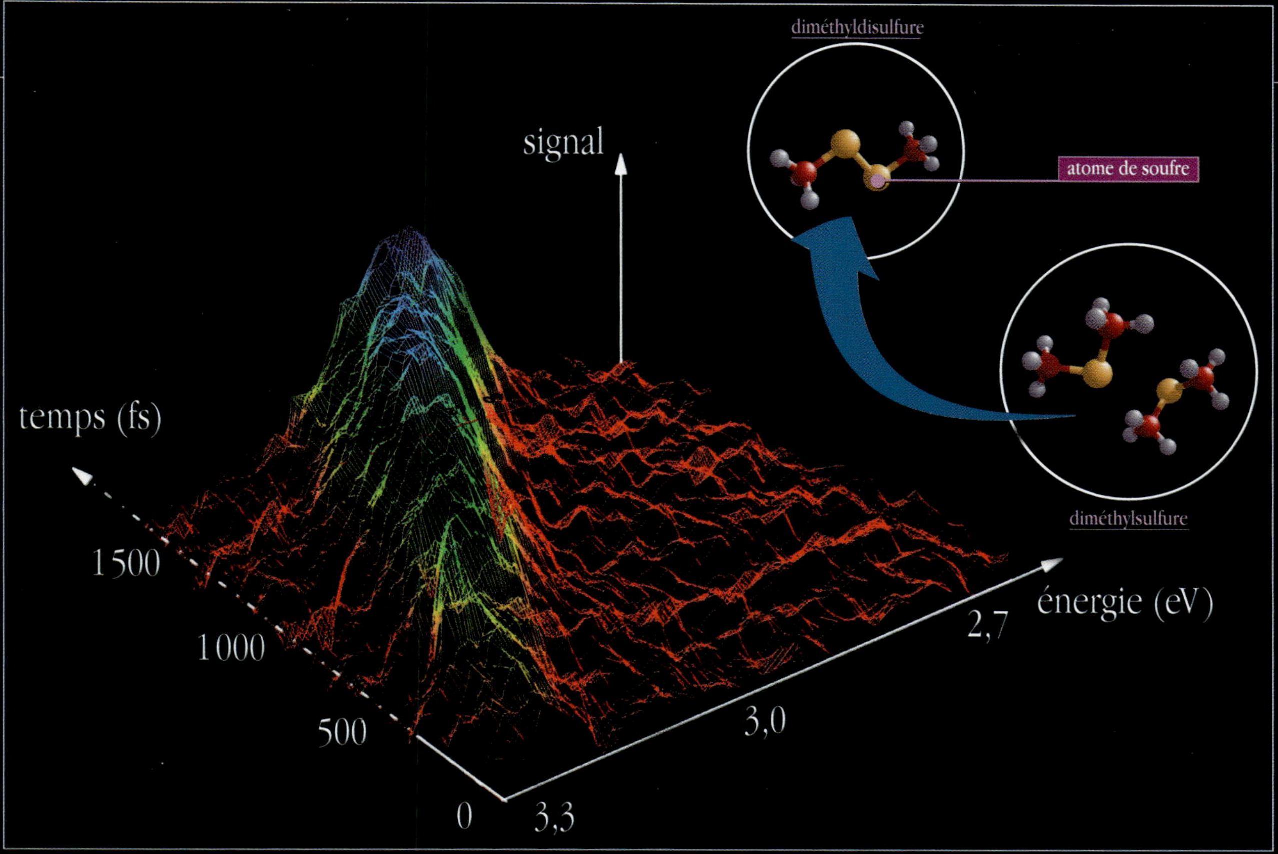

– 44 –

La découverte du laser par Théodore H. Maiman en 1960 compte parmi les évolutions technologiques majeures de la seconde moitié du vingtième siècle. Bien vite, les scientifiques ont cherché à façonner des impulsions optiques de plus en plus courtes afin d'observer des évènements fugaces qui ne pouvaient pas l'être avec des appareils classiques. C'est à la fin des années 1970 que l'on a pu obtenir les premières impulsions laser dont la durée ne dépassait pas la centaine de femtosecondes, ouvrant ainsi une ère nouvelle pour la visualisation de phénomènes ultrarapides. L'application de ces techniques à la chimie a été couronnée par un prix Nobel décerné en 1999 à l'un des pionniers du domaine, l'Égyptien Ahmed Zewail.

Il y a environ 13 milliards d'années, les premières générations d'étoiles ont ensemencé l'univers avec toute la variété des atomes que nous connaissons aujourd'hui. Depuis, l'histoire de l'innovation dans le cosmos a été essentiellement une affaire de chimie. Les atomes, en s'associant en édifices de plus en plus complexes, forment des substances aux propriétés les plus diverses : l'apparition de la vie en est un exemple ! Nos propres progrès techniques ne font en grande partie que poursuivre cette histoire. Nous espérons désormais franchir une nouvelle étape en comprenant comment l'énergie est mobilisée au cours de la création d'une liaison chimique. Si cette exploration des transformations de la matière au niveau du mouvement des atomes eux-mêmes n'en est qu'à ses débuts, les perspectives sont très encourageantes.

Les seules molécules soufrées – du type de celles que nous avons étudiées ici – concernent des domaines aussi variés que la fabrication de revêtements anti-adhésifs (comme le Téflon) ou la fourniture d'énergie à de minuscules machines bâties à l'échelle moléculaire. Si nous maîtrisions la formation de ces liaisons chimiques, nous pourrions fabriquer des moteurs moléculaires susceptibles de remplacer certaines fonctions à l'intérieur du corps humain, ou encore contrôler les cassures de liaison intramoléculaires afin de réduire les effets toxiques de rejets polluants soufrés dans l'atmosphère, voire cibler de manière précise la libération des principes actifs d'un médicament.

Pour en savoir plus

« La chimie en temps réel », Y. Gauduel, *La Recherche*, HS « Le temps », 2001, 5, p. 48-53.

Voyage through time – Walks of life to the Nobel prize, A. Zewail, World scientific, 2002.

Les orbitales moléculaires révélées

Sébastien Gauthier

Centre d'élaboration de matériaux et d'études structurales (Cemes)
UPR 8011 CNRS, Toulouse

Une molécule de méthylterrylène ($C_{31}H_{18}$) posée à plat sur une couche très mince de chlorure de sodium (le sel de cuisine), elle-même déposée à la surface d'un monocristal de cuivre, est observée à l'aide d'un microscope électronique à effet tunnel. L'image ne ressemble pas beaucoup au modèle moléculaire habituel (en médaillon, à gauche) où ne sont représentés que les noyaux des atomes, et pour cause ! Comme dans un atome isolé, les électrons d'une molécule se répartissent sur des niveaux d'énergie bien définis. À chacun de ces niveaux est associée une *orbitale moléculaire* – la forme du nuage où la probabilité de trouver l'électron est plus forte. Ces orbitales n'étaient accessibles jusqu'à peu qu'au travers de calculs approximatifs que l'on visualisait au travers de dessins (en médaillon, à droite) auxquels on n'accordait guère qu'une valeur pédagogique. La comparaison entre cette représentation et l'image expérimentale montre que nous « voyons » désormais l'orbitale moléculaire. Le microscope à effet tunnel est donc sensible à la distribution spatiale des électrons plutôt qu'à la structure atomique de la molécule.

Le concept d'orbitale moléculaire a été proposé dans les années 1930 pour simplifier le traitement théorique de la structure électronique d'une molécule. Il est rapidement devenu un paradigme de la chimie. Il n'est donc pas surprenant que de nombreuses techniques expérimentales aient été mises au point pour tenter, avec plus ou moins de réussite, de visualiser ces orbitales. Ce n'est que récemment que ces tentatives ont été couronnées de succès.

La microscopie à effet tunnel repose sur la mesure du courant électrique qui « saute » d'une pointe balayant la surface à étudier jusqu'au substrat sous-jacent. La pointe et le substrat doivent donc être conducteurs. Il est possible d'obtenir des images de molécules déposées directement sur une surface métallique, mais dans ce cas, leurs niveaux électroniques sont fortement perturbés : les électrons du conducteur, très mobiles, sont en quelque sorte *partagés* entre la molécule et le métal. La molécule n'est plus isolée et il est difficile d'obtenir des informations sur ses orbitales. C'est ici qu'intervient le film mince de sel sur lequel le méthylterrylène a été déposé. Le chlorure de sodium est en effet un isolant. Utilisé sous la forme d'un film d'environ 0,5 nanomètre d'épaisseur, il isole la molécule du substrat métallique tout en restant assez fin pour autoriser le passage d'un *courant tunnel,* faible mais mesurable. Cette « recette », l'une des rares qui permette d'obtenir des images comparables à celle présentée ici, ne permet de voir que certaines orbitales. Lorsque la molécule se trouve dans son état de plus basse énergie, ses électrons occupent

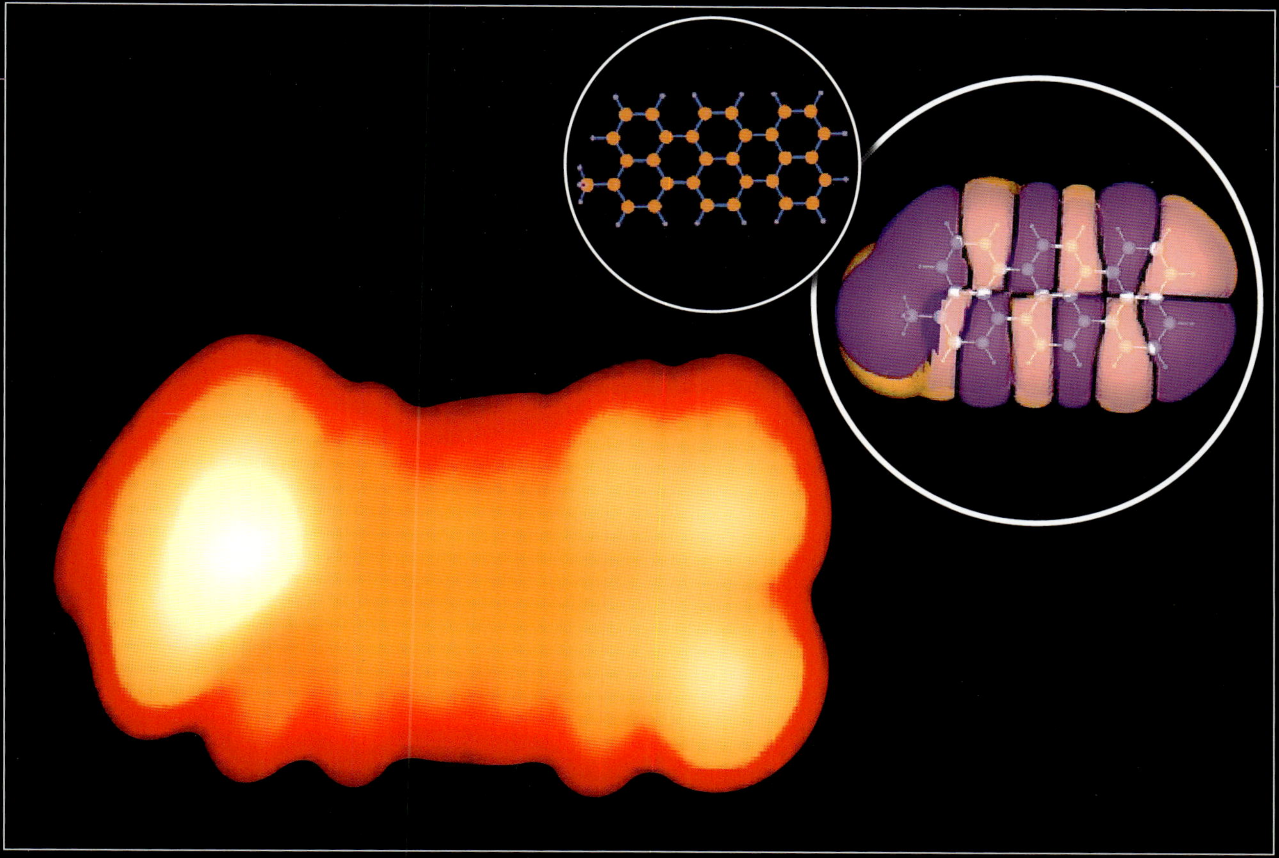

– 52 - 54 –

les niveaux électroniques dans l'ordre des énergies croissantes. Le dernier niveau occupé (et le premier niveau vacant) s'appellent les *orbitales frontières* de la molécule. On réalise une image d'une orbitale à chaque fois que l'énergie des électrons injectés par la pointe est égale à l'énergie de cette orbitale, et on ne touche en général que les orbitales frontières, pour ainsi dire « la dernière couche de l'oignon ».

Au-delà des enjeux scientifiques et technologiques, de telles images contribuent à changer notre regard sur le monde de l'infiniment petit. Peu de scientifiques auraient en effet parié sur la possibilité de visualiser les orbitales d'une molécule lorsque ce concept fut introduit comme une construction mathématique formelle. Il leur était bien sûr difficile d'imaginer le formidable développement technologique qui a finalement conduit à leur observation, mais ils auraient probablement soulevé avant tout des arguments d'ordre épistémologique. Erwin Schrödinger, l'un des pères de la mécanique quantique, affirmait ainsi qu'il est impossible de voir un atome…

Le microscope à effet tunnel n'est pas la seule technique à accomplir cette performance. Sa spécificité est d'accéder à certaines orbitales d'une molécule unique, à la différence d'autres techniques où les orbitales sont reconstruites à partir de mesures effectuées sur un grand nombre de molécules. Cette possibilité, couplée aux nombreuses techniques de manipulation moléculaire offertes par la microscopie à effet tunnel, ouvre un immense champ d'expérimentation, qui pourrait dans le futur contribuer au développement d'une *électronique moléculaire* où les composants des ordinateurs actuels seraient remplacés par des molécules aux propriétés équivalentes.

Pour en savoir plus

« Molecules on insulating films: scanning-tunneling microscopy imaging of individual molecular orbitals », J. Repp, G. Meyer, S.M. Stojkovic, A. Gourdon et C. Joachim, *Physical Review Letters*, 2005, 94, p. 026083.

Molécules, vos empreintes !

Paul Dumas

Synchrotron Soleil

Dans une coupe de tissus prélevés sur un cerveau humain, on a observé visuellement une anomalie sombre, une de ces plaques dont le diamètre varie de quelques micromètres à quelques centaines de micromètres et qui sont typiques de la maladie d'Alzheimer. L'observation de cette anomalie à l'aide de la microscopie infrarouge avec une source synchrotron permet alors de détecter et de localiser les composés biochimiques qui en sont responsables. On note ainsi la présence (en rouge à gauche) d'un agglomérat de créatine, un acide aminé qui joue normalement un rôle dans la fourniture d'énergie aux cellules musculaires ou nerveuses, ainsi que celle de protéines dont la structure et la forme sont anormales (image de droite).

Toutes les molécules vibrent selon des modalités bien particulières qui leur sont propres. Pour exciter ces modes de vibration, elles absorbent l'énergie lumineuse à des longueurs d'ondes caractéristiques qui sont pratiquement toujours dans le domaine infrarouge. Ces véritables « empreintes digitales » que les molécules laissent dans le spectre de la lumière sont désormais connues et répertoriées dans de grandes bases de données. Ainsi, un microscope qui fonctionnerait dans l'infrarouge et combinerait l'observation visuelle *normale* avec une analyse spectrale de la lumière pourrait analyser la composition chimique de tel ou tel point du tissu observé. Il réaliserait une image qui serait également une carte de la répartition et de la concentration de telle ou telle substance. C'est le principe de la microscopie infrarouge avec une source synchrotron. Dans le cas de la maladie d'Alzheimer, cette méthode permet de détecter les dépôts de protéines particulières (dites de type bêta-amyloïde ou A-ß) qui font partie des manifestations caractéristiques de la maladie. Elle ne nécessite pas les traitements complexes que l'on inflige habituellement aux tissus en les imbibant de marqueurs ou de colorants pour identifier les substances recherchées. Du coup, elle permet également de détecter la présence de corps étrangers au sein des plaques de protéines – la créatine révélée ici – qui avaient échappé jusque-là à ces techniques de coloration. Leur observation est pourtant indispensable à la compréhension des origines de cette maladie dégénérative.

Les sources synchrotron fournissent des faisceaux de toutes longueurs d'onde dont la pureté et la précision sont comparables à celle des lasers. Elles sont très souvent utilisées dans le domaine des rayons X. Il a fallu la ténacité de quelques chercheurs pour faire admettre que, dans l'infrarouge aussi, de telles sources avaient un très grand potentiel en microscopie. La première étape

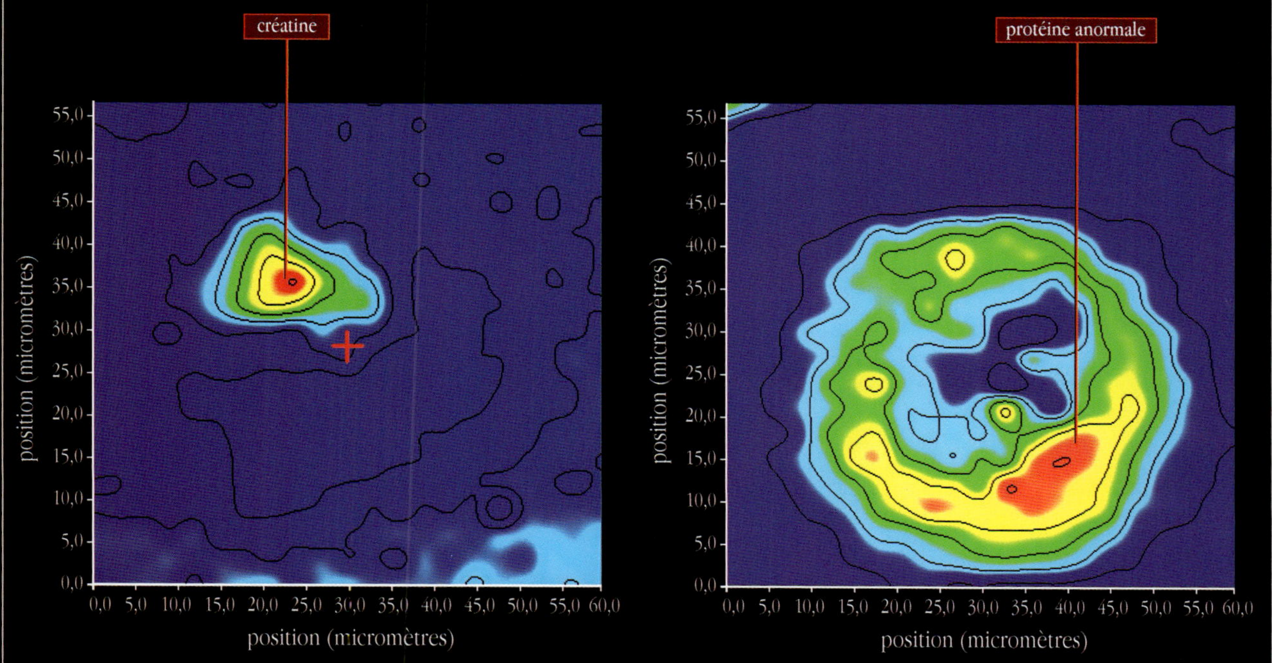

— 110 - 118 —

a consisté à mettre au point les outils théoriques suffisants pour démontrer que, si l'on voulait exploiter ces sources de façon optimale, il fallait modifier largement les machines existantes. Il s'agissait donc, à l'origine, d'un travail de conviction, afin d'obtenir que les chercheurs et les ingénieurs tiennent compte de ces modifications, malgré la crainte qui était la leur de les voir détériorer les performances des centres de rayonnement synchrotron de l'époque. La deuxième étape a consisté à rechercher, aux côtés des spécialistes de la physique des particules – la discipline d'origine des synchrotrons – les moyens de stabiliser les fluctuations de la source d'électrons qui fournit le rayonnement. Les nouveaux centres de rayonnement synchrotron, comme le centre français Soleil, sont dits de troisième génération, et mettent un accent très particulier sur la stabilité des sources. Ce n'est donc que depuis peu que la puissance de la source infrarouge synchrotron et sa stabilité sont suffisantes pour produire les images présentées ici – qui plus est avec des temps d'enregistrement très courts.

Les informations chimiques contenues dans les images infrarouges à haute résolution spatiale et à haute qualité spectroscopique éclairent de façon nouvelle les recherches en biologie et en médecine. Les empreintes moléculaires sont plus facilement détectables et les maladies – qui possèdent toutes des empreintes biomoléculaires particulières – deviennent dès lors plus aisément identifiables. La signature d'une maladie comme le cancer est depuis longtemps étudiée par la spectroscopie infrarouge. Désormais, on peut espérer la détecter à l'échelle d'une cellule unique ! On pourrait alors, sans l'aide de techniques de coloration, faciliter le diagnostic de la maladie, détecter ses manifestations précoces, identifier les effets des drogues ou mettre en évidence la résistance à certains médicaments. Le passage de l'outil de recherche à l'instrument hospitalier fiable nécessite désormais un long processus de validation, qui combinera les efforts de plusieurs disciplines : médecins, biologistes, chimistes, physiciens et ingénieurs.

Pour en savoir plus

http://www.synchrotron-soleil.fr

« Focally elevated creatine detected in amyloid precursor protein (APP) transgenic mice and Alzheimer disease brain tissue », M. Gallant, M. Rak, A. Szeghalmi, M.R. Del Bigio, D. Westaway, J. Yang, R. Julian et K.M. Gough, *Journal of Biological Chemistry*, 6 janvier 2006, **281-1**, p. 5-8.

« Chemical imaging of biological tissue with synchrotron infrared light – Review article », L.M. Miller et P. Dumas, *Biochimica et Biophysica Acta-Biomembranes*, **1758-7**, juillet 2006, p. 846-857.

« Adding synchrotron radiation to infrared microspectroscopy: what's new in biomedical applications? - Review article », P. Dumas, G.D. Sockalingum et J. Sulé-Suso, *Trends in Biotechnology*, **25-1**, janvier 2007, p. 40-44.

L'abordage nanoscopique

Guillaume Baffou
Laboratoire de photophysique moléculaire (LPPM) - UMR 3361
CNRS-Université Paris-Sud 11, Orsay

Une molécule de phthalocyanine déposée sur la surface d'un cristal de carbure de silicium apparaît au centre de cette image de 5 nanomètres par 5, réalisée à l'aide d'un microscope à effet tunnel. Cet instrument permet d'observer le relief d'une surface à l'échelle atomique. Les *reflets* de l'éclairage et les couleurs ont été ajoutés informatiquement pour représenter la topographie (du bleu au rouge pour les zones les plus *élevées*). Les bosses régulièrement réparties sur un réseau hexagonal (visible également sur l'image en médaillon) sont les atomes de silicium de la surface du cristal, tandis que la zone plus structurée visible au centre de l'image est la molécule isolée.

Le dépôt de cette molécule a été réalisé sous ultravide par évaporation. Un creuset disposé face au cristal et contenant quelques milligrammes de phthalocyanine sous forme de poudre est chauffé à quelques centaines de degrés. La substance s'évapore et une partie des molécules se déposent aléatoirement sur le cristal. Ensuite, toujours sous ultravide pour ne pas contaminer sa surface avec des molécules de l'air, le cristal est acheminé vers le microscope à effet tunnel. Une pointe très fine balaie une zone carrée de la surface de l'objet ligne par ligne tandis qu'un courant très faible, dû à l'effet tunnel, circule entre la pointe et la surface (image ci-contre). Dans la pratique, on ajuste continuellement l'altitude de la pointe de

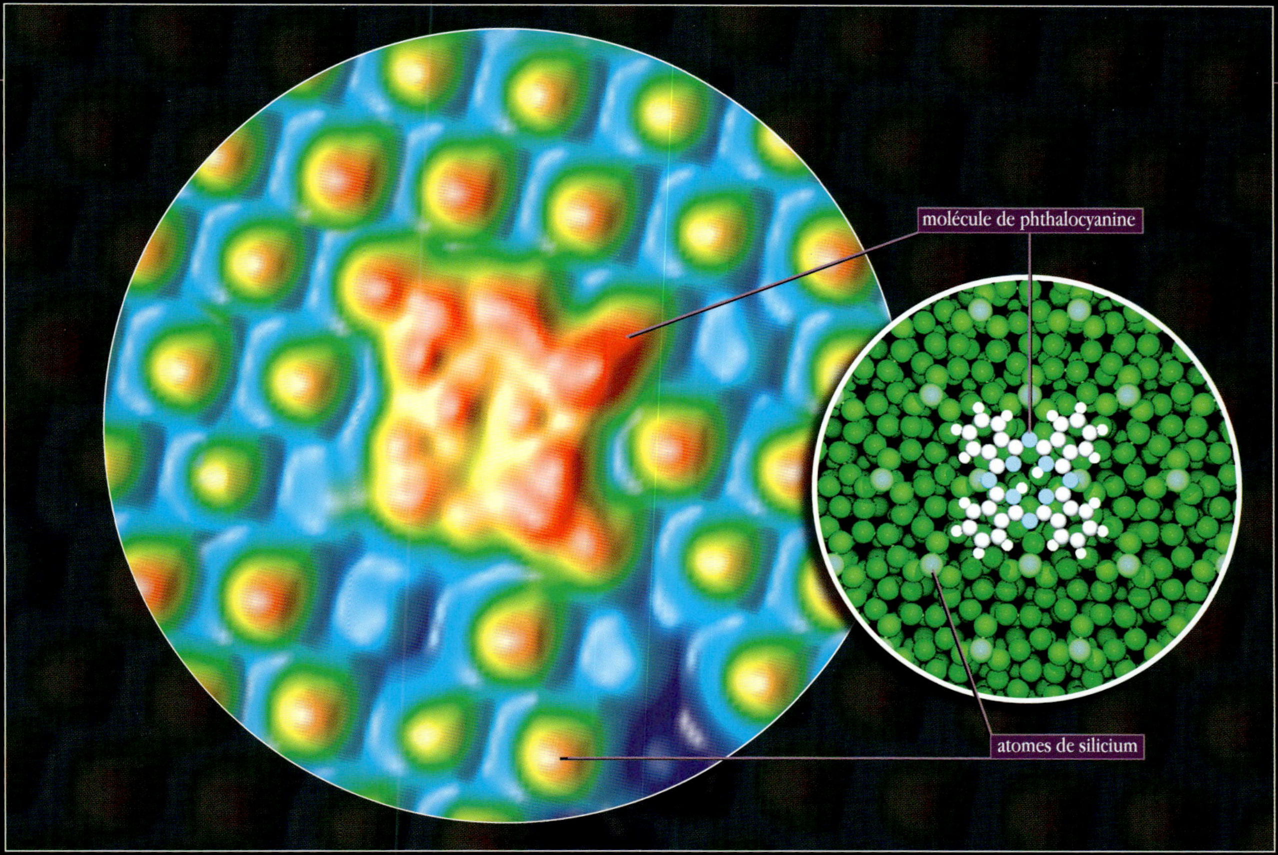

– 48 - 54 –

façon à maintenir ce courant constant. Ainsi, à la fin de l'opération, l'enregistrement de la hauteur de la pointe lors du balayage procure une carte du relief de l'objet. L'image topographique observée ici nous apprend comment la molécule s'est déformée en se déposant, tandis que certains de ses atomes se liaient chimiquement à ceux du carbure de silicium (un phénomène nommé *chimiosorption*).

Le premier objectif de ces travaux était de déterminer quelles molécules sont capables de s'accrocher sur une surface donnée, et de comprendre de quelle manière elles s'y prennent. L'imagerie par microscopie à effet tunnel a permis de comprendre que certains groupements chimiques de la molécule étaient responsables de son bon accrochage : ils lui servent en quelque sorte d'ancre. Le second objectif était de manipuler une telle molécule. L'intention (qui n'a hélas pu se réaliser pour le moment) était d'induire sa luminescence par l'intermédiaire du courant tunnel injecté par la pointe du microscope à effet tunnel. En effet, les électrons du courant tunnel peuvent céder une partie de leur énergie pour placer la molécule dans un état *excité*. La désexcitation donne alors lieu à une émission de lumière dont l'analyse nous renseigne sur les propriétés optiques d'une molécule unique dans un environnement complexe.

Le carbure de silicium est vraisemblablement le substrat qui remplacera le silicium en électronique dans les années à venir. Il possède des propriétés plus intéressantes, mais reste encore onéreux et assez difficile à fabriquer. Le dépôt de couches moléculaires sur ce matériau pourrait conduire à des applications en optoélectronique. Le carbure de silicium est également, avec le diamant, l'un des rares matériaux biocompatibles qui pourrait servir de support à des biocapteurs directement implantables *in vivo*. Par ailleurs, les ordinateurs étant de plus en plus puissants, il arrivera un jour où la taille des composants électroniques atteindra la limite imposée par les lois de la mécanique quantique. C'est de cette constatation qu'est née l'effervescence autour de l'étude de molécules individuelles sur des surfaces. Des molécules complexes bien choisies pourraient en effet jouer le rôle de transistors, ce qui réduirait considérablement la taille des puces électroniques et augmenterait la vitesse de calcul des processeurs. Beaucoup de travail reste encore à faire dans ce domaine, et les premières applications de l'électronique moléculaire ne sont attendues que dans plusieurs dizaines d'années !

Pour en savoir plus
« Nanosciences, au cœur des molécules », *Pour la science*, décembre 2001, 290.

L'interrupteur moléculaire

Damien Riedel

Laboratoire de photophysique moléculaire (LPPM)
UPR 3361 CNRS et Université Paris-Sud 11, Orsay

Cette surface a été reconstruite à l'échelle… atomique ! Les atomes de silicium qui la constituent (en bleu) sont parfaitement rangés en lignes parallèles, séparées par des sillons d'environ un nanomètre de large (10^{-9} m) au fond desquels on devine la couche suivante d'atomes qui constituent le cristal. Sur ce « râtelier », on a déposé des molécules de biphényle (les paires de bosses colorées), que l'on peut se représenter comme deux hexagones de carbone – les cycles benzéniques – partageant un côté commun. Normalement, les deux cycles de chaque molécule sont dans un même plan, mais lors de leur dépôt, des liaisons chimiques se sont établies entre les atomes de silicium et les atomes de carbone. Les molécules s'en trouvent « tordues » et adoptent deux types de conformations différentes (représentées ici par la couleur rouge ou verte). En approchant une pointe métallique ultrafine près de l'une de ces molécules, nous sommes capables de lui faire adopter l'autre conformation. Exactement comme si nous avions appuyé sur le bouton d'un interrupteur !

Ces images ont été réalisées à l'aide d'un microscope à effet tunnel fonctionnant sous ultravide (moins de 10^{-10} millibar) et à très basse température (– 268 °C). Comme dans un microscope à force atomique, le principe consiste à approcher une pointe métallique affinée très près de la surface (moins d'un nanomètre) ; la différence est qu'elle ne touche pas l'échantillon. En appliquant une tension entre la pointe et la surface, quelques électrons sont susceptibles de réaliser un « bond quantique » à travers le vide (effet tunnel), engendrant ainsi un courant très faible mais mesurable dont l'intensité (de l'ordre de 10^{-12} ampère) dépend de l'espace à franchir. Le balayage de la surface par la pointe permet alors d'en mesurer le *relief* à l'échelle des nuages électroniques qui entourent les atomes eux-mêmes !

Et il y a mieux : les électrons tunnel provoquent des excitations spécifiques de la molécule de biphényle, ce qui nous permet non seulement de la *voir*, mais aussi de la manipuler. Car cette molécule possède des résonances électroniques qui ont la particularité d'être localisées à certains endroits de l'édifice (on peut se les représenter comme des « grumeaux » dans le nuage électronique). Nous les avons baptisées « boutons de contrôle » parce qu'en approchant la pointe du microscope de l'une ou l'autre de ces résonances, on injecte des électrons tunnel dans la molécule et l'on obtient un mouvement différent. Si l'on agit sur le « haut » du biphényle (la partie la plus brillante dans l'image en médaillon), on provoque son passage momentané dans un état transitoire (non représenté) avant qu'il ne revienne à sa conformation initiale (ici verte). La molécule se comporte alors comme la minuterie d'une cage d'escalier. Au contraire, si l'on

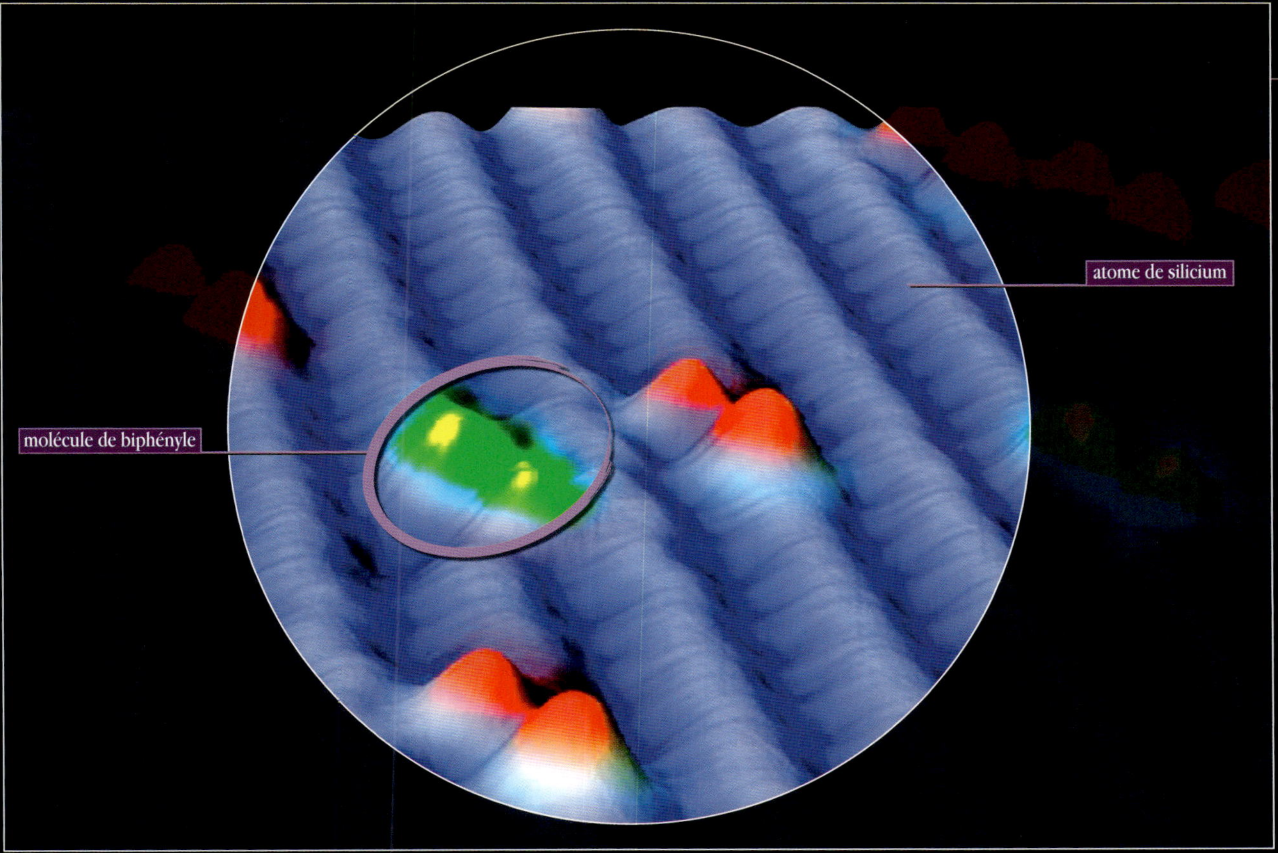

— 48 - 52 - 56 - 108 —

s'approche de la partie « basse », on la fait commuter du vert au rouge (et réciproquement). On a alors l'équivalent d'un interrupteur ON-OFF ordinaire.

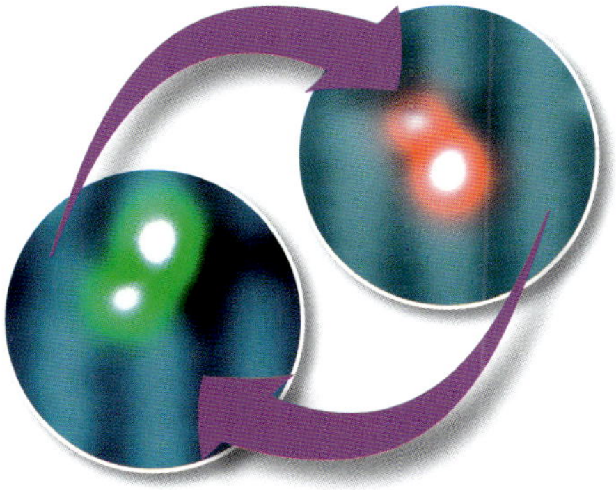

Ces recherches font partie d'une approche dite *ascendante* de l'électronique moléculaire, car elle vise à comprendre et à construire de futurs édifices électroniques miniaturisés à partir de briques élémentaires : l'atome ou la molécule. Aujourd'hui, nous avons découvert que dans certaines conditions, une seule molécule pouvait posséder plusieurs fonctions (multistabilité, interrupteur électronique, commutateur) accessibles à différents endroits. Demain, il nous faudra étudier comment connecter cette molécule à des édifices de transport et de contrôle de l'information. À plus long terme, on peut envisager de faire faire des calculs à un édifice moléculaire unique (les portes logiques classiques du type AND, OR, etc. devant alors être remplacées par leur équivalent quantique, aujourd'hui développé dans le cadre d'une théorie mathématique appelée *calcul quantique*).

Cet exemple illustre la précision phénoménale du microscope à effet tunnel, outil suprême de ce que l'on appelle désormais les nanosciences. Cette prouesse technologique nous permet non seulement de *voir* le monde moléculaire quantique, mais également d'agir sur lui. Bien entendu, les applications industrielles ou informatiques sont encore lointaines, mais il est d'ores et déjà nécessaire d'étudier la manière dont nos actions sont susceptibles de se manifester sur l'infiniment petit en développant d'autres outils d'observation. Ils seront optiques, magnétiques ou tout simplement quantiques, et nous n'en imaginons pas toujours encore les principes, mais ils seront à coup sûr disponibles dans un futur proche !

Pour en savoir plus

http://voyager.ppm.u-psud.fr/nanophysics.html

« Picometer-scale electronic control of molecular dynamics inside a single molecule », M. Lastapis, M. Martin, D. Riedel, L. Hellner, G. Comtet et G. Dujardin, *Science*, 2005, **308**, p. 1000.

« Mastering the molecular dynamics of a bistable molecule by single atom manipulation », M. Martin, M. Lastapis, D. Riedel, G. Dujardin, M. Mamatkulov, L. Stauffer et P. Sonnet, *Physical Review Letters*, 2006, 97, p. 216103.

L'engrenage moléculaire

André Gourdon
Centre d'élaboration de matériaux et d'études structurales (Cemes)
UPR 8011 CNRS, Toulouse

Sur une surface métallique placée sous ultravide (moins de 10^{-10} millibar) à basse température (– 269 °C), on a assemblé des molécules dont la forme rappelle une roue dentée à six branches. Ces molécules forment un ilot cristallin compact. Le bord de marche de ce cristal présente une structure dentelée similaire à celle d'une crémaillère. Ensuite, à l'aide de la pointe du microscope à effet tunnel utilisé pour visualiser ces images, on a déplacé l'une de ces *molécules pignon* pour l'emboîter dans la crémaillère. Lorsque la pointe se déplace le long du bord de l'îlot moléculaire, elle sert de pivot à la molécule pignon qui tourne dès lors à la manière d'un engrenage. C'est en fait le premier engrenage moléculaire (une échelle d'un nanomètre est donnée par la barre blanche).

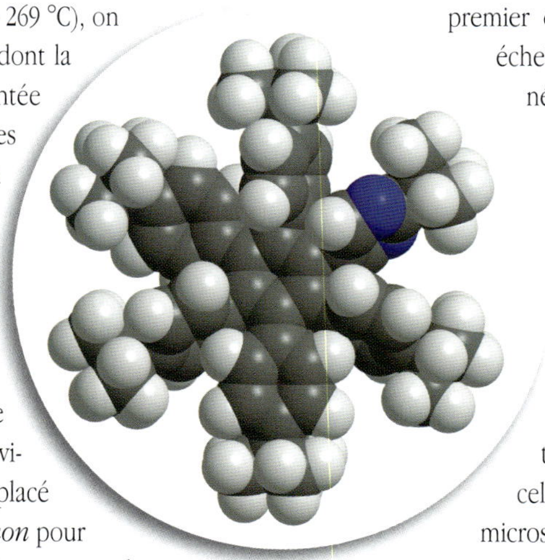

Le microscope à effet tunnel est devenu depuis quelques années un instrument qui permet non seulement de *voir* à l'échelle du nanomètre, mais aussi de manipuler des atomes ou des molécules avec une très grande précision. Pour cela, on approche la pointe du microscope à moins d'un nanomètre et, en utilisant les forces attractives ou répulsives entre cette pointe et la molécule, on la déforme ou on la déplace sur la surface. Cette technique, combinée à la spectroscopie tunnel, permet de réaliser des expériences de physique ou de chimie sur une molécule unique.

L'objectif de cette étude était de réaliser un mécanisme moléculaire comprenant un pignon tournant sur une crémaillère. Pour cela, il a été nécessaire de concevoir une molécule en forme d'étoile capable de s'autoassembler sur une surface pour former un cristal composé d'une monocouche parfaitement organisée. Les bords de ce cristal plat conservent la dentelure de la molécule et servent de crémaillère. Par ailleurs, pour prouver la rotation du pignon quand il se déplace, l'une des branches de la molécule est chimiquement différente des cinq autres et possède deux atomes d'azote à la place des deux fragments carbone-hydrogène fixés sur les autres branches (en bleu sur le modèle en noir et blanc de la page précédente).

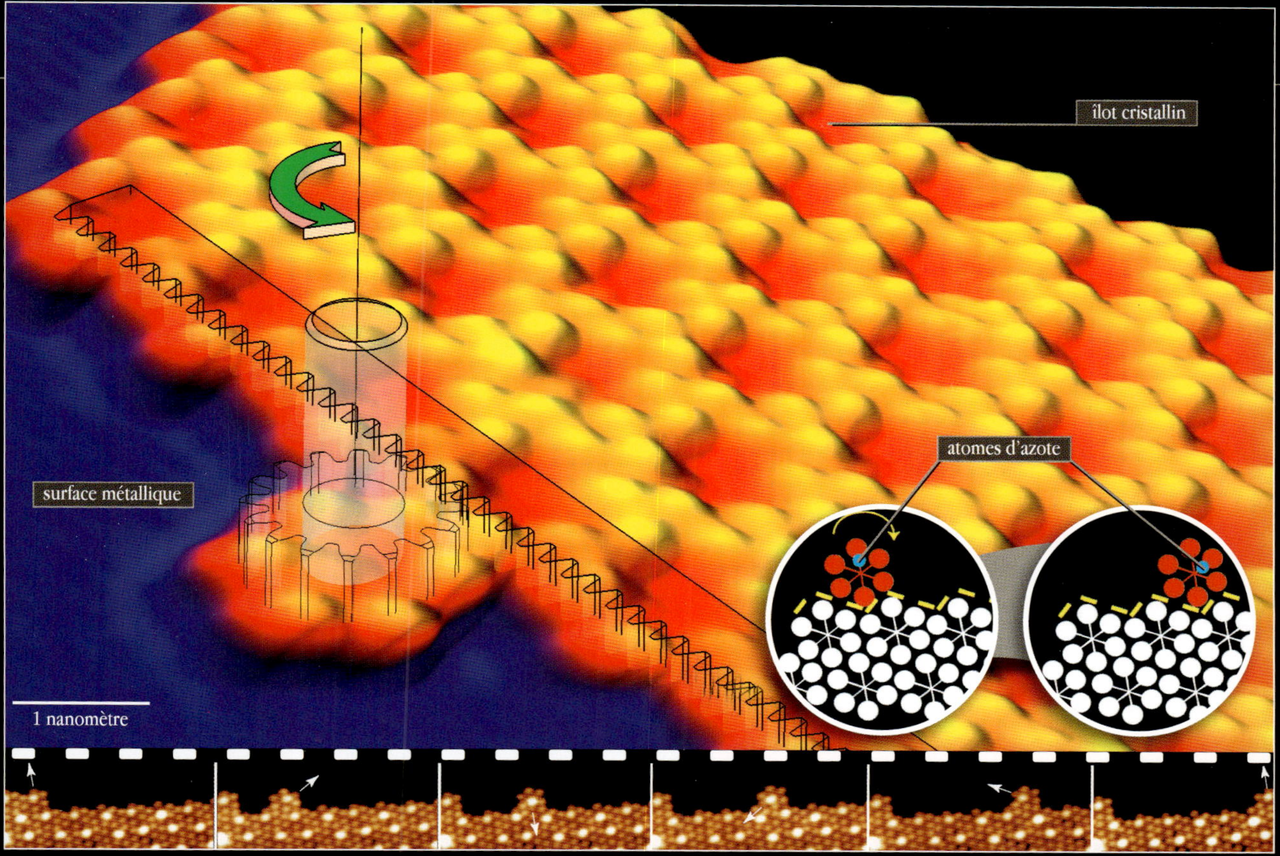

— 54 —

On peut ainsi repérer l'orientation de la molécule en traçant une flèche de son centre vers les deux atomes d'azote.

L'expérience est réalisée de la manière suivante : la pointe du microscope est placée au-dessus et dans l'axe de la molécule pignon ; celle-ci est déplacée vers la crémaillère de façon à l'enclencher dans l'une de ses dents. Lorsque la pointe du microscope, qui fait office ici d'axe de pignon, est translatée parallèlement au bord de marche, l'engrenage moléculaire tourne de la même manière qu'en mécanique macroscopique.

Les machines moléculaires, et en particulier les moteurs, abondent dans la nature. Citons par exemple l'ATP synthase, sorte de moulin biologique alimentant le réservoir d'énergie qu'est la molécule d'ATP, les moteurs rotatifs des flagelles de bactéries, ou encore les moteurs moléculaires linéaires participant aux contractions musculaires, aux battements des cils et des flagelles, à la détection du son, etc. Ces machines biologiques sont très efficaces, rapides, « inusables », et consomment très peu d'énergie. Elles sont cependant extrêmement complexes, et ne fonctionnent que dans un environnement très précis. Il est donc très séduisant d'imaginer que l'on pourra concevoir et synthétiser des machines moléculaires artificielles, plus simples et plus stables, capables de transformer de l'énergie en mouvement (moteur) puis, par exemple, de les impliquer dans des machineries plus complexes à l'aide des outils de la synthèse chimique. Cet espoir a été lancé depuis une quinzaine d'années, grâce en particulier aux avancées récentes en chimie de synthèse et en microscopie dite à *champ proche*, tout un domaine de recherches multidisciplinaires aux frontières de la physique, de la chimie et de la biologie.

Pour en savoir plus

« A rack and pinion device at the molecular scale », F. Chiaravalloti, L. Gross, K.H. Rieder, S.M. Stojkovic, A. Gourdon, C. Joachim et F. Moresco, *Nature Materials*, 2007, 6, p. 30–33.

Molecular machines and motors, J.-P. Sauvage, coll. Structure & Bonding, 99, Springer, 2001.

Molecular machines, T.R. Kelly, coll. Topics in Current Chemistry, 262, Springer, 2006.

Au cœur des matériaux

Didier Cot

Institut européen des membranes (IEM) - UMR 5635
CNRS-Université Montpellier 2

L'empilement de cristaux constitutifs d'une céramique est grossi 4 000 fois à l'aide d'un microscope électronique à balayage (MEB). L'image, initialement en noir et blanc, a été coloriée artificiellement à l'aide d'un logiciel de traitement d'image en fonction des variations de la composition chimique : du vert pour les parties plus riches en calcium, au bleu pour celles qui contiennent davantage de phosphore. Les cristaux sont de tailles et de formes différentes de sorte que leurs interconnexions ne sont pas toujours jointives. L'espace libre entre les cristaux – la porosité – indique que le matériau observé ici est susceptible de servir de filtre ou de membrane dans l'industrie.

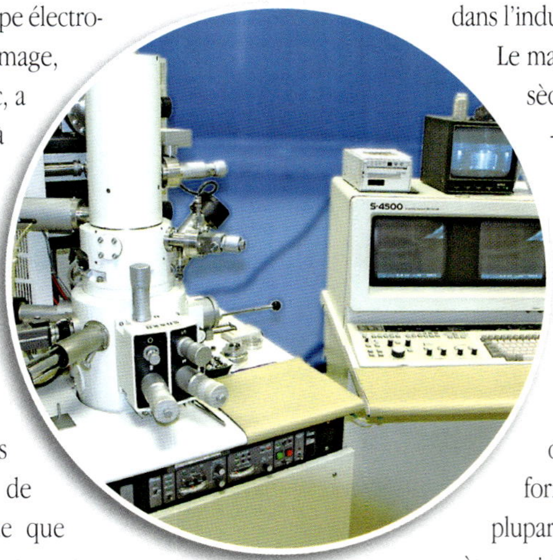

Le matériau initial est une poudre sèche et comprimée d'apatite – du phosphate de calcium – que l'on fait s'agglutiner par chauffage (frittage). On peut aussi partir d'une pâte humide malléable. Le résultat est une céramique facile à mettre en œuvre, solide, et à laquelle on peut aisément donner la forme que l'on souhaite – la plupart du temps des tubes de diamètre variable ou des structures en nid d'abeille. Elle n'a pas encore d'application précise,

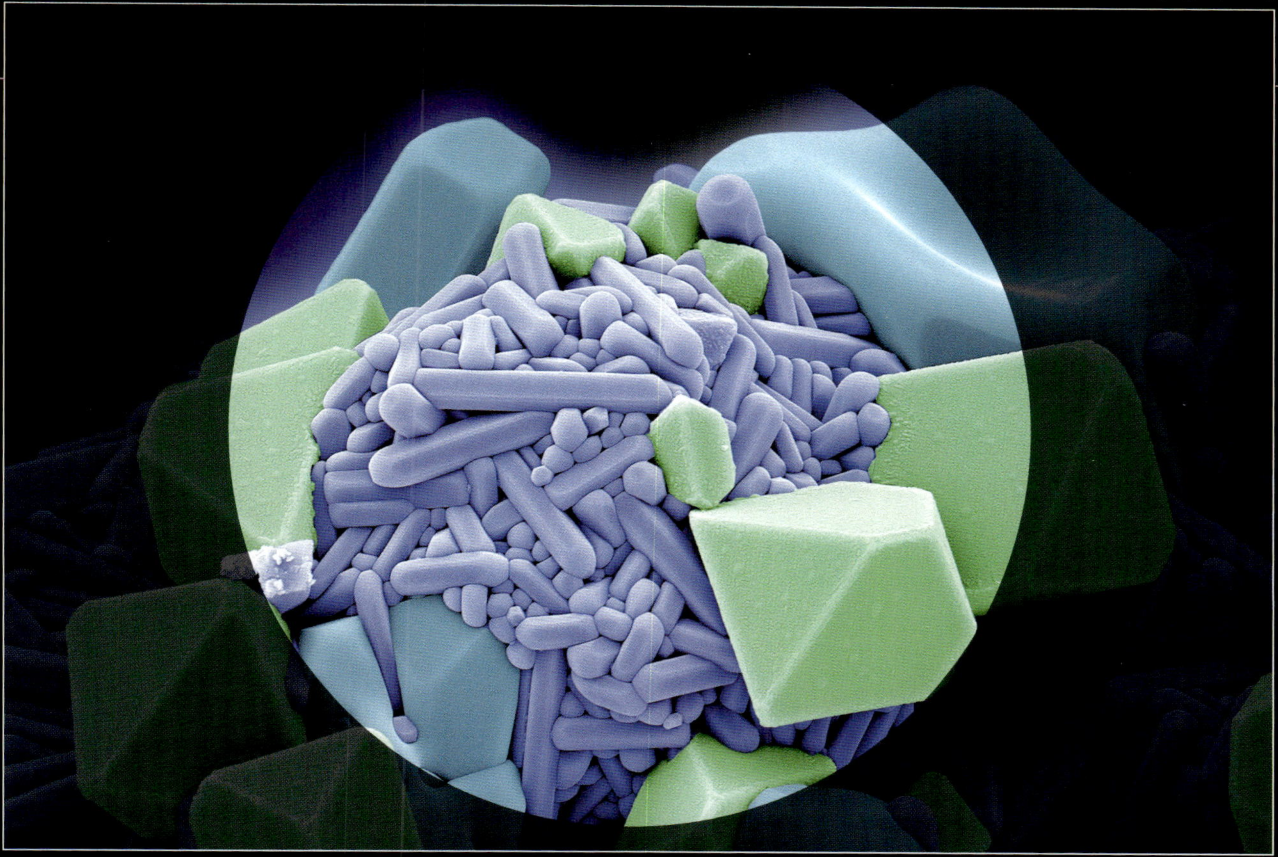

– 140 –

mais fait partie d'une large étude destinée à valoriser les matières premières abondantes en Tunisie, pays riche en gisements d'apatite (d'ores et déjà source de phosphore pour les engrais chimiques, par exemple).

L'intérêt du microscope électronique est ici de nous aider à caractériser la texture des matériaux obtenus. Dans le cas qui nous occupe, la mise en évidence des espaces libres entre les cristaux montre que cette céramique pourrait servir de support à une membrane ou servir elle-même de membrane de microfiltration en milieu liquide (le diamètre des pores est trop gros pour séparer des mélanges gazeux). En revanche, les images microscopiques sont insuffisantes pour déterminer la porosité globale de cette céramique (le volume d'espace vide accessible dans le matériau) ; ont doit utiliser pour cela un porosimètre à mercure (un instrument qui mesure le volume de mercure susceptible d'imprégner l'échantillon).

Les membranes sont des barrières semi-perméables qui agissent comme un filtre ou un tamis, les constituants d'un mélange ne pouvant pas tous traverser le matériau à la même vitesse. De telles membranes sont de plus en plus importantes dans de nombreux domaines comme le traitement de l'eau, aussi bien dans l'agroalimentaire que dans la pharmacie ou la dépollution. Elles peuvent être en polymère, en céramique ou constituées des deux à la fois, les céramiques présentant l'avantage d'être modelables à volonté et résistantes, aussi bien aux hautes températures qu'aux pressions élevées.

Les membranes artificielles sont en plein développement, en particulier dans le cadre des recherches sur le développement durable et la réduction de l'impact des activités humaines sur l'environnement : traitement des effluents industriels, purification de l'eau, etc. Elles jouent également un rôle fondamental dans les piles à combustible dont certains espèrent qu'elles pourraient faire passer notre civilisation de l'ère du pétrole à celle de l'hydrogène. Désormais, les recherches sur les membranes sont au croisement de la science des matériaux et du génie des procédés. Grâce à la chimie du solide on peut contrôler de façon de plus en plus précise la formation des microporosités afin d'obtenir des filtres dont les canaux sont compris entre le nanomètre et plusieurs micromètres... de quoi séparer sélectivement des bactéries, des virus et même des ions !

Pour en savoir plus

« Elaboration and properties of new ceramic microfiltration membranes from natural and synthesised apatite », S. Masmondi, A. Larbot, H. El Feki et R. Ben Amar, *Desalination*, 15 avril 2006, **190(1-3)**, p. 89-103.

L'érosion nanoscopique

Paul C. Montgomery et Jan L. Weyher

Institut d'électronique du solide et des systèmes (InESS) - UMR 7163
CNRS-Université Louis Pasteur, Strasbourg

Université Radboud de Nimègue (Pays-Bas)
Institute of High Pressure Physics - Académie des sciences de Pologne

Ce paysage tourmenté est, comme ses homologues géologiques, le résultat d'une érosion. Mais ici elle s'est produite à l'échelle nanoscopique ! Au départ, il s'agissait d'une surface plane d'arséniure de galium (GaAs) servant à fabriquer les composants haute fréquence des radars ou des téléphones portables. Une attaque chimique à l'acide hydrofluorique et trioxyde de chrome en présence de lumière, au lieu de ronger uniformément la surface, y a libéré ce relief, chaotique en apparence, mais trahissant en réalité la présence de zones de fragilité jusque là indiscernables. Le matériau est ici observé à l'aide d'un microscope interférométrique, un instrument qui tout à la fois réalise une image à grand champ où il est facile de repérer les défauts de surface et mesure très précisément la topographie locale par un procédé interférométrique. La disparité des échelles découle de cette double technique : les coordonnées horizontales sont en micromètres, tandis que l'axe vertical, gradué en nanomètres, est mille fois plus précis.

La mise en évidence de défauts de taille atomique au sein des matériaux est une étape cruciale dans le développement des composants semi-conducteurs. Ils sont toujours présents, car il est inévitable que, pendant la croissance d'un cristal, les atomes qui *tricotent* le réseau cristallin sautent une maille de temps en temps. Ces défauts jouent un rôle de premier ordre. Ils peuvent être voulus – pour contrôler les propriétés semi-conductrices du matériau –, ou n'être qu'une conséquence fortuite des techniques de fabrication, voire du second principe de la thermodynamique selon lequel l'existence d'un ordre parfait dans la nature est très improbable ! Dans tous les cas, des techniques d'analyse performantes sont nécessaires pour mieux comprendre leur influence sur les propriétés du matériau. C'est très important dans le cas qui nous occupe, car la formation des défauts dans les alliages comme le GaAs est moins bien comprise que dans le silicium.

La forme d'un relief géologique révèle bien souvent la présence de roches plus ou moins friables. De même, la forme de notre paysage nanoscopique témoigne de *vitesses d'érosion* variables, d'une vulnérabilité plus où moins grande à l'action des produits chimiques utilisés pour attaquer la surface. La quantité emportée par l'acide dépend à chaque endroit de la nature du matériau, des contraintes mécaniques qui y sont stockées, des lignes de fragilité, voire des propriétés électriques locales. Une analyse approfondie du nanorelief nous renseigne donc sur le type et la composition chimique des défauts et même sur leur taille et sur leur orientation par rapport au reste du réseau cristallin. La grande *abysse* à l'avant de la scène, par exemple, est interprétée comme étant due à la formation de stries lors de la croissance

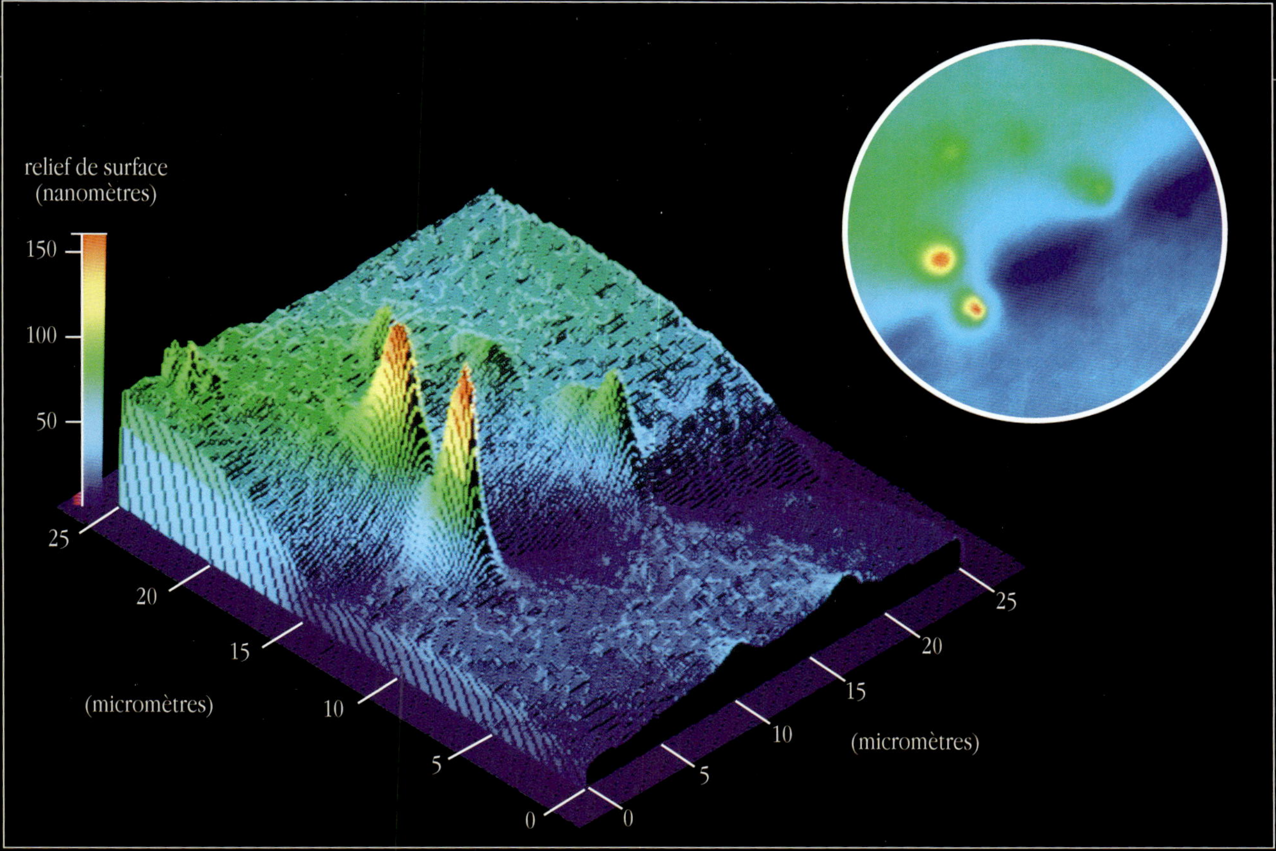

— 62 - 66 - 68 - 108 - 190 - 212 —

du cristal sous l'effet de variations locales de la concentration d'étain (un dopant ajouté dans l'alliage pour en modifier la conductivité). Le demi-cercle formé de six îlots (bien visibles sur la vue du dessus en médaillon) témoigne de la présence de dislocations du réseau. Trois d'entre elles sont plus grandes que les autres, probablement parce qu'elles sont décorées par des précipités microscopiques, c'est-à-dire des agglomérats d'impuretés étrangères au cristal. Ces deux derniers types de défauts sont très mal contrôlés. Ils peuvent même migrer dans le réseau selon un mécanisme proche du jeu de taquin et modifier les propriétés du transistor jusqu'à engendrer une surchauffe et finalement sa destruction.

Le premier problème lorsque l'on cherche à dénicher les défauts dans les composants électroniques est qu'ils sont rares ! Un microscope électronique à transmission aurait théoriquement la résolution nécessaire pour les observer, mais il offre une vision si étriquée que la tâche revient à chercher une aiguille dans une botte de foin. Une solution élégante consiste à utiliser un microscope optique, avec son champ de vue étendu, et de mettre les défauts en relief – c'est le cas de le dire ! – par une attaque chimique. Ensuite, la mesure du relief par interférométrie permet de quantifier les défauts nanométriques et ainsi de les identifier et de les cataloguer. En comparant ces résultats à d'autres mesures – électriques, par exemple –, on est désormais capables de calibrer et d'optimiser les procédés de fabrication de façon à améliorer les performances et la durée de vie des composants, en l'occurrence des transistors micro-ondes.

Les balades en paysage nanoscopique nous ont aidé à *voir* et finalement à comprendre les défauts de taille atomique avec des moyens chimiques et optiques relativement simples. La maîtrise de ces défauts dans les nouveaux matériaux semi-conducteurs de haute fréquence (indispensables pour l'émission et la réception des micro-ondes) a permis de réduire la taille des composants, d'en améliorer le rendement énergétique, la durée de vie et finalement le coût. C'est grâce à cela que les équipements basés sur les micro-ondes – téléphones mobiles, connexions wifi et Bluetooth, ou encore radars – se sont démocratisés.

Pour en savoir plus

« Characterization of semiconductors by etching », J.L. Weyher, *Handbook on Semiconductors*, Elsevier, 1994, 3, p. 995-1031.

« Characterization of bulk as-grown and annealed III-Vs by photo-etching and complementary methods », J.L. Weyher, *Institute of Physics: Conference Series*, 1995, 146, p. 399-408.

« Axial interferometry microscopy », P.C. Montgomery, *Near Field Optics and Nanoscopy*, World Scientific, 1996, p. 197-214.

Y a-t-il un défaut dans l'avion ?

Marie-José Casanove
Centre d'élaboration de matériaux et d'études structurales (Cemes)
UPR 8011 CNRS, Toulouse

Les atomes d'un alliage d'aluminium vu au microscope électronique forment une trame régulière comparable à celle d'un tissu dans lequel on aurait fait une sorte d'accroc. La régularité des motifs observés, tant dans la trame que dans l'accroc, est due à la nature cristalline du matériau étudié. Dans chaque petit « carreau » de la trame se trouve une colonne d'atomes d'aluminium, observée *debout*. L'accroc, qui présente un motif différent de celui de la trame, se compose d'un agencement régulier d'atomes d'aluminium, de cuivre et de magnésium. On n'observe ici qu'une coupe de cet « accroc » qui est en fait très allongé dans la direction perpendiculaire à l'image. L'échelle de 2 nanomètres correspond à la distance entre dix colonnes atomiques d'aluminium.

Le fuselage des avions doit combiner la légèreté et la résistance mécanique. Léger et très malléable, l'aluminium est un candidat sérieux pour ce rôle, mais sa résistance requiert quelques améliorations. En introduisant un faible pourcentage (moins de 10 %) d'éléments additionnels dans l'aluminium, on parvient après différents traitements à multiplier par cent sa résistance mécanique. Cette remarquable amélioration provient de la formation de précipités tels que le défaut observé en coupe dans l'image, qui concentrent une forte densité d'atomes additionnels. Du fait de leur structure différente du reste du maillage, ces précipités freinent la propagation des dislocations – des défauts responsables de la déformation irréversible des matériaux – à la manière d'une couture stoppant l'avancée d'une déchirure dans un tissu. Le cisaillement des plans atomiques du cristal s'arrête là où ces derniers sont discontinus et ne peuvent plus glisser les uns par rapport aux autres. Les dislocations doivent alors chercher à contourner l'obstacle. L'image présentée ici a été obtenue à l'aide d'un microscope électronique en transmission dans un mode dit de *haute résolution* qui permet d'observer les colonnes atomiques par projection. L'échantillon est constitué d'une lamelle suffisamment fine pour être transparente aux électrons (inférieure à quelques centaines de nanomètres d'épaisseur).

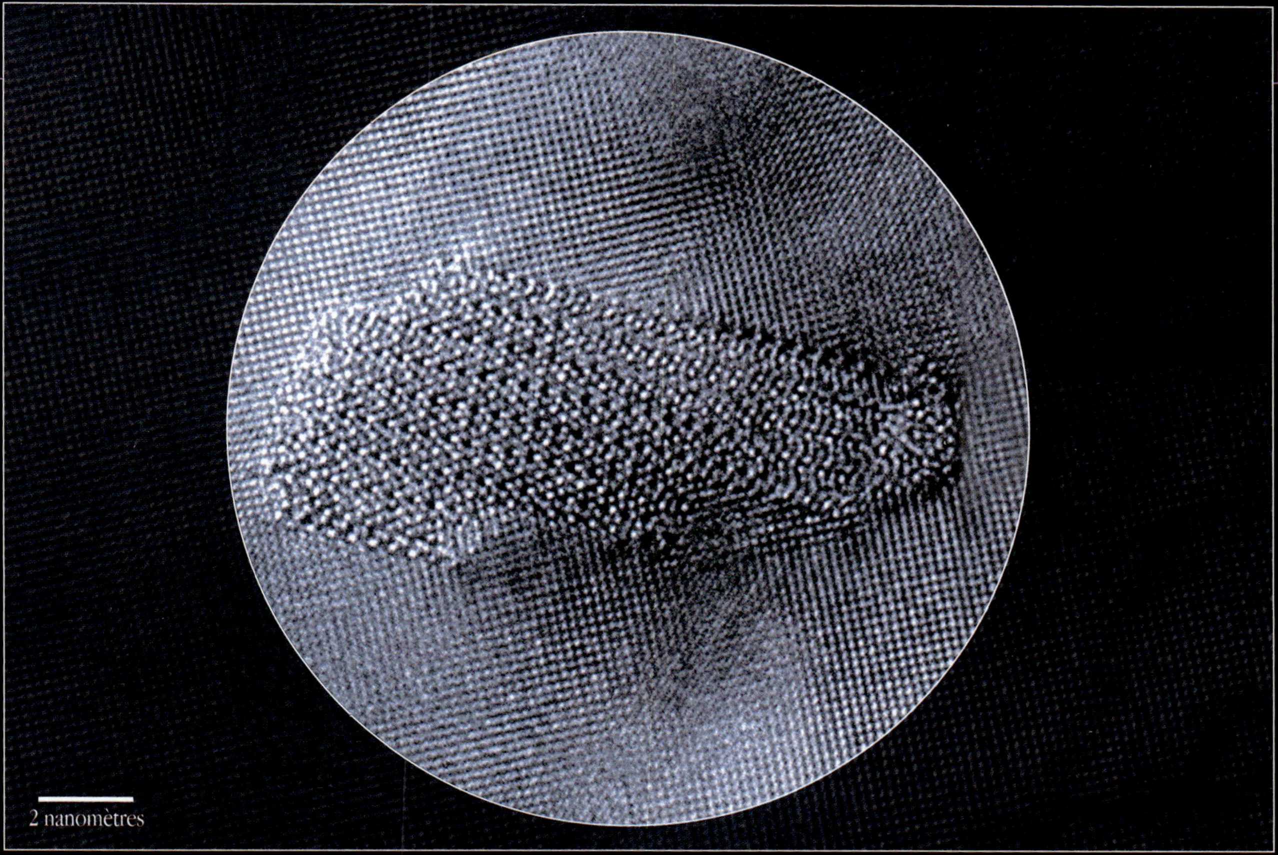

– 60 - 64 - 68 –

Les défauts ne sont pas toujours source de défaillances. Aujourd'hui, ils sont au contraire de mieux en mieux maîtrisés et bien souvent générés volontairement par le traitement des matériaux massifs (comme dans l'exemple donné) ou lors de la synthèse de matériaux artificiels. En modifiant localement la structure cristalline, les interfaces ou précipités peuvent perturber, suivant les matériaux, la structure électronique, l'agencement des domaines magnétiques, la propagation des ondes dans le matériau ou encore, comme on l'a vu, le glissement des dislocations. Ils modifient alors fortement les propriétés mécaniques, magnétiques, optiques ou autres du matériau.

Le microscope électronique en transmission est à ce jour l'outil privilégié pour l'étude de ces défauts cristallins. Il permet de choisir très précisément la région que l'on veut observer et de l'orienter dans la direction voulue. Dans l'étude montrée ici, le long défaut a été orienté parallèlement à la direction d'observation, on voit alors sa section et on a pu analyser sa composition chimique, sa structure cristalline et enfin le champ de déformation qu'il crée dans la matrice d'aluminium (on devine sur l'image que la maille régulière des atomes d'aluminium est perturbée au voisinage du défaut). Ce champ de déformation constitue une sorte de glacis où les dislocations vont commencer à être déviées et freinées.

L'origine des propriétés remarquables des matériaux nouveaux est bien à chercher dans leurs défauts structuraux à l'échelle atomique. La maîtrise de ces propriétés passe donc par l'analyse de la microstructure, voire aujourd'hui de la nanostructure des matériaux. Cette problématique est au cœur de nos recherches qui visent à relier les caractéristiques chimiques et structurales des défauts à l'échelle des atomes aux propriétés globales des matériaux telles qu'on les observe à notre échelle. À côté des matériaux d'usage industriel, ces travaux s'appuient aussi sur l'analyse de matériaux modèles que l'on développe dans le seul but de mieux appréhender le rôle de chaque paramètre. Il est ensuite possible de prédire par exemple quelle composition chimique va optimiser la résistance mécanique, thermique ou la résistance à la corrosion d'un fuselage d'avion devant voler dans des conditions précises. L'alliage analysé ici est susceptible de répondre au cahier des charges du fuselage d'un futur supersonique européen.

Pour en savoir plus

http://www.cemes.fr/mc2

Electrons et microscopes : vers les nanosciences, P. Hawkes, Belin, 1995.

Les matériaux font de la résistance

Philippe Colomban
Laboratoire de dynamique, interactions et réactivité (Ladir) - UMR 7075
CNRS-Université Pierre et Marie Curie, Paris 6

Une fibre de carbure de silicium d'environ 12 micromètres de diamètre est observée au microscope électronique à balayage. Elle semble homogène et seule apparaît la taille des grains qui la constituent (d'un diamètre inférieur à 0,1 μm pour cette fibre). Une image par diffusion Raman révèle qu'en réalité, les états physique et chimique de la fibre varient d'un point à l'autre de sa section. Cette image (en haut à droite) a été reconstituée en mesurant le spectre de la lumière diffusée par l'échantillon en plusieurs centaines de points – on parle alors d'hyperspectre – espacés les uns des autres de moins d'un micromètre sur une grille régulière. On découvre ainsi que, du fait du procédé de fabrication, la cuisson de la céramique a été maximale en périphérie (céramisation par passage dans un four de la fibre polymère « fraîche »). Un modèle physicochimique (en bas à droite) fournit ensuite une prédiction quant à la résistance de la fibre (ici maximale dans son cœur)… sans qu'il soit pour cela nécessaire de la casser !

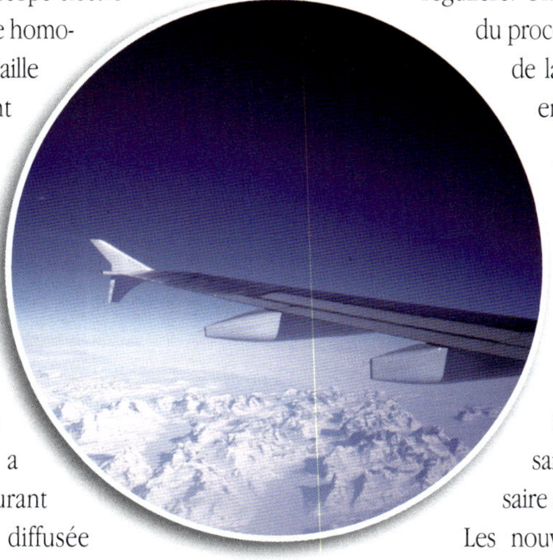

Les nouvelles normes antipollution applicables en 2020 au trafic aérien visent à minimiser les émissions polluantes. En permettant aux moteurs d'atteindre des températures plus élevées, tout en minimisant leur poids, les matériaux composites, à fibres et céramiques, permettront de réduire la consommation en carburant, notamment en supprimant les injections d'air froid nécessaire au refroidissement des pièces métalliques. Les opérations nécessaires à la fabrication d'un matériau composite sont nombreuses qui déterminent les qualités finales du dispositif. Dans le cas présenté ici, les propriétés mécaniques obtenues dépendent non seulement du mode de fabrication des fibres, mais aussi des procédés utilisés pour les incorporer dans leur matrice céramique : pour que les fibres renforcent convenablement le matériau, il faut en effet qu'elles soient relativement rigides tout en restant « tissables » malgré leur faible diamètre (de 10 à 15 μm). Comment vérifier si l'état final correspond bien au cahier des charges ?

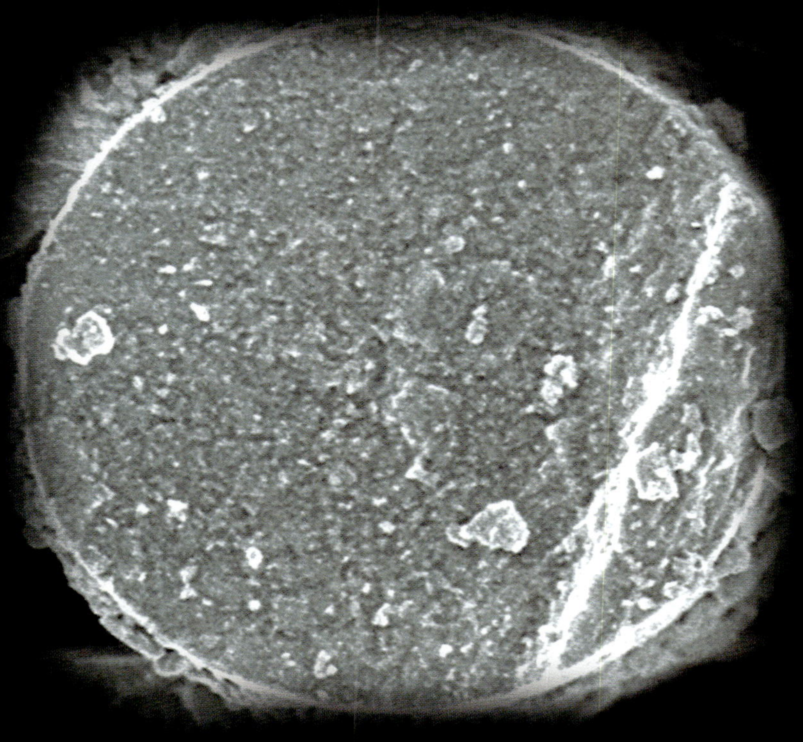

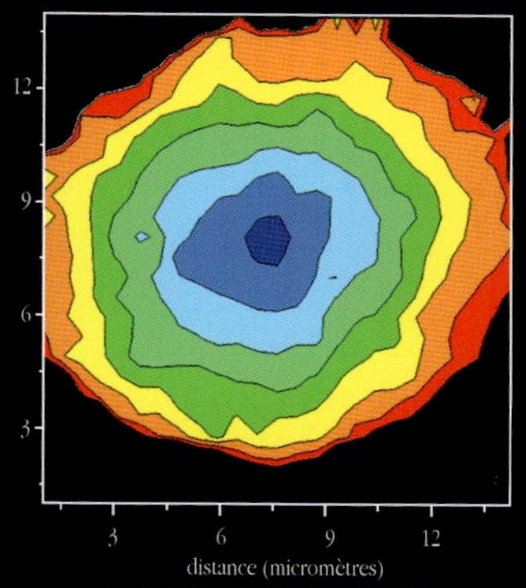

image par diffusion Raman

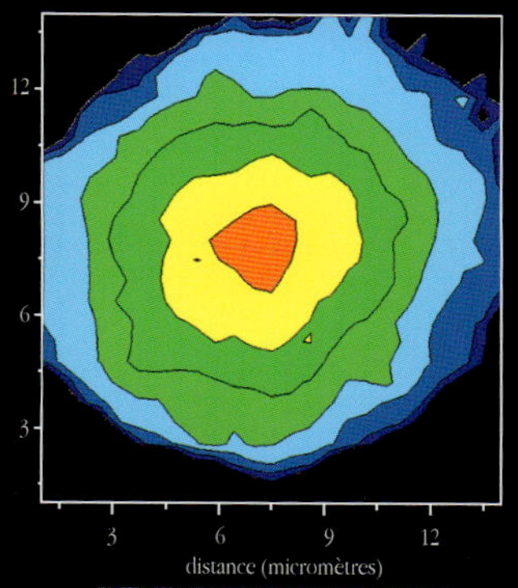

modèle physicochimique

– 62 –

C'est pour répondre à cette question que nous avons développé de nouvelles techniques d'analyse.

Dans le cas présent, on étudie les spectres de diffusion recueillis à la recherche de raies caractéristiques de la double liaison chimique carbone-carbone. Intensité et énergie reflètent l'*aromaticité* du matériau. Un cycle aromatique est un hexagone plan formé de six atomes de carbone reliés par des liaisons doubles. De tels cycles s'associent pour former des feuillets qui, empilés les uns sur les autres, constituent le graphite de nos mines de crayons, par exemple. Mieux la signature spectrale de la double liaison est définie, plus les espèces carbonées sont graphitiques, ce qui correspond à une cuisson plus intense. La carte obtenue montre donc le gradient de température subi par la fibre lors de sa céramisation. Un modèle physique prédit alors la valeur de la contrainte de rupture du matériau (la pression au-delà de laquelle il casse) : au centre de la fibre, là où la texture est intermédiaire entre l'amorphe (homogénéité maximale) et le nanocristallin (densité maximale de liaisons par unité de volume), la résistance mécanique est la plus grande, près de 3,5 gigapascals (contre 2 gigapascal en périphérie).

Un hyperspectre dresse des cartes géographiques et historiques de la chimie ou de la physique du matériau et nous aide à appréhender d'un même œil son passé et son futur. La facilité avec laquelle le cerveau humain analyse et mémorise les images permet de donner un aspect intuitif aux changements subtils de la matière et ainsi de suivre ses modifications pas à pas, de sa mise au point à son vieillissement.

Pour en savoir plus

« Raman analyses and "smart" imaging of nanophases and nanosized materials », *Spectroscopy Europe*, 2003, **15(6)**, p. 8-15.

http://www.spectroscopyeurope.com/

« Smart Raman and Ragleigh spectroscopy for the analysis of nanomaterials », M. Havel et P. Colomban, *Microscopy and Analysis*, 2006, **20(3)**, p. 11-14.

Les MEMS ne fondent pas dans la main

Paul C. Montgomery et Omar Manzardo

Institut d'électronique du solide et des systèmes (InESS) - UMR 7163

CNRS-Université Louis Pasteur, Strasbourg

ARCoptix SA (Suisse)

En combinant la microélectronique, l'optoélectronique et la micromécanique, on conçoit des machines minuscules comme cette pièce d'un spectromètre miniaturisé. Ce qui mesurait quelques dizaines de centimètres dans sa version classique il y a encore quelques années, mesure maintenant quelques millimètres de côté. Ces vues partielles d'une telle micromachine – que l'on appelle MEMS pour *microelectromechanical system* – montrent un piston, deux peignes (dont les dents sont intercalées) et des barres longues et minces, qui jouent le rôle de ressorts. À noter qu'il ne s'agit pas ici de vues d'artiste ou d'images de synthèse calculées comme dans un jeu vidéo, mais bien d'une vue réelle en microscopie électronique à balayage (MEB) et d'une mesure minutieuse à l'aide d'un microscope interférométrique d'un véritable objet (en médaillons).

La mesure exacte de la forme et de la taille précise des pièces d'une micromachine par microscopie interférométrique est rendue nécessaire par leur petitesse même. Si une machine de précision à taille humaine – comme un spectromètre classique – doit être fabriquée avec une tolérance d'un dixième de millimètre, un MEMS exige quant à lui un *usinage* d'une précision inférieure à une fraction de micromètre – c'est-à-dire au millième de millimètre près. En effet, en fonctionnement, le piston présenté ici oscille 200 fois par seconde sur une distance de 40 micromètres pour échantillonner le signal optique. Pour éviter les frottements et les faux mouvements qui peuvent fausser les mesures ou mener à la destruction de la machine, la forme tridimensionnelle doit suivre rigoureusement les contraintes requises.

Aujourd'hui, la technologie des MEMS autorise la fabrication de membranes, de structures oscillantes ou tournantes, de roues dentelées – bref, de pratiquement tout ce qui est nécessaire pour produire à l'échelle microscopique tous les types d'appareillages et de machines que l'on sait faire depuis longtemps à l'échelle macroscopique : des microcapteurs, des micromanipulateurs, des microperceuses, des microseringues, etc. Ce genre de machine peut par exemple servir, comme c'est le cas pour celle représentée ici, dans un appareil de mesure de couleur

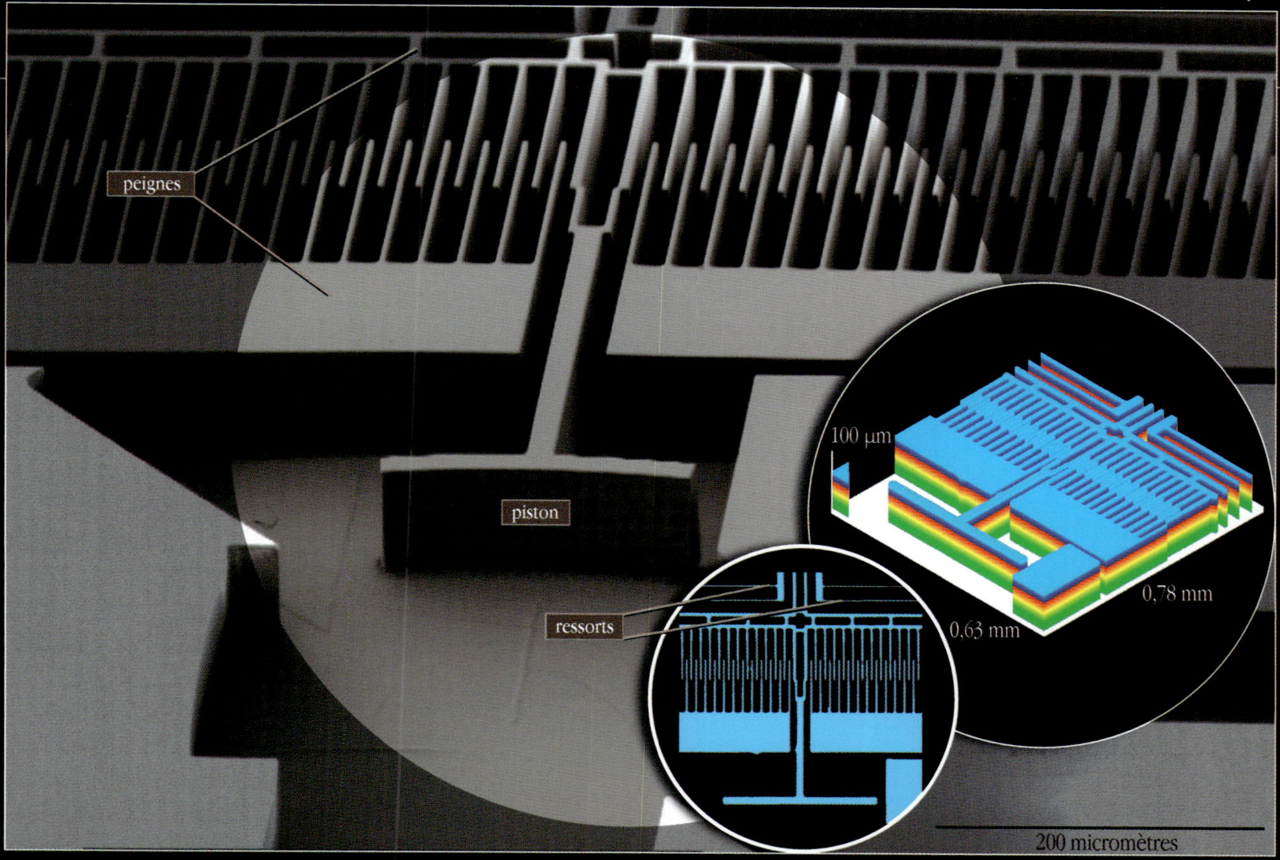

— 60 - 156 - 212 —

(en médaillon, page de gauche), dans une ligne de production d'objets dont la couleur serait un paramètre important à contrôler. Les MEMS tiennent une place extrêmement réduite et sont presque invisibles. Dans certains cas, le coût de fabrication est tellement réduit qu'ils sont même produits pour une seule utilisation !

Les MEMS et leur micromécanique sont issus des techniques de fabrication du silicium employées en microélectronique classique. Leur utilisation, en plein essor, a de fortes chances de se répandre un peu partout dorénavant. On peut déjà citer leur rôle dans la sécurité routière : ainsi, des MEMS en forme d'accéléromètres miniaturisés embarqués dans de nombreux véhicules se trouvent au cœur des systèmes ABS (*anti-lock braking system*) pour le freinage, et des systèmes ESP (*electronic stability program*) pour l'assiette et la stabilité du véhicule. Ils permettent aussi de détecter les chocs et de déclencher les airbags. Dans le futur, on les trouvera dans les pneumatiques, où ils mesureront la pression et avertiront le conducteur par transmission radiofréquence *via* le tableau de bord. Pour la sécurité aéronautique, ils sont utilisés comme stations météo miniaturisées, fixes ou embarquées dans les ballons sondes. Dans le domaine de l'électronique grand public, les MEMS sont utilisés dans des têtes d'imprimantes et comme oscillateurs d'horloge, organe vital au cœur de toute micropuce. Ils seront employés de plus en plus dans les écrans plats, les appareils photo numériques, les téléphones portables et les ordinateurs de poche. Dans le domaine médical, la combinaison des MEMS et de la fluidique (l'étude des fluides) rendra possible l'administration automatique de la dose de médicaments la plus exacte et la plus appropriée possible. Il n'est pas étonnant que les MEMS constituent un marché en pleine croissance.

Comment contrôler la fabrication et la fiabilité de ces micromachines ? C'est bien sûr la question qui s'impose : après tout, même un défaut majeur y est invisible à l'œil nu ! Dans le cas présenté ici, ce n'est pas une question de vie ou de mort, mais cela pourrait l'être s'il s'agissait d'appareils impliqués dans la sécurité ou la médecine. L'utilisation d'outils tels que la microscopie interférométrique fait partie des solutions qui permettent de valider les procédures et la qualité de fabrication des MEMS. En outre, l'apprentissage que nous effectuons aujourd'hui au niveau microscopique nous prépare à une nouvelle réduction d'échelle avec la fabrication nanoscopique des NEMS (*nanoelectromechanical system*).

Pour en savoir plus

« The metrology of a miniature FT spectrometer MŒMS device using white light scanning interference microscopy », P.C. Montgomery, D. Montaner, O. Manzardo, M. Flury et H.P. Herzig, *Thin Solid Films*, 2004, 450, p. 79-83.

Des défauts dans les circuits

Kim Pham, Pascal Ponard et Yannick Couliou
Thales Components & Subsystems, Thonon-les-Bains

Vu à la loupe, un circuit intégré n'est qu'une boîte noire. Une *radio*, c'est-à-dire une image obtenue par la transmission d'un rayonnement X à travers le circuit (au milieu), en révèle l'intérieur. Le substrat en silicium où sont gravés les composants électroniques se trouve au centre. Il est relié aux pistes de connexion par des fils microscopiques. Surprise ! Un *zoom* sur ces fils révèle la présence d'un défaut sur l'une des liaisons. Cette performance aurait été impossible sans les nouveaux systèmes qui permettent d'exposer des cartes électroniques à un faisceau de rayonnement X dont la source est de plus en plus petite (quelques micromètres) et de visualiser l'image, en temps réel, sur des détecteurs numériques plats à très grande résolution.

Chaque circuit intégré comprend des milliers, voire des millions de transistors gravés sur un substrat de silicium. Ces composants doivent être reliés les uns aux autres par une multitude de liaisons conductrices sous forme de fils ou de billes de soudure. Si l'une de ces connexions est incorrectement assurée, le circuit devra être remplacé, quand ce n'est pas la carte électronique tout entière. De surcroît, avec l'évolution des technologies en microélectronique, les composants se répartissent désormais en plusieurs couches microscopiques au sein du substrat et les circuits eux-mêmes sont de plus en plus petits ! Le contrôle des défauts devient alors beaucoup plus complexe. Les générateurs de rayons X, assistés de puissants outils d'imagerie numérique, permettent aujourd'hui de contrôler d'éventuels défauts par la reconstruction en trois dimensions de l'image et le passage des données au crible de programmes de recherche statistique des défauts.

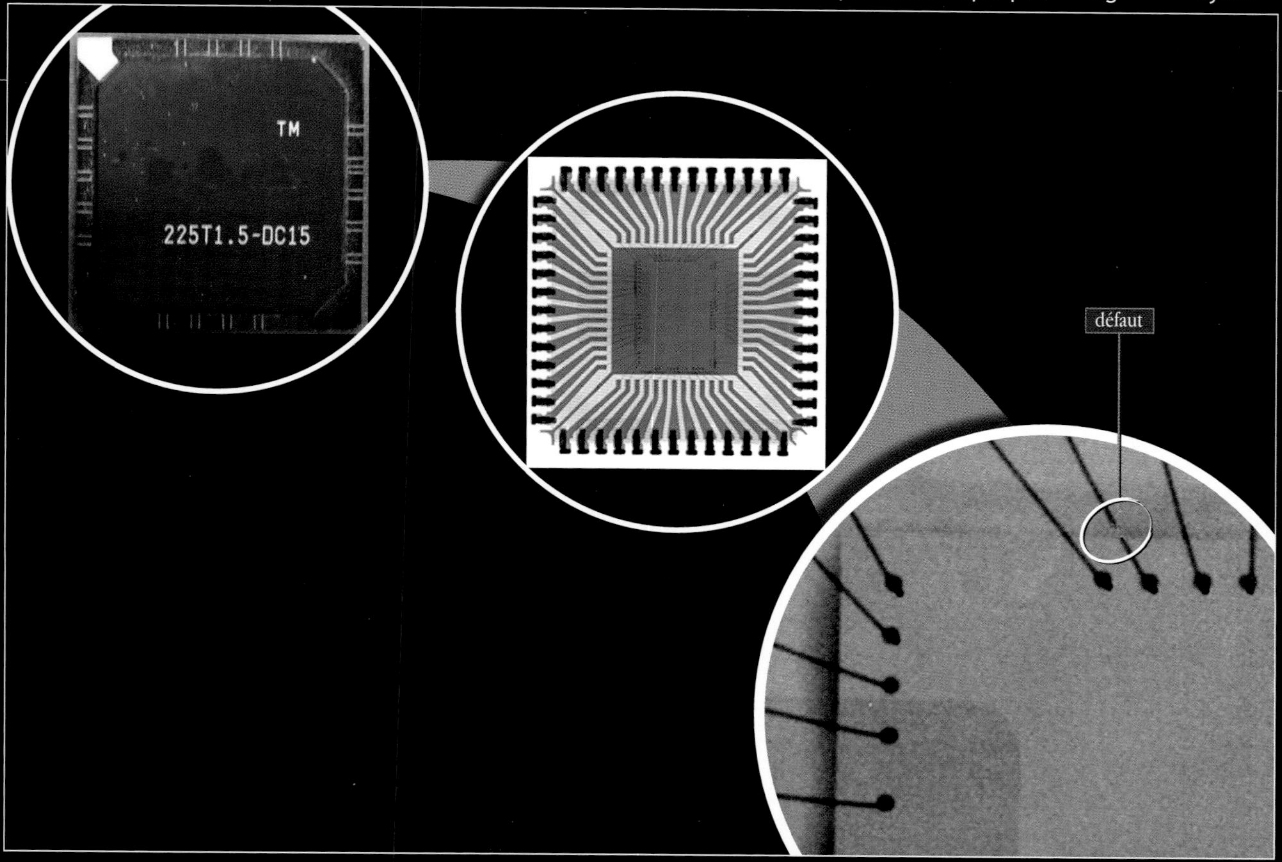

– 62 - 78 - 196 –

En 1965, Gordon Moore, l'un des fondateurs de l'entreprise Intel, constata que le nombre de composants électroniques que l'on peut caser pour un prix modique dans un circuit intégré doublait tous les 24 mois environ. Jusqu'ici, cela s'est révélé exact : en 1971, les circuits contenaient bon an mal an quelques milliers d'éléments, contre près d'un milliard aujourd'hui. Cependant, on ne se rend pas toujours compte que cela ne marche que parce que les experts en contrôle de qualité ont suivi la course à la même vitesse… Si les techniques de fabrication qui permettent de caser un milliard de transistors sur une puce se traduisaient par environ 80 % de rebut, le terme « pour un prix modique » de la loi de Moore tomberait à l'eau !

L'observation des *rouages* des machines modernes nécessite rien moins que les outils d'analyse les plus récents qui offrent désormais des résolutions – la taille des plus petits détails accessibles – de l'ordre du micromètre, voire moins. La différenciation des couches et des contacts a posé un problème nouveau que les générateurs de rayons X permettent de résoudre : en effet, en faisant varier l'énergie de la source X, on choisit la profondeur à laquelle on pénètre dans la matière et on sélectionne la couche désirée ou le matériau – de densité déterminée – que l'on souhaite voir. En combinant des images obtenues à des énergies différentes, on obtient sur une même représentation tous les éléments présents dans le circuit, à toutes ses profondeurs.

Aujourd'hui, le savoir-faire de l'imagerie X à très haute résolution permet non seulement de répondre aux besoins d'un marché en pleine croissance, mais surtout de satisfaire un monde en pleine évolution dont les exigences de miniaturisation mais aussi de fiabilité augmentent sans cesse. C'est grâce à de tels progrès que la microélectronique est désormais présente partout : téléphones mobiles, jeux vidéo, appareils photo numériques… pour ne citer que les plus attractifs pour le grand public, étant entendu que d'autres produits innovants voient ou verront le jour dans un avenir que nous imaginons proche !

Pour en savoir plus

www.thalesgroup.com/electrondevices

Le marquage invisible

Éric Audouard

Laboratoire Hubert Curien - UMR 5516 CNRS

Institut des technologies avancées de Saint-Étienne - Université Jean-Monnet

Ordinairement, une inscription laser réalisée dans un matériau transparent est due à une microcassure très localisée qui altère la transparence du matériau à l'endroit du marquage (c'est la technique utilisée pour fabriquer certains objets souvenirs, par exemple). Ici, un morceau de verre (à gauche) semble *a priori* ne pas présenter de trace d'un quelconque traitement. Pourtant, une inscription au laser a été réalisée sur cet échantillon. Un microscope un peu particulier, dit *à contraste de phase*, permet de mettre en évidence les variations d'indice de réfraction dans un matériau : il révèle alors le logo inscrit au laser. On a ainsi réalisé un marquage invisible à l'œil, en modifiant localement une propriété optique du matériau, mais sans microcassure.

Les marquages par microcassures sont obtenus par la concentration ponctuelle de l'énergie d'un laser (ci-contre) dont le faisceau se déplace point par point pour *photo-inscrire* une image. Cette technique, devenue populaire par la réalisation d'objets décoratifs, est également utilisée pour l'identification de produits manufacturés. Dans l'exemple présenté ici, le logo est imprimé de la même façon, mais il n'est pourtant pas visible sans une technique optique adaptée. Ce résultat différent provient en fait de l'extrême brièveté des impulsions laser utilisées. Leur durée n'est en effet que de quelques dizaines de femtosecondes (100 femtosecondes représentent le temps mis par la lumière pour parcourir une distance égale à l'épaisseur d'un cheveu !) et l'interaction laser-matière est dans ce cas très spécifique. La rapidité des échanges d'énergie modifie la structure interne du matériau et produit un changement de propriétés optiques sans pour autant le briser. La lumière continue de passer au travers du marquage, qui est donc invisible.

La nature de l'interaction laser-matière en mode ultracourt est fondamentalement différente de celle des interactions qui se produisent avec des impulsions longues. Cette différence fait aujourd'hui l'objet de nombreux travaux de recherche. L'effet, encore mal compris, se

marquage révélé
par microscopie
à contraste de phase

— 206 —

produit lorsque plusieurs photons viennent simultanément exciter les électrons des atomes, puis le réseau d'atomes constituant le matériau, qui atteint alors sont point de fusion sans le dépasser. L'indice du matériau est alors parfois modifié sans faire apparaître de cassure. Cette modification d'indice n'est pas limitée aux surfaces : tout le volume du matériau est disponible. La modification d'indice est, dans la plupart des matériaux, suffisante pour réaliser des *guides de lumière*.

Ce genre de phénomènes présente un intérêt économique immédiat. La société Impulsion, dont le logo est photo-inscrit dans l'échantillon montré ici, est une « jeune pouce » spécialisée dans le micro-usinage femtoseconde. Elle a réalisé ce marquage en collaboration avec le laboratoire Hubert Curien de Saint-Étienne. Bien sûr, cette aventure technologique a encore besoin d'identifier ses marchés potentiels.

Marquer un objet – souvent à l'aide de codes comme les fameux *codes barres* – pour l'identifier et suivre ses déplacements ou contrôler son utilisation est une opération très courante dans l'industrie. On peut également penser à cette technique pour améliorer la lutte contre la contrefaçon. La traçabilité d'un produit manufacturé est donc un objectif industriel qui, s'il est peu connu du grand public, est en réalité très important. Habituellement, un marquage est réalisé sur la surface d'un matériau, par gravure ou par impression. Pour protéger l'information marquée, et dans le cas de matériaux transparents, on peut imaginer que le marquage *invisible dans la masse* trouve des applications rapidement.

Pour en savoir plus

www.laboratoirehubertcurien.fr

www.impulsion-sas.com

« Le marquage laser, entre techniques éprouvées et nouvelles technologies », E. Audouard, S. Valette, N. Huot et H. Soder, *Revue de l'électricité et de l'électronique*, avril 2004, 4, p. 234-456.

« Programmable focal spot shaping of amplified femtosecond laser pulses », N. Sanner, N. Huot, E. Audouard, C. Larat, J.-P. Huignard et B. Loiseaux, *Optics Letters*, 2005, 30, p. 1479-1481.

« Les procédés laser femtoseconde dans le cas des matériaux transparents, nouveaux développements dans le cadre du pôle Optique Rhône-Alpes », E. Audouard, *Revue du verre*, décembre 2006, 12(6), p. 70-75.

« Spatial distribution of refractive index variations induced in bulk fused silica by single ultrashort and short laser pulses », I.M. Burakov, N.M. Bulgakova, R. Stoian, A. Mermillod-Blondin, E. Audouard, A. Rosenfeld, A. Husakou et I.V. Hertel, *Journal of Applied Physics*, 2007, 101, p. 043506.

Perle d'eau

David Quéré

Laboratoire de physique et mécanique des milieux hétérogènes (LPMMH)

UMR 7636 CNRS-ESPCI-Universités Paris 6 et Paris 7

La forme parfaite, quasi sphérique, de cette goutte d'eau de quelques millimètres, est très proche de celle qu'elle aurait en flottant dans l'air. Pourtant, elle repose sur un support solide. Si elle se refuse ainsi à le mouiller, c'est que le matériau qui constitue ce support est, au sens du langage courant, extrêmement *imperméable* ou, pour être plus précis, très *hydrophobe* (littéralement « qui déteste l'eau »). Les irisations du solide révèlent l'origine de cette propriété. Elles ne sont pas dues à une coloration propre du matériau, mais au fait qu'il a une surface *microstructurée* de façon très régulière, faite d'une forêt de plots microscopiques. En se reflétant sur ces motifs, la lumière est décomposée, comme elle l'est sur le plumage de certains oiseaux ou les ailes de certains papillons, provoquant là aussi des irisations. Cette texture, parfaitement indiscernable à l'œil nu, modifie la qualité du mouillage et rend le matériau « super-hydrophobe ».

L'hydrophobie chimique, celle des cires ou des revêtements en téflon que l'on utilise habituellement, est loin d'être aussi parfaite. Au lieu d'une sphère, l'eau forme alors des dômes plus ou moins bombés : elle mouille donc partiellement ces surfaces et y adhère de façon non négligeable. On a donc imaginé de coupler la chimie hydrophobe avec des microstructures de surface, en s'inspirant des plumes de canard ou des feuilles de lotus qui ont la propriété de littéralement repousser l'eau grâce aux motifs microscopiques qui les décorent. Dans la nature, ces motifs sont très complexes, et l'on a cherché à les simplifier. Grâce aux techniques modernes de microfabrication, on a planté à la surface du solide plusieurs millions de petits piliers de 10 μm de haut, de 2 μm de diamètre et séparés les uns des autres de 10 μm. On les a ensuite couverts d'une couche de téflon de quelques molécules d'épaisseur. Les piliers étant ainsi rendus

— 32 - 80 - 202 - 206 —

hydrophobes, l'eau choisit de se placer à leur sommet plutôt que de se conformer à leur surface, pour laquelle elle n'a pas d'affinité. Ainsi, sous cette goutte, il y a principalement de l'air : l'eau est posée sur son support comme le fakir sur son tapis de clous ! Le contact avec le solide est alors réduit au minimum, si bien qu'une telle perle liquide rebondira sur la surface, ou y roulera pour peu qu'il y ait la moindre pente, sans y adhérer. L'eau, qui est tellement collante quand elle forme des gouttelettes, retrouve ainsi la mobilité qu'on lui connaît à grande échelle.

Dans la branche de la physique qui étudie ce genre de phénomènes, le royaume dit de la *matière molle*, les sujets de recherche sont souvent à la fois fondamentaux et très pratiques. Les perles d'eau n'échappent pas à la règle. D'un côté, elles posent des questions nouvelles et amusantes sur le mouillage : comment réaliser de tels matériaux super-hydrophobes ? comment les optimiser selon la taille des gouttes à repousser ? et s'il s'agit de givre ou de neige ? D'autres questions concernent, elles, les propriétés dynamiques des gouttes elles-mêmes : leurs rebonds spectaculaires, par exemple, nous font réfléchir à ce que peut être l'*élasticité* de l'eau, qu'on se représente habituellement plutôt comme un milieu visqueux.

Mais d'un autre côté, ces recherches ont une portée appliquée évidente. Un matériau texturé hydrophobe sait se protéger de l'eau qu'il renvoie quand elle le frappe ou qu'il évacue quand elle y roule. Or, il y a bien des situations pratiques où l'on souhaite ainsi renforcer le caractère hydrophobe d'un matériau : il suffit de penser aux vitrages, aux bétons, aux imperméables, aux revêtements d'antenne ou de coques de bateau.

Deux problèmes majeurs restent à résoudre avant de commercialiser à grande échelle de tels matériaux. Tout d'abord, ils sont fragiles. Les microtextures qui décorent leur surface ne résistent pas aux chocs, ni même à une pression trop forte. Ensuite, ils vieillissent mal : en s'encrassant, ils perdent petit à petit leurs propriétés spectaculaires. Mais ces matériaux intéresseront peut-être surtout des domaines plus *high tech*, comme la microfluidique : ils fournissent la matière première de microcanaux superglissants partout où l'on a besoin de manipuler de très petites quantités de liquides, des plateformes d'analyse biomédicales aux microréacteurs chimiques.

Pour en savoir plus

Gouttes, bulles, perles et ondes, P.-G. de Gennes, F. Brochard-Wyart et D. Quéré, Belin, 2005.

L'effet lotus, M. Reyssat et D. Quéré, Pour la science, septembre 2006.

Une pièce de l'écopuzzle

Abdelillah Slaoui et Paul C. Montgomery

Institut d'électronique du solide et des systèmes (InESS) – UMR 7163
CNRS-Université Louis Pasteur, Strasbourg

Un puzzle peut en cacher un autre ! Ainsi, ce patchwork de couleurs (à gauche) contient peut-être l'une des pièces du casse-tête des énergies renouvelables. Il s'agit d'un élément de panneau solaire en très gros plan : une couche de silicium déposée sur un substrat en céramique et composée d'une kyrielle de cristaux soudés les uns aux autres. Les couleurs (ajoutées artificiellement) correspondent à l'orientation de chaque grain cristallin. Cette orientation est mesurée à l'aide du faisceau d'électrons d'un microscope électronique à balayage. À cause de l'agencement régulier des atomes qui le constituent, un cristal tend en effet à diffracter le faisceau dans certaines directions privilégiées (les lignes de Kikuchi). On obtient ainsi une carte microscopique de la structure cristalline d'une photopile.

Pour que l'électricité solaire produite par une photopile devienne vraiment rentable, il faut réduire le coût du mètre carré de panneaux posés et opter pour des méthodes de fabrication qui en facilitent l'industrialisation. Une des solutions possibles est de réduire l'épaisseur de silicium et donc la quantité de matière première nécessaire. C'est dans ce but que nous avons développé de nouvelles techniques de dépôt de couches minces sur substrats en céramique. Malheureusement, si l'on réduit ainsi la quantité de silicium utilisée d'un facteur 25, on diminue aussi le rendement énergétique des photopiles obtenues, notamment à cause de la petite taille des grains cristallins. Pour obtenir des grains plus gros et diminuer les défauts souvent présents dans les joints qui les séparent, nous avons opté pour une cristallisation par aluminium. On commence par déposer une sorte de sandwich de fines couches d'aluminium et de silicium amorphe (c'est-à-dire non cristallisé) avant de le chauffer à 550 °C. Le silicium cristallise alors en un grand nombre de petits cristaux formant une couche très fine que l'on peu épaissir à volonté en la soumettant à une vapeur d'atomes de silicium. Ces derniers viennent en effet se déposer sur chacun des grains selon un ordonnancement particulier (on parle d'épitaxie en phase vapeur).

L'identification des grains à l'aide de la microscopie électronique permet d'abord de mesurer leur taille. L'orientation cristallographique des grains influe également sur la façon dont les *trous* – des zones où règne un déficit d'électrons et qui se comportent comme des particules chargées positivement – se recombinent au niveau des joints avec les particules négatives que sont les électrons. La taille et l'orientation des grains influent donc directement sur la puissance électrique produite par la photopile. Les informations que nous obtenons ici permettent donc de modifier les techniques de fabrication pour optimiser la distribution d'orientations de grains, et *in fine* d'augmenter l'efficacité de la cellule photovoltaïque.

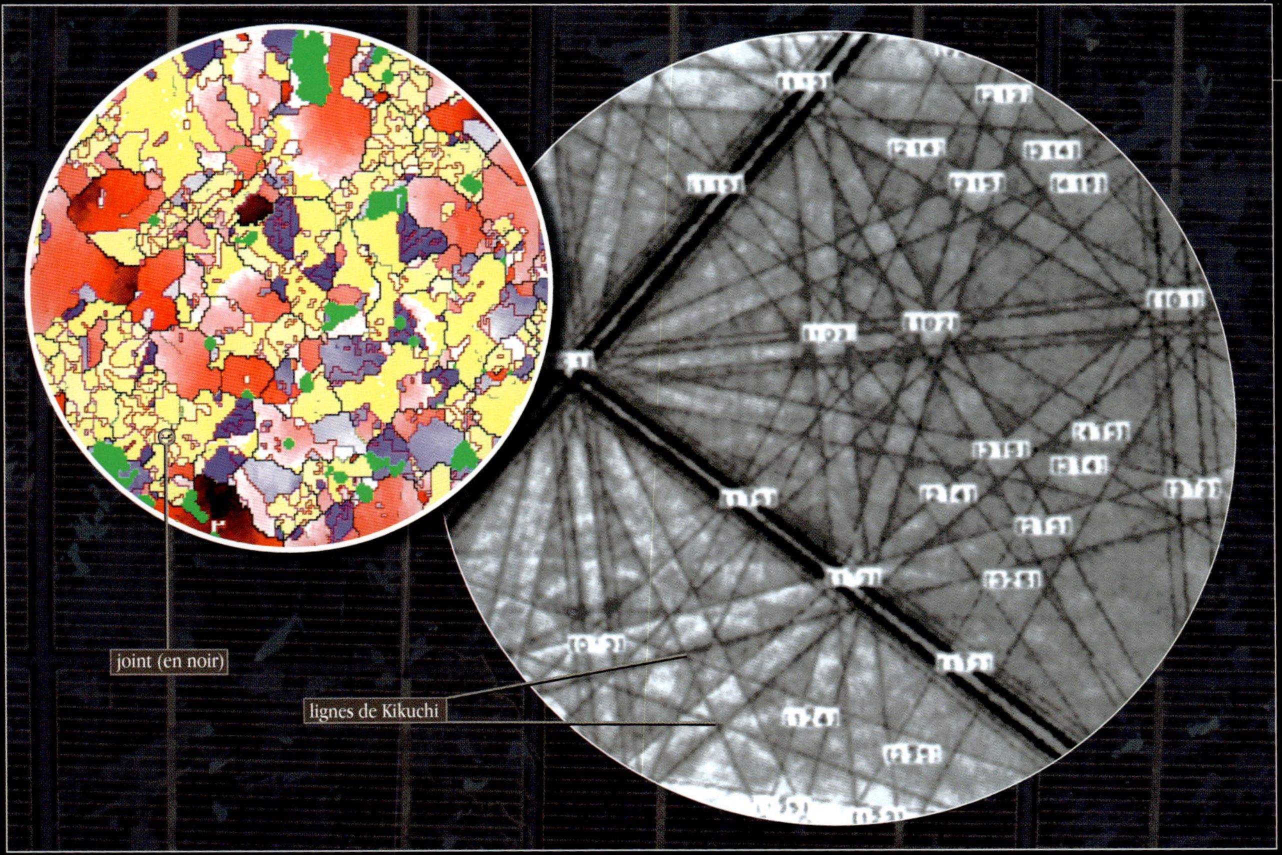

Si nous voulons que l'énergie photovoltaïque devienne une pièce importante du développement durable, il faut évidemment que la fabrication des panneaux solaires soit rentable, tant au point de vue financier qu'environnemental. Il faut donc tout d'abord en réduire le coût. Une solution serait de recycler les déchets de l'industrie microélectronique, c'est-à-dire les embouts des lingots de silicium employés pour produire les composants microélectroniques. Hélas, le niveau plus élevé d'impuretés dans ces matériaux nécessite des traitements physico-chimiques importants pour les purifier.

Il faut ensuite s'assurer qu'une cellule photovoltaïque produira durant ses quelque 25 ans d'existence plus d'énergie que sa fabrication n'en aura exigé, et même qu'elle remboursera cette énergie assez vite ! On parle de la réduction du temps de retour sur énergie (*energy payback time*). De nos jours, en Alsace, par exemple, il faut quatre ans à un panneau solaire de première génération pour produire une énergie équivalente à celle qui a été nécessaire à sa fabrication. Avec les couches minces, on devrait réduire ce temps à un an et demi. Finalement, il est nécessaire d'employer le minimum – défini par la Commission européenne – de produits chimiques toxiques, si l'on veut que les panneaux solaires ne créent pas à terme plus de problèmes qu'ils n'en résolvent ! Là encore, la production de couches minces de silicium devrait répondre à ces exigences.

L'épuisement des stocks d'énergie fossile (le pétrole en particulier) est aujourd'hui une réalité. Il n'existe pas de solution unique pour y remédier. À long terme, la seule solution est de développer toute un ensemble d'énergies renouvelables. L'énergie photovoltaïque constitue certainement un élément essentiel de ce puzzle compte tenu de son indépendance géopolitique (le soleil se lève sur chaque parcelle de la Terre !). Cette forme d'énergie est en constante croissance pour des raisons écologiques, techniques (meilleur rendement des cellules) et économiques (grande masse de production). Et les photopiles ne seront pas uniquement utiles dans les sites isolés sans accès au réseau, mais constitueront la base d'une source d'énergie continuellement renouvelable, par exemple en recouvrant plusieurs mètres carrés de toit sur les bâtiments individuels et industriels.

Pour en savoir plus

« Crystallographic analysis of polysilicon films formed on foreign substrates by aluminium induced crystallisation and epitaxy », E. Pihan, A. Focsa, A. Slaoui et C. Maurice, *Thin Solid Films*, 26 juillet 2006, 511-512, p. 15-20.

Comme une cigarette

Arnaud Cuisset

Laboratoire de physicochimie de l'atmosphère (LPCA) - UMR 8101
CNRS-Université du Littoral Côte d'Opale, Dunkerque

Une cigarette se consume et rejette une fumée épaisse dans l'atmosphère d'une salle de laboratoire. Est-il possible d'en analyser le contenu d'un coup, sans avoir à faire de prélèvement ? La réponse est oui. Un faisceau laser qui s'est propagé au travers de cette fumée a été partiellement absorbé, et les fréquences qui en ont été ôtées – du milliard de hertz (gigahertz ou GHz) au millier de milliards de Hertz (térahertz ou THz) – sont caractéristiques des substances qui composent la fumée. En l'occurrence, le spectre en incrustation de l'image révèle la présence de cyanure d'hydrogène (repéré par de petits cercles orange), de vapeur d'eau (carrés verts) et de monoxyde de carbone (triangles jaunes).

Le rayonnement térahertz est intercalé entre le domaine des micro-ondes et celui de l'infrarouge. Il est produit en focalisant une impulsion laser de lumière visible d'une extrême brièveté (de l'ordre de la femtoseconde, soit 10^{-15} s) sur un matériau semiconducteur. Un courant est alors engendré qui rayonne à son tour une nouvelle impulsion, brève mais dont le spectre est assez étendu : de 0,1 à 2 THz. Ce rayonnement *large bande* permet de détecter en un seul enregistrement plusieurs types de molécules, car les ondes électromagnétiques émises dans cette gamme de fréquence ont les énergies requises pour exciter certains niveaux d'énergie de ces molécules (correspondant à leurs différents modes de rotation). C'est ainsi que, pour un milieu aussi complexe que la fumée de cigarette, qui rassemble plus de 4 000 composés chimiques en phase gazeuse ou en aérosol, cette technique *multiplex* a permis de détecter aussi bien des espèces présentes en grande concentration – comme le monoxyde de carbone CO – que des espèces fortement polaires – comme le cyanure d'hydrogène HCN ou encore le formaldéhyde H_2CO (non observé ici). En utilisant un spectromètre de résolution suffisante, la quantification des produits identifiés peut se faire directement en mesurant l'intensité des raies du spectre. Contrairement aux techniques standard de chimie analytique, aucun piégeage de la phase gazeuse n'est nécessaire et aucun standard de calibration n'est requis.

Les ondes térahertz ont d'abord trouvé leur application en radioastronomie. Les paramètres spectroscopiques ont permis d'identifier et d'analyser la composition chimique de nombreux objets astronomiques tels que les comètes, les nuages moléculaires où se forment les étoiles, etc. Les programmes spatiaux exploitant le domaine térahertz ont alors encouragé de nombreuses études en laboratoire. De nos jours, les récents progrès de l'optoélectronique ont permis d'améliorer encore la qualité des sources en termes de puissance, d'accordabilité

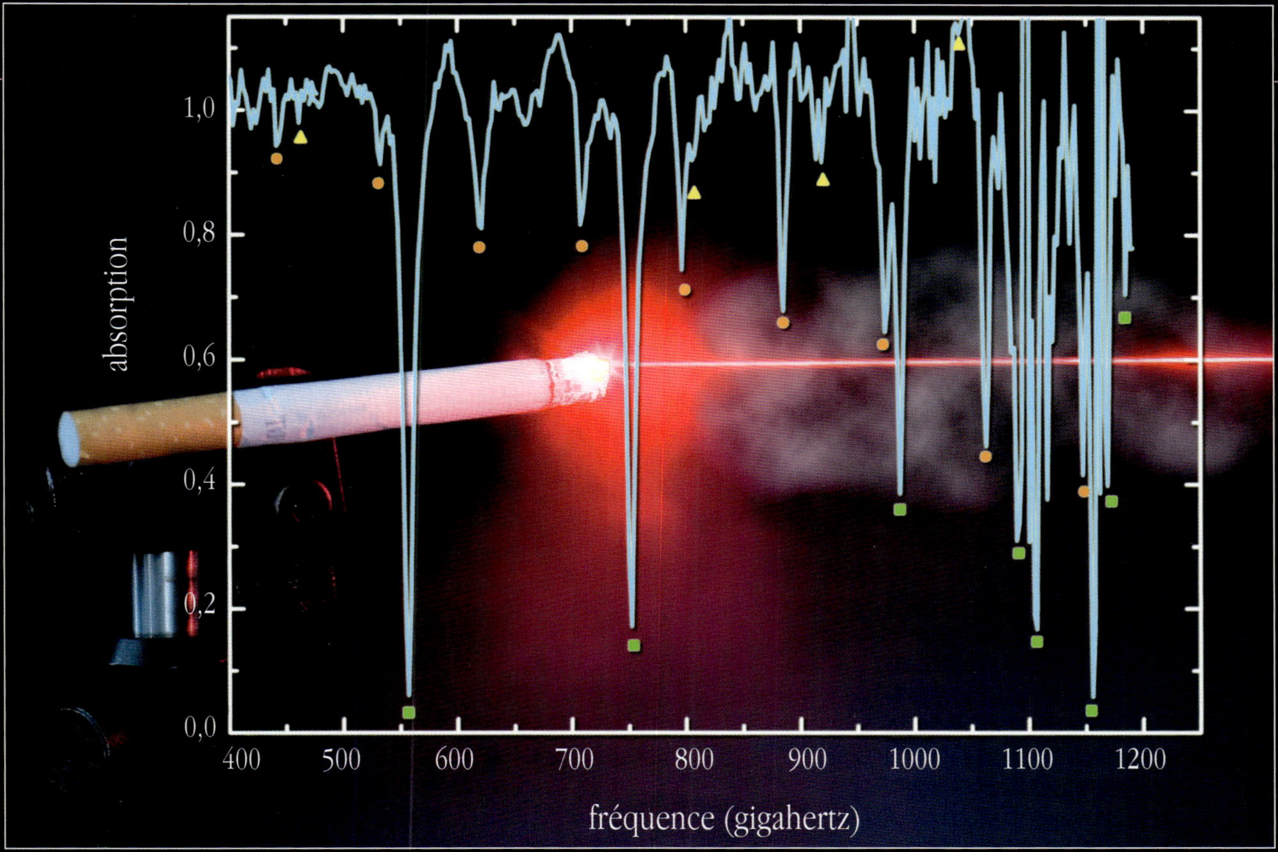

– 152 - 208 –

(le choix de la bande de fréquence émise) et de résolution. La spectroscopie térahertz est dès lors devenue multidisciplinaire : elle est utilisée aussi bien en chimie atmosphérique qu'en biophysique, ou encore dans le domaine de la sécurité.

Différents types de spectromètres ont été conçus pour répondre aux besoins spécifiques de ces nouvelles thématiques scientifiques. Ainsi, dans l'exemple présenté ici, il s'est avéré nécessaire d'utiliser deux spectromètres complémentaires, l'un analysant une impulsion térahertz brève, l'autre générant une onde térahertz quasi monochromatique en continu ; le premier permet une multidétection des composés, le second assure une quantification espèce par espèce. À court terme, avec des systèmes laser de plus en plus compacts, des spectromètres térahertz transportables pourront être conçus puis utilisés comme outils d'analyse en milieu spécifique (industries, hôpitaux, zones à risque, etc.).

L'engouement pour la spectroscopie térahertz a peu de risque de s'essouffler dans les années à venir. Le rayonnement térahertz nous aide à explorer aussi bien notre organisme que les confins de l'univers. L'astrophysique, la biologie et l'environnement – trois thématiques majeures dans le paysage scientifique actuel – sont concernés au premier chef. Ainsi, 98 % des photons émis dans l'univers – la majorité provient de l'émission par des poussières interstellaires froides – se situent dans le domaine térahertz. L'analyse de la composition du milieu interstellaire et de sa distribution dans l'espace se fera essentiellement en étudiant les bandes d'émission dans ce domaine. Par ailleurs, les énergies des ondes térahertz correspondent à celles qui sont mises en jeu au sein des êtres vivants : un corps chauffé à 37 °C, par exemple, émet un rayonnement *infrarouge* situé préférentiellement autour de 6,46 THz. La spectroscopie térahertz fournira donc un outil de choix pour étudier les mécanismes biomoléculaires. Enfin, la surveillance des composés organiques volatiles, polluants majeurs de la troposphère, qui présentent des signatures spectrales spécifiques dans le domaine térahertz, pourra elle aussi s'appuyer sur ce type d'outils.

Pour en savoir plus

« Detection and quantification of multiple molecular species in mainstream cigarette smoke using continuous-wave terahertz spectroscopy », D. Bigourd, A. Cuisset, F. Hindle, S. Matton, E. Fertein, R. Bocquet et G. Mouret, *Optics Letters*, 2006, **31**, p. 15.

« Multiple component analysis of cigarette smoke using THz spectroscopy, comparison with standard analytical methods », D. Bigourd, A. Cuisset, F. Hindle, S. Matton, R. Bocquet, G. Mouret, F. Cazier, D. Dewaele et H. Nouali, *Applied Physics B*, 2007, **86**, p. 579.

« Étude et détection de polluants atmosphériques dans l'infrarouge lointain », D. Bigourd, thèse de l'Université du Littoral Côte d'Opale, 2006.

Dans l'intimité du bouchon

Kim Pham, Pascal Ponard et Yannick Couliou
Thales Components & Subsystems, Thonon-les-Bains

La capsule qui ferme cette bouteille d'eau (image en couleur) est-elle bien étanche ? Serre-t-elle parfaitement le goulot ? La seule façon de le savoir est d'essayer de voir au travers… ce qui, comme chacun sait, est le principal usage des rayons X ! Les vues en noir et blanc ne sont autres que des *radios* révélant, en quelque sorte par transparence, l'imbrication des deux pas de vis (facilement distinguables par la mince couche d'air qui les sépare) mais surtout, au sommet de la bouteille (zone entourée), la surface de contact entre le bouchon et le goulot. Un zoom sur cette surface montre la parfaite jonction entre les deux pièces de plastique, qui assure l'étanchéité de l'ensemble. Nous voilà rassurés !

Dans la pratique, la réalisation de ces images est plus délicate qu'il n'y paraît. Toute personne qui a un jour cherché ses lentilles de contact dans une piscine vous le dira : la principale difficulté lorsqu'on observe un ensemble d'objets transparents, c'est de les distinguer les uns des autres ! Le même problème se pose ici. Heureusement, la faculté de pénétration des rayons X dépend beaucoup de leur énergie, de l'épaisseur et de la densité du matériau à traverser. En réglant l'énergie des photons émis par le générateur de rayons X, on peut donc l'adapter à la densité d'un matériau donné, et ainsi augmenter le contraste de celui-ci sur l'image.

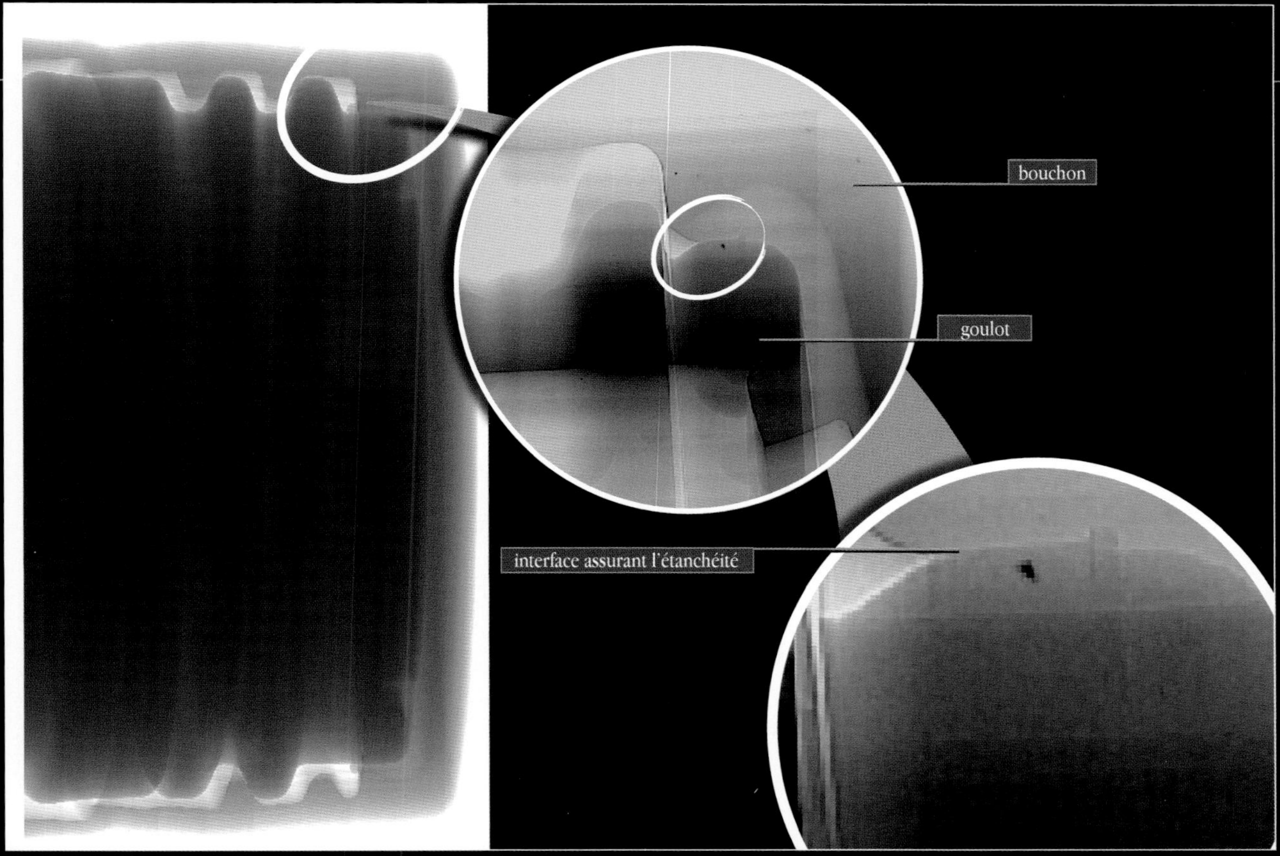

— 68 - 196 —

Comme le bouchon et le goulot sont constitués de plastiques différents, on pourra privilégier l'un ou l'autre type de plastique, de façon à faire apparaître plus distinctement celui que l'on a choisi. Dans certains cas, comme ici, cette technique d'imagerie peut être encore améliorée, en recomposant une image unique en 2 ou 3 dimensions à partir de clichés pris à des énergies différentes ou sous des angles différents. L'avantage de cette méthode – outre qu'elle permet de « voir l'invisible » au sens propre – est qu'elle offre des images d'une très grande résolution que l'on peut alors zoomer efficacement. Pourquoi prendre cette peine ? Tout simplement parce qu'une fois sortie d'usine, cette bouteille sera stockée dans divers endroits – chez le transporteur, chez le distributeur et finalement au foyer du consommateur – dans des conditions inconnues et pour une assez longue durée. Et si la température montait à plus de 50 °C ? Et si les variations de pression entre l'intérieur et l'extérieur laissaient filtrer de l'air, des corps étrangers ou des bactéries ? La seule façon de savoir ce qui se passerait est de reproduire ces conditions extrêmes en laboratoire et d'y soumettre le produit. L'imagerie à rayons X permet alors de visualiser son comportement.

De puissants outils d'imagerie numérique permettent désormais de reconstruire en trois dimensions une image fiable de ces objets. On répète ensuite les tests un grand nombre de fois et on met au travail des programmes informatiques qui effectueront sur les images obtenues une recherche statistique des défauts. Autrement dit, ils nous montreront ce que nos bouteilles d'eau ont tendance à faire lorsqu'on les soumet à ces traitements imprudents. De telles informations sont alors fort utiles pour optimiser les procédés de fabrication.

Ces contrôles de qualité sont devenus très importants. Dans le cas qui nous occupe, assurer une parfaite étanchéité en toutes circonstances est un gage de qualité et de sécurité pour le consommateur. C'est évidemment vrai pour l'eau de boisson dont la pureté est l'objet de bien des soupçons dans un environnement de plus en plus pollué. Mais en réalité, l'étanchéité parfaite des emballages en vue de garantir la qualité des aliments qu'ils contiennent est devenue un enjeu majeur pour toute l'industrie agroalimentaire. L'imagerie à rayons X illustre le fait que la haute technologie, loin d'être toujours sources de nuisances environnementales, peut être mise au service du consommateur et de sa santé.

Pour en savoir plus

www.thalesgroup.com/electrondevices

La couleur sans couleur

Ludovic Thévenet
Laboratoires de recherche de L'Oréal

L'application d'une poudre blanche (en haut à gauche) provoque l'apparition sur la paupière de teintes chatoyantes allant du turquoise au fuchsia ! Ces couleurs ne proviennent pas d'un pigment, comme c'est si souvent le cas, mais de phénomènes d'interférences lumineuses dus au *feuilletage* des grains de la poudre, si minuscule qu'il n'est discernable qu'au microscope électronique à balayage (au centre). Ces couleurs sont dites *structurelles*, parce qu'elles révèlent la structure intime de la matière. Il suffirait de changer l'épaisseur des couches pour obtenir d'autres couleurs !

On peut se représenter la lumière comme une onde, l'équivalent des ronds qui se propagent à la surface d'une mare lorsqu'on y jette une pierre. Selon l'espacement entre les « vagues » – la longueur d'onde –, nos yeux perçoivent une couleur différente allant du rouge (0,7 micromètre) au violet (0,4 micromètre). Cependant, on ne couvre ainsi que les couleurs de l'arc-en-ciel et certainement pas le rose, le marron ou le vert pistache... D'où viennent ces autres teintes ? La clef du mystère tient à la manière dont notre œil perçoit la couleur. Il considère comme *blanche* celle qui contient un mélange complet des longueurs d'ondes comprises entre 0,4 et 0,7 micromètre. Qu'une seule de ces couleurs manque, et le mélange apparaît coloré. La teinte perçue est alors la couleur complémentaire des couleurs manquantes : cyan, si le rouge est absent, magenta pour un manque de vert, etc. Il y a essentiellement deux façons de faire ainsi disparaître des couleurs. Le plus souvent, la lumière rebondit sur une substance qui absorbe certaines longueurs d'onde : c'est ce que l'on appelle un pigment. L'autre procédé est plus subtil. Il s'obtient par exemple lorsque la lumière est réfléchie sur une surface constituée de motifs identiques et régulièrement espacés avec des intervalles proches des longueurs d'ondes visibles. Ces motifs assurent que, pour un angle de réflexion donné, les seuls rayons lumineux qui parviennent jusqu'à l'œil ont tous entre eux un même décalage. Pour certaines couleurs, c'est-à-dire certaines longueurs d'ondes, ce décalage entre les rayons sera tel que les crêtes de l'un tombent systématiquement sur les creux d'une autre. Ces couleurs-là s'éteignent donc parce que les rayons lumineux s'annulent mutuellement – c'est le phénomène d'interférences. Parce que les interférences éteignent relativement peu de longueurs d'ondes à la fois – contrairement aux pigments qui en absorbent généralement de larges plages –, les teintes perçues paraissent souvent très lumineuses. Elles varient des tons pastel aux pourpres ou aux verts d'une très grande intensité. De surcroît, elles changent en fonction de l'orientation de l'observateur ! Voilà qui explique les qualités esthétiques des irisations.

— 72 - 200 —

La nature exploite depuis longtemps ces couleurs dites *structurelles*. Les ailes de papillons ou le plumage de certains oiseaux comme les paons sont colorés de cette façon. Le principe en est connu depuis les travaux des grands fondateurs de l'optique que furent Newton, Young, Maxwell et les autres, mais l'étude approfondie des structures naturelles responsables de ces couleurs n'a été possible qu'à partir de 1935, grâce aux travaux de Max Knoll sur la microscopie électronique à balayage. On a alors constaté qu'elles étaient constituées de motifs relativement simples, arrangés dans l'espace de manière plus ou moins complexe mais avec une périodicité de l'ordre de grandeur de la longueur d'onde du rayonnement visible. Ces motifs sont des couches, de même nature ou pas, des stries ou des plots plantés sur une surface, des bâtonnets ou des sphères empilés dans un volume, etc. Mais le principe est toujours le même.

Le développement des techniques de fabrication de matériaux multicouches, lié à l'industrie des semi-conducteurs, nous permet désormais d'imiter la nature pour créer une nouvelle génération de cosmétiques. Pour obtenir un résultat donné, il est en effet indispensable non seulement de pouvoir prédire les propriétés optiques de ces structures (ce que les théories optiques permettent en principe depuis longtemps), mais aussi d'être capables de contrôler l'épaisseur des couches (de mica, de verre ou d'oxydes métalliques) au cours de la fabrication. En l'occurrence, nous avons réglé cette épaisseur à 0,22 micromètre pour obtenir le reflet bleu et à 0,35 micromètre pour le fuchsia. La compréhension des mécanismes optiques mis en jeu et la maîtrise des procédés de fabrication enrichissent désormais considérablement la palette des effets visuels disponibles. Ils trouveront certainement leur utilité de l'automobile, à l'architecture, en passant par la mode, le design… et la cosmétique !

Pour en savoir plus

« Natural photonics », P. Vukusic, *Physics world*, février 2004.

« Photonic structure in biology », P. Vukusic et J.R. Sambles, *Nature*, 14 août 2003.

« Photonic rubber sheets with tunable color by elastic deformation », H. Fudouzi et T. Sawada, *Langmuir*, 2006, **22**, p. 1365-1368.

« Soft opal films with tunable structural color and their applications », H. Fudouzi, in « Photonic crystals and photonic crystal fibers for sensing applications », H.H. Du, *Proceedings of SPIE*, 2005, **6005**, p. 22-30.

voir
l'homme

L'énigme de l'ADN bientôt révélée

Françoise Argoul
Laboratoire Joliot Curie (LJC) et Laboratoire de physique - UMR 5672
CNRS-École nationale supérieure de Lyon

De petits brins d'ADN ont été isolés, purifiés et déposés sur un support en mica pour les immobiliser le temps de la prise de vue. Ils sont observés à l'aide d'un microscope à force atomique. Initialement, la longue molécule présente l'aspect d'un fil de laine un peu effiloché. Toutefois, on sait qu'elle est capable de se replier – phase de condensation – à l'intérieur du noyau des cellules. On observe ici cette condensation. L'ADN forme de petites pelotes appelées **nucléosomes**, correspondant à l'enroulement de deux tours sur un petit noyau de protéines(que l'on appelle *histones*). Ces images sont révolutionnaires ! En effet, elles nous aideront peut-être à comprendre comment ces petites boules sont ensuite agencées pour former une sorte de fibre plus épaisse que l'on appelle **chromatine**, et comment cette fibre de chromatine s'enroule à son tour pour former un chromosome, la structure la plus compacte de la molécule d'ADN.

Depuis la découverte de l'ADN, il y a une cinquantaine d'années, physiciens et biologistes se passionnent pour cette molécule, car elle présente une véritable énigme. L'ADN contient le « texte », sous formes de séquences d'acides nucléiques, décrivant la « recette » (le codage) de toutes les protéines qui sont fabriquées par la cellule. C'est en quelque sorte la « boîte noire » cellulaire. Or, nous avons dans chacune de nos cellules 46 exemplaires de fil d'ADN (les chromosomes), soit un bon mètre replié dans des noyaux cellulaires qui ne font que dix micromètres de large : un facteur de compaction de cent mille ! Pourquoi la cellule s'embarrasse-t-elle d'une telle quantité d'ADN alors que 95 % ne servent pas au codage des protéines ? Aujourd'hui, nous commençons tout juste à entrevoir la réponse à cette question. Cet excès d'ADN servirait justement à organiser son repliement de façon hiérarchique, pour le rendre le plus rapidement accessible aux protéines qui vont le répliquer et le transformer…

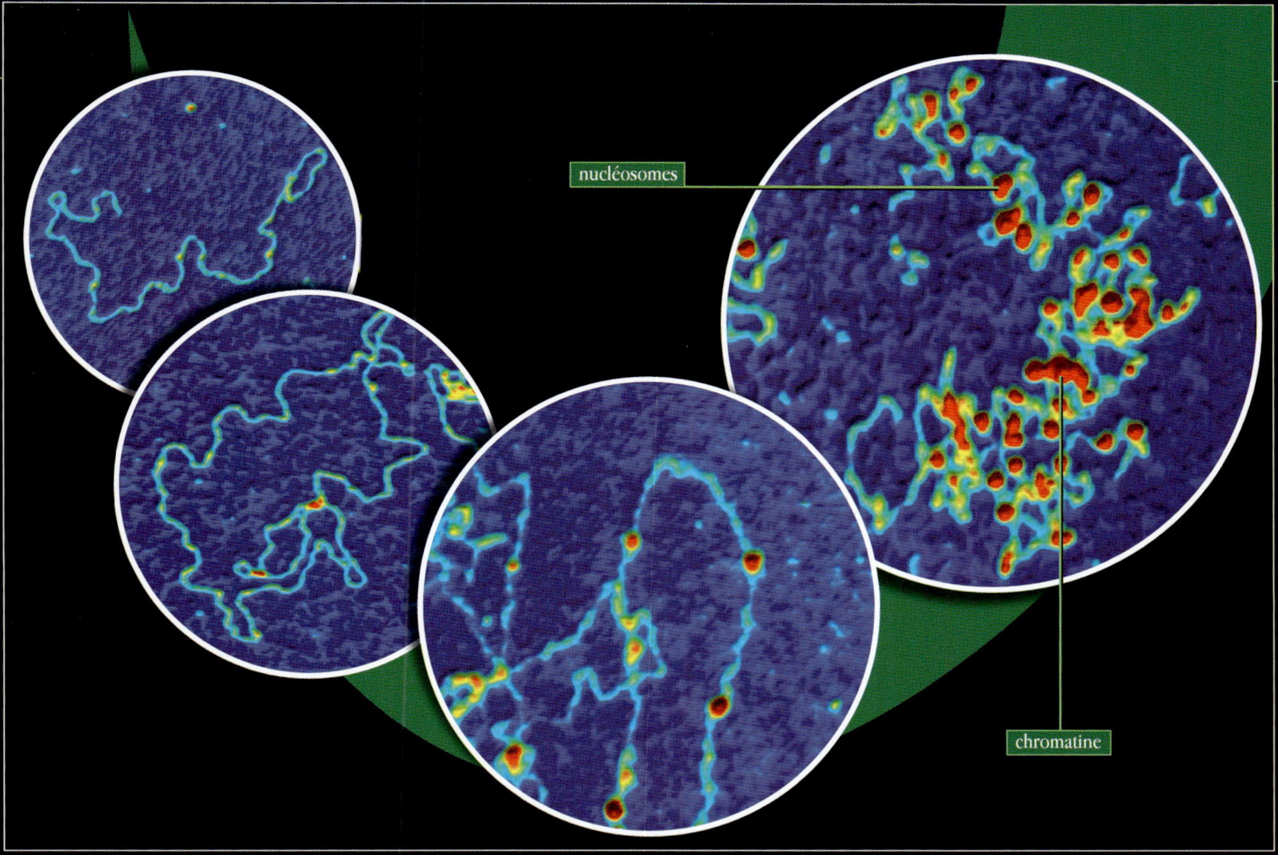

— 122 - 124 —

Nous cherchons ici à comprendre comment l'ADN s'organise de façon dynamique dans le noyau de nos cellules, de façon à ce que tout tassé qu'il soit, il reste accessible en permanence aux autres molécules biologiques (des protéines pour la plupart) qui vont le copier, le transcrire ou corriger son texte. Pour cela, une étroite collaboration entre biologistes et physiciens est nécessaire, de même, bien entendu, que l'utilisation des systèmes d'imagerie élaborés dans les deux dernières décennies comme le microscope à force atomique. Cette transversalité est un atout majeur. Des laboratoires transdisciplinaires pilotes ont ouvert leurs portes en France ; c'est le cas du laboratoire au sein duquel se sont déroulées les recherches que nous vous présentons ici. Deux ans après leur ouverture, les chercheurs n'ont pas seulement échangé leurs techniques et leurs savoir-faire, mais ils ont aussi partagé leurs modes de questionnement. Cette transversalité a modifié leur manière de considérer l'ADN. Alors que l'on ne voyait dans cette molécule que le support du texte pour la synthèse de protéines il y a encore cinq ans, on la considère désormais aussi comme un acteur mécanique, dynamique et structurel des processus qui ont lieu dans les noyaux des cellules. On a ainsi découvert, par exemple, que son texte lui confère des propriétés d'élasticité différentes suivant la zone de la fibre concernée.

Les chercheurs, depuis longtemps, « découpent l'homme en morceau » pour comprendre la mécanique de l'organisation de la molécule d'ADN. L'enjeu est une meilleure appréhension des maladies génétiques et de leur traitement.

Dans ce contexte, les thérapies géniques restent encore hasardeuses parce que nous n'arrivons pas encore à maîtriser la structuration de l'ADN au sein du noyau ainsi que sa dynamique temporelle. Même si l'on introduit dans un organisme malade la séquence d'ADN qui lui faisait défaut, cela ne suffit pas à le guérir. Nous pouvons néanmoins espérer que des approches du type de celle engagée ici apporteront des réponses dans un proche avenir.

<u>*Pour en savoir plus*</u>

http://atlasgeneticsoncology.org/Educ/ChromatinEducFr.html

Génome – Autobiographie de l'espèce humaine en 23 chapitres, M. Ridley, Robert Laffont, 2001.

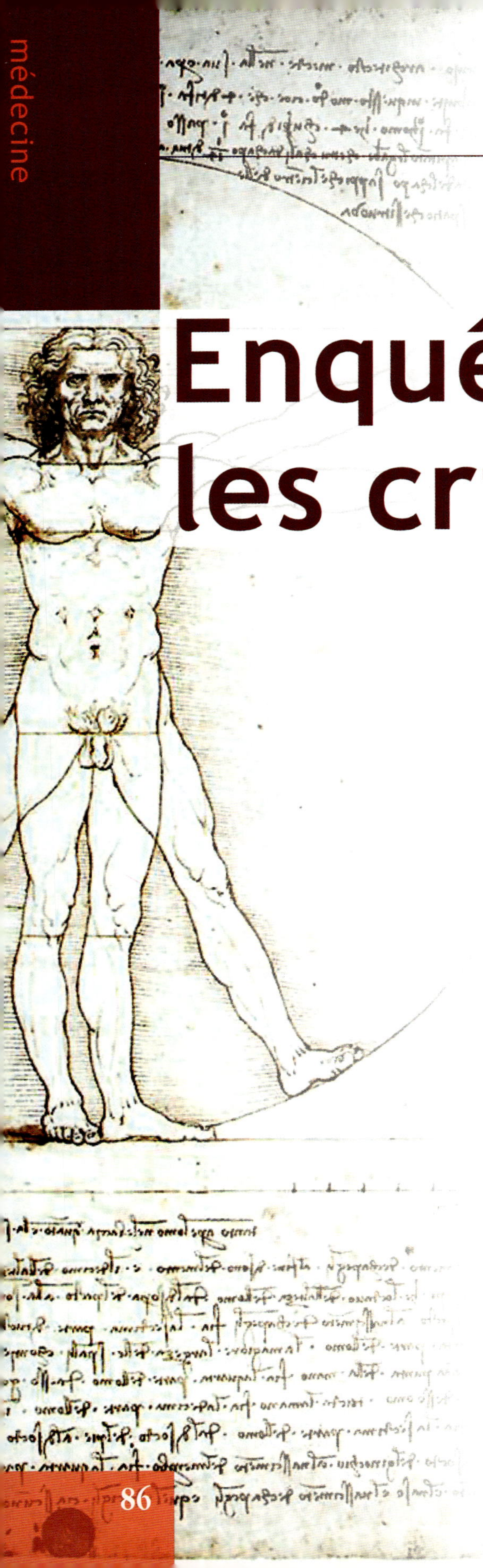

Enquête sur les crimes cellulaires

Michel Faupel

Rhenovia Pharma, Mulhouse

Des cellules humaines croissent et se multiplient sous l'œil d'un microscope très performant. Durant l'observation, un drame se noue. Au terme de ce drame, c'est le cancer déclaré. Les cellules observées appartiennent à une lignée particulière nommée *HeLa* du nom d'Henrietta Lacks, décédée d'une tumeur du sein à développement fulgurant en 1951. Les cellules d'Henrietta, prélevées pour la recherche, ont été les premières à avoir été cultivées *in vitro*. L'étude de leur fonctionnement permet aujourd'hui de nombreux espoirs thérapeutiques. Nous savons par exemple que les cellules humaines fonctionnent grâce à l'action concertée de milliers de protéines qui contrôlent leur croissance et leur différenciation.

L'analyse cellulaire illustrée ici a été réalisée par électrophorèse, un procédé qui consiste à faire migrer les protéines sur un support appelé gel d'électrophorèse. Sous l'effet d'un champ électrique, le contenu protéique cellulaire migre en fonction de la propriété électrochimique (flèches horizontales) et de la taille des protéines (flèches verticales), formant ainsi des *cartes protéiques*. Des taches rouges révélées par marquage fluorescent (image de droite) signent la présence de protéines apparentées aux protéines normales (image de gauche) mais altérées par une mutation fatale. Les images en noir et blanc représentent deux instantanés de cette mutation, du développement et de la croissance cellulaire.

On pourrait comparer la cellule à une ville dont les habitants (les protéines) auraient chacun une fonction particulière et nécessaire au bon fonctionnement de la communauté. Il est montré dans certains exemples, comme celui donné ici, que les aberrations observées dans la fonction de protéines cellulaires importantes sont liées à certaines pathologies. De fait, de nombreuses initiatives de recherche ont été proposées à

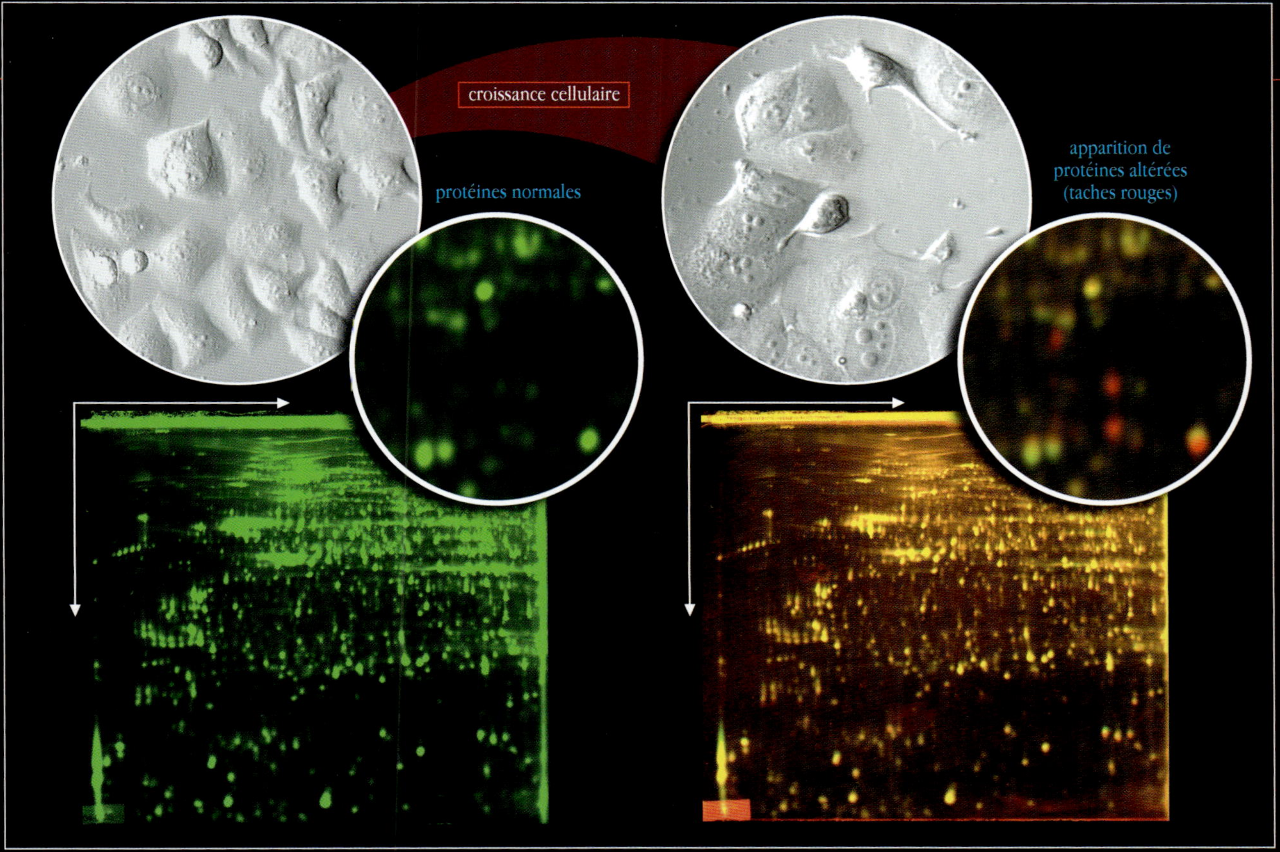

— 90 —

l'échelle mondiale pour comprendre la fonction précise des protéines humaines qui est encore souvent inconnue, ou mal comprise.

Ces progrès sont issus d'une science récente, la *protéomique*, qui consiste justement à étudier le comportement dynamique des protéines. L'objectif à moyen terme des initiatives entreprises est la création d'un répertoire public des réseaux moléculaires qui représenterait les empreintes de l'état physiologique des cellules humaines *normales* et la signature de certains états *pathologiques*. Ce répertoire détaillé des réseaux d'interactions protéiques qui assurent la régulation de la croissance, la différenciation cellulaire et la progression de la maladie pourrait alors aider les chercheurs du monde entier à identifier de nouvelles protéines importantes pouvant être utilisées pour diagnostiquer, voire guérir certaines maladies.

Rappelons ici que la cellule est l'unité de base microscopique de tous les êtres vivants. Un homme de taille moyenne est constitué de 60 000 à 100 000 milliards de cellules. Celles-ci se nourrissent, produisent de l'énergie, échangent des informations, se multiplient et meurent. Un être humain peut donc être considéré comme un emboîtement très complexe d'unités fonctionnelles cellulaires. Ici nous essayons de comprendre comment les changements de mode de fonctionnement d'une cellule sont susceptibles d'être expliqués au moins en partie par la présence ou par l'absence des rouages essentiels que sont les protéines. On estime qu'il en existe de 30 000 à 100 000 différentes dans chaque cellule !

Le décryptage du génome humain et les connaissances nouvelles acquises en génétique moléculaire permettent dès à présent une approche plus rationnelle des maladies humaines. Le nouvel enjeu de la recherche est désormais non seulement d'identifier la fonction de nombreux gènes, c'est-à-dire de trouver les protéines dont ils commandent la synthèse et dans quelles circonstances ils le font, mais aussi de comprendre le fonctionnement et le rôle de ces protéines. On peut espérer ainsi découvrir de nouvelles cibles thérapeutiques. Cependant, ces travaux qui touchent à l'intime de l'espèce humaine doivent êtres menés avec le plus grand souci de l'éthique. Nous devons donc plus que jamais continuer à nous approprier les progrès de la connaissance du vivant avec un infini respect de la vie.

Pour en savoir plus

« Subcellular proteomics: from cell deconstruction to system reconstruction », E. Bertrand et M. Faupel, *Subcellular Biochemistry*, Springer, 2007, 43.

Biologie systémique – Standards et modèles pour la biologie, M. Roux *et al.*, Omniscience, 2007.

Le squelette des cellules

Patrick Cañadas

Laboratoire de mécanique et génie civil (LMGC) - UMR 5508

CNRS-Université Montpellier 2

Les étapes d'un film issu d'une simulation numérique montrent une cellule animale adhérant à un substrat plat (images du haut). Sphérique au départ, la cellule « s'accroche » au substrat *via* des protéines de sa membrane (en rouge) et s'étale. En son sein, des filaments grandissent, formant un réseau structuré de protéines intracellulaires (en jaune). Dans son nouvel état d'équilibre (à gauche), on visualise sur des vues de profil (en haut) et de dessus (en bas), la répartition des filaments tendus (du rouge pour les plus tendus au bleu pour les plus souples) qui empêchent la cellule de s'étaler d'avantage. Ce résultat peut être comparé à l'image microscopique d'une cellule réelle (en médaillon), où les filaments d'actine apparaissent en rouge. Une autre représentation du résultat de la simulation (à droite) montre des filaments différents qui travaillent au contraire en compression (en bleu, le noyau étant montré en vert). Ils correspondent aux *microtubules* (en blanc sur la photo de microscopie en médaillon). L'ensemble de ces filaments constitue le squelette cellulaire, encore appelé *cytosquelette*, qui confère à la cellule une architecture structurée.

Les cellules « ressentent » les contraintes mécaniques qui viennent de leur environnement (par exemple les variations de pression du sang pour les cellules formant les artères, ou encore le poids d'une personne pour les cellules osseuses) et ajustent leurs principales fonctions biologiques en conséquence. La différentiation cellulaire, la croissance, la synthèse de protéines, l'apoptose (appelée aussi *mort cellulaire programmée*) et bien d'autres sont influencées par ces actions mécaniques. Chaque cellule s'informe des forces et des déformations auxquelles elle est soumise à travers son cytosquelette, lui-même relié aux protéines de surface (les « ventouses » chimiques de la cellule). Le cytosquelette simulation, microscopies confocale et à contraste de phase

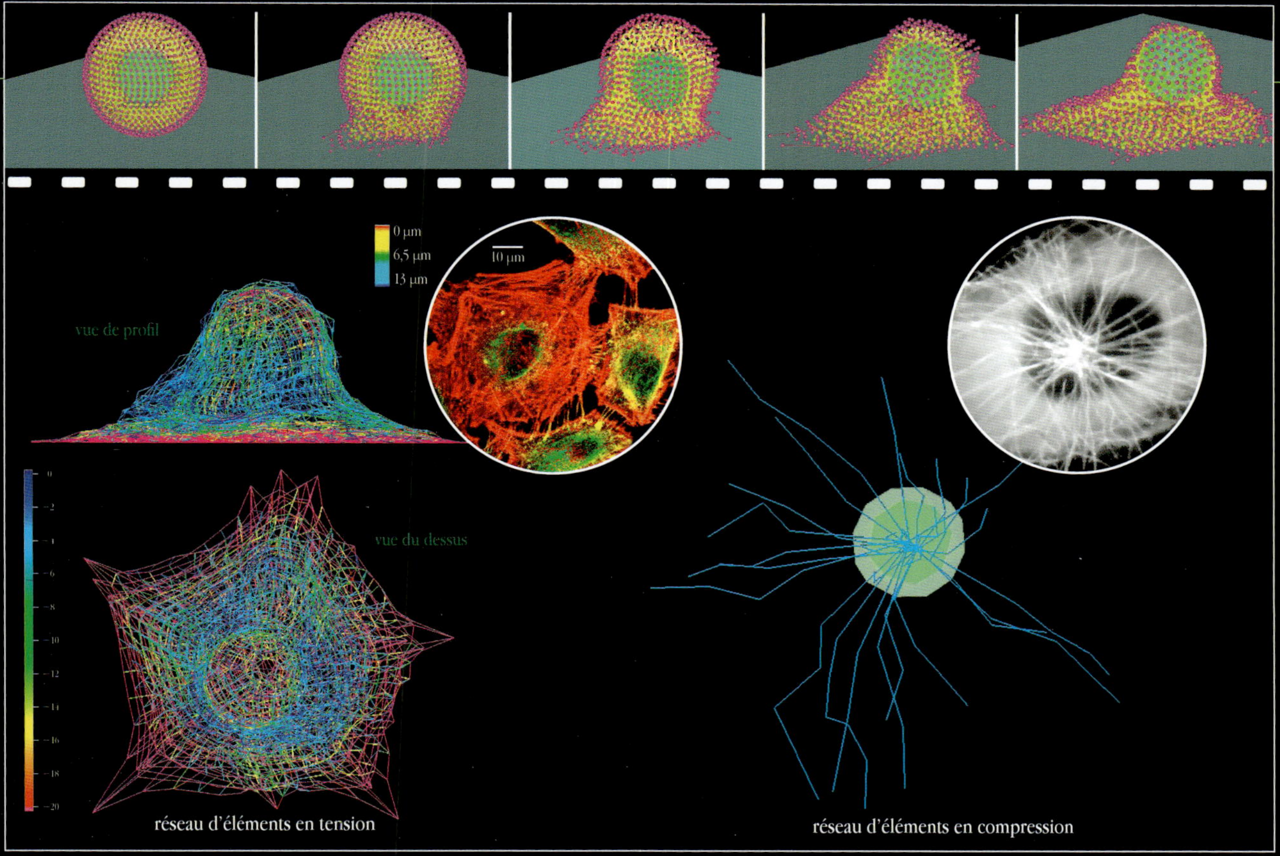

— 90 —

est une charpente constituée de deux sortes d'éléments essentiels : les filaments d'actines, qui jouent un peu le rôle de nos muscles tendus, et les microtubules qui, à l'inverse, résistent à la compression et correspondraient plutôt à nos os. D'ailleurs, chez la cellule, ce système *musculosquelettique* en miniature est le moteur des déformations qui lui permettent de se déplacer. La différence, cependant, est que lorsque la cellule flotte librement, les filaments sont quasiment absents, ou du moins physiquement inactifs, et que ce n'est que lorsqu'elle s'étale sur son substrat que son cytosquelette se structure en fonction des besoins. La compréhension de ces processus est l'objet de la biomécanique.

L'objectif de cette simulation était de proposer un scénario plausible de structuration du cytosquelette lors de l'adhésion et de l'étalement d'une cellule dans le cadre de recherches visant, *in fine*, à disposer d'un modèle de cytosquelette *réaliste*. Nous ne sommes pas partis des filaments du cytosquelette eux-mêmes, mais des nombreuses protéines qui les lient entre eux. Les filaments sont alors représentés par le type d'interactions qui relient les grains du modèle correspondant à ces protéines, en l'occurrence les forces de tension ou de compression. Ces forces forment un réseau en équilibre mécanique dont la visualisation constitue, de fait, une cartographie du cytosquelette simulé. Le comportement mécanique de cette structure finale est ensuite destiné à être testé afin de mieux comprendre comment les cellules animales résistent aux forces extérieures.

Ces études aident à mieux appréhender certains processus physiologiques comme, par exemple, le remodelage osseux au cours duquel l'architecture des os s'adapte à leur environnement mécanique : les cellules osseuses perçoivent en effet les forces musculaires et les variations du poids de la personne avant d'envoyer un signal à d'autres cellules, qui enlèveront de la matière osseuse là où il n'y en a pas besoin ou, au contraire, en ajouteront, là où elle est davantage nécessaire. Dans certaines pathologies comme l'asthme (une contraction *anormale* de certaines cellules musculaires dans les bronches), ou le cancer (notamment les métastases, ces cellules cancéreuses qui migrent dans le corps et infectent d'autres organes), des mécanismes analogues sont également en jeu. Leur compréhension approfondie repose donc sur une étude détaillée des propriétés du cytosquelette. L'amélioration des processus de *réparation* du corps comme la cicatrisation, à travers la synthèse de substituts dermiques, constitue également l'un des enjeux de la biomécanique.

Pour en savoir plus

« Numerical Modeling of the Cytoskeleton Prestressed Structure », H. Baudriller, B. Maurin et P. Cañadas, 5e Congrès mondial de biomécanique (WCB2006), Munich (Allemagne).

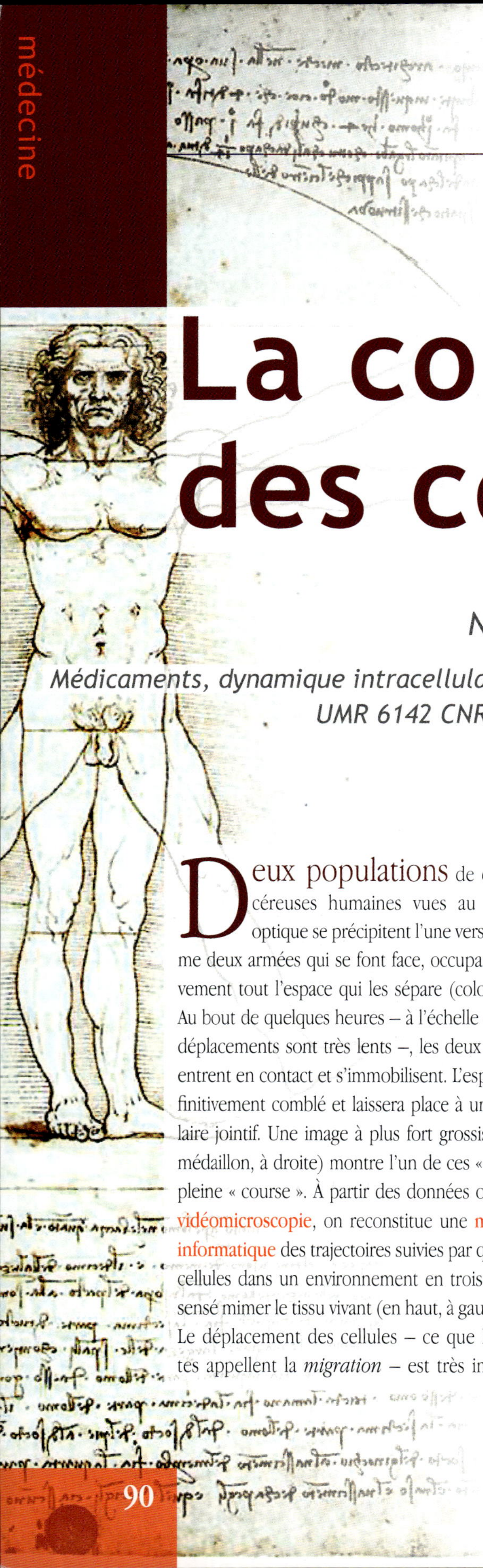

La course des cellules

Nicolas Fourré et Pierre Jeannesson

Médicaments, dynamique intracellulaire et architecture nucléaire (unité MéDIAN)
UMR 6142 CNRS-Université de Reims Champagne-Ardenne

Deux populations de cellules cancéreuses humaines vues au microscope optique se précipitent l'une vers l'autre comme deux armées qui se font face, occupant progressivement tout l'espace qui les sépare (coloré en bleu). Au bout de quelques heures – à l'échelle cellulaire les déplacements sont très lents –, les deux populations entrent en contact et s'immobilisent. L'espace sera définitivement comblé et laissera place à un tapis cellulaire jointif. Une image à plus fort grossissement (en médaillon, à droite) montre l'un de ces « soldats » en pleine « course ». À partir des données obtenues par vidéomicroscopie, on reconstitue une modélisation informatique des trajectoires suivies par quatre de ces cellules dans un environnement en trois dimensions sensé mimer le tissu vivant (en haut, à gauche).

Le déplacement des cellules – ce que les biologistes appellent la *migration* – est très important en physiologie. Lors du développement de l'embryon, par exemple, la formation de certains organes comme le système nerveux ou le système hématopoïétique – responsable de la production des cellules sanguines – serait impossible sans cette capacité qui permet aux cellules d'aller prendre leur place « au bon endroit ». Plus tard, il jouera un rôle prépondérant dans l'élaboration de la réponse immunitaire, en facilitant la mobilisation des cellules de défense vers le lieu d'une blessure ou d'une infection. À côté de ses effets bénéfiques, ce phénomène de migration, lorsqu'il est déréglé, entraîne des complications majeures : c'est le cas, par exemple, lorsqu'il permet à des cellules de se détacher de la masse tumorale pour envahir les tissus adjacents et y établir de nouvelles colonies – les métastases. Dans ce cas, on parlera d'invasion cellulaire. Une invasion vis-à-vis de laquelle notre arsenal thérapeutique reste encore très limité.

Pour mieux comprendre ces mécanismes, les chercheurs disposent désormais de nouvelles méthodes d'observation et d'analyse dynamique. Basées sur le développement de la microscopie photonique et de l'informatique, elles ont permis de faire des progrès spectaculaires dans l'étude des mouvements cellulaires, de leur coordination dans l'espace et dans le temps, et dans la connaissance de l'influence du microenvironnement sur les cellules en migration. La technique dite de *réparation de plaie artificielle* – correspondant au « film » présenté ici – permet de connaître le potentiel migratoire d'une population donnée et d'évaluer par exemple les effets de médicaments. À plus fort grossissement, la microscopie photonique accède à l'anatomie de la cellule en mouvement, et donc à son mode de locomotion : on devine sur l'image en médaillon une projection du voile cytoplasmique vers l'avant et une partie arrière, étroite, fermement attachée au support.

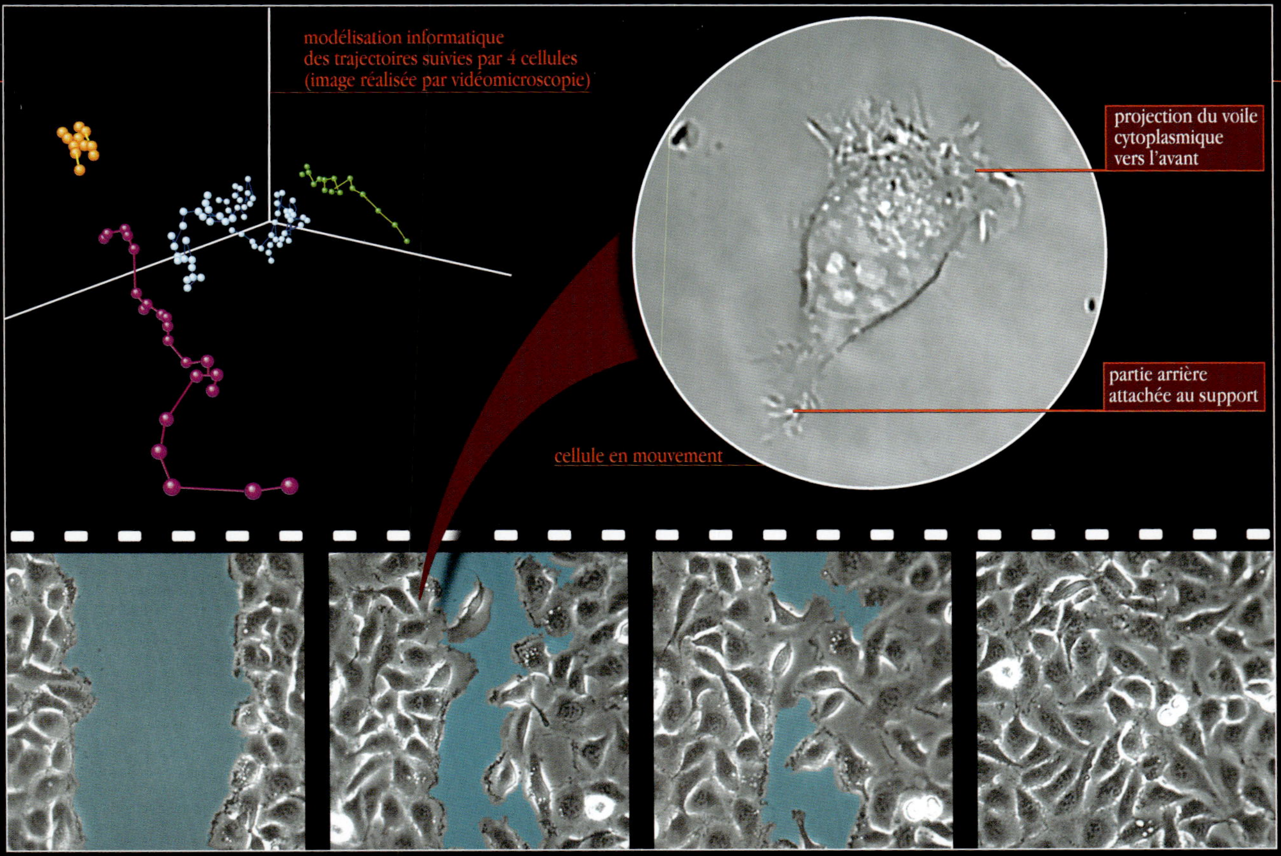

— 86 - 88 - 102 - 104 —

Enfin, avec la vidéomicroscopie, il devient possible de mesurer pour chaque cellule les paramètres de migration comme la vitesse, le trajet parcouru, les arrêts effectués et la trajectoire suivie au sein d'un milieu donné (ici un réseau de collagène).

Les biologistes ont chaque jour un peu plus besoin de modèles expérimentaux représentatifs de ce qui se déroule chez un organisme vivant. L'imagerie *in vitro* présentée ici associée à des méthodes originales de cultures cellulaires en deux ou trois dimensions et à la détection à l'échelle unicellulaire de marqueurs spécifiques (gènes ou protéines) répond à ce souhait. Elle permet de mieux comprendre le rôle des interactions de la cellule avec son microenvironnement, que ce soit en situation normale ou pathologique. Les cellules individuelles tiennent compte à chaque instant de nombreux signaux extérieurs : la nature des composants chimiques de la matrice extracellulaire, les stimulations d'ordre mécanique ou les messages solubles provenant d'autres cellules. En pharmacologie, cette approche permet d'analyser le mécanisme d'action des médicaments en tenant compte de l'impact du microenvironnement sur la réponse cellulaire, comme par exemple en chimiothérapie, où il est capable d'inhiber l'activité d'agents anticancéreux.

Pour le biologiste, les méthodes d'étude de la migration et de l'invasion cellulaire constituent des outils indispensables pour tenter d'expliquer les phénomènes du vivant sous leur aspect dynamique et non plus statique. En développement constant, ces méthodes offrent une vision de plus en plus réaliste des processus vitaux normaux ou déréglés. Elles sont régulièrement intégrées dans les travaux de recherche à côté des démarches classiques de la biochimie et de la biologie moléculaire. Parmi les retombées potentielles, on notera qu'en recherche contre le cancer, on espère qu'elles contribuent à définir des moyens de lutte efficaces contre la formation des métastases, cause d'environ 90 % de la mortalité due aux cancers. Enfin, la maîtrise des phénomènes de colonisation des biomatériaux pour la reconstruction d'organes constitue un enjeu majeur en ingénierie tissulaire, notamment pour lutter contre le vieillissement.

Pour en savoir plus

Dynamique de la cellule vivante, X. Ronot et D. Schoëvaërt-Brossault, Inserm, 1999.

« Un substrat de micropiliers pour étudier la migration cellulaire », A. Buguin, P. Chavrier, B. Ladoux, O. du Roure, A. Saez et P. Silberzan, *Médecine Sciences*, août-septembre 2005, **21(8)**, p. 765-767.

« Assessment of the antiinvasive potential of the anthracycline aclacinomycin (Aclarubicin) in a human fibrosarcoma cell line », S. Addadi-Rebbah, S. Poitevin, N. Fourre, M. Polette, R. Garnotel et P. Jeannesson, *International Journal of Oncology*, juin 2004, **24(6)**, p. 1607-1615.

Le patient transparent

Luc Soler

Institut de recherche contre les cancers de l'appareil digestif (Ircad), Strasbourg

Dans un bloc opératoire à Strasbourg, deux chirurgiens opèrent un patient en utilisant les techniques combinées de chirurgie mini-invasive et de réalité augmentée. Sur l'écran de gauche, le chirurgien peut voir l'intérieur du corps grâce à la caméra qu'il tient en main et dont l'optique est introduite dans l'abdomen du patient. Sur l'écran de droite, il visualise l'extérieur par une caméra située au dessus de la table d'opération (en haut au centre de l'image). En couleur, superposés à ces images, apparaissent sur les deux écrans les organes du patient : sur l'écran de gauche, en vert, la tumeur à opérer et en bleu la veine à ne pas couper ; sur l'écran de droite, en jaune, les côtes et en marron le foie sous lequel est située la tumeur. Le patient devient alors virtuellement transparent.

La chirurgie mini-invasive est l'un des plus importants progrès de la chirurgie moderne. Elle permet de remplacer les larges incisions d'un grand nombre d'actes chirurgicaux par de petits orifices de 1 cm de diamètre au maximum. Les organes ne sont alors plus visibles directement, mais par le biais d'une optique de 40 cm de long introduite dans le patient par l'un de ces orifices et reliée à une caméra située à l'extérieur. Le chirurgien opère en regardant un écran relié à cette caméra. L'inconvénient est que son champ de vision est alors réduit. De surcroît, les outils chirurgicaux sont, tout comme l'optique, introduits dans le patient par les autres orifices. Le chirurgien perd donc le sens du toucher, ce qui rend plus difficile la recherche ou la reconnaissance des organes et des pathologies. Le rôle de ce qu'on appelle la *réalité augmentée* est de compenser ces pertes en recréant pour ainsi dire une vue en transparence du patient.

C'est ce que l'on voit sur l'écran de droite, où ses côtes et ses organes abdominaux apparaissent en *surimpression* sur l'image de son abdomen. Grâce à cette transparence virtuelle, le chirurgien peut placer idéalement ses outils tout en ayant à nouveau une vue élargie de la zone à opérer. Sur l'écran de gauche, cette transparence permet de visualiser la tumeur pourtant située à l'intérieur de l'organe directement visible. Bien entendu, pour réaliser cette transparence virtuelle, il est nécessaire de connaître à l'avance la position et la forme des organes et des pathologies du patient. Ces informations sont fournies par les techniques modernes d'imagerie médicale en trois dimensions telles le scanner ou l'IRM. Elles sont ensuite envoyées à un programme informatique qui délimite la position des organes et les modélise en trois dimensions. C'est ce modèle virtuel du patient qui est affiché sur l'écran d'ordinateur.

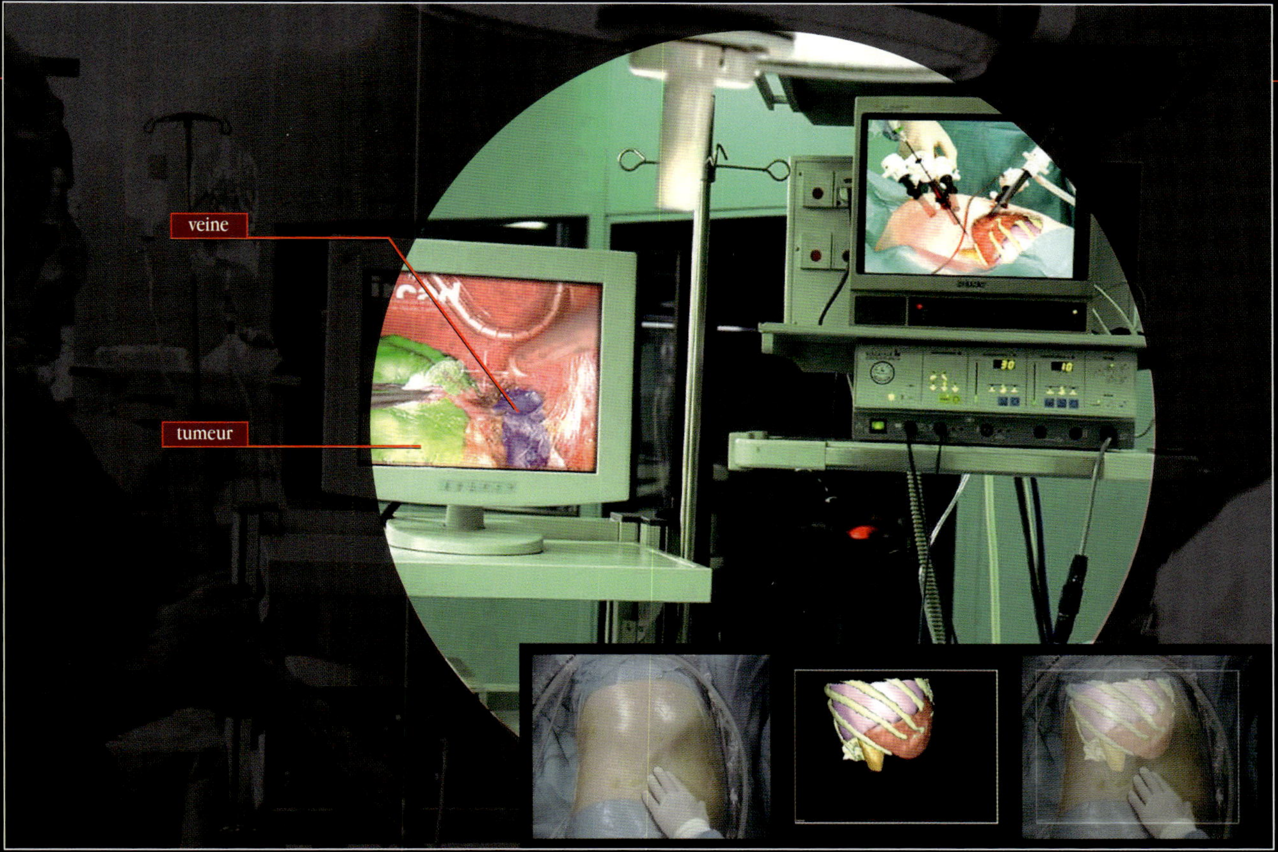

– 94-96 –

Dans la pratique, le recalage des images est la principale subtilité du système de réalité augmentée. Pour être utilisable durant l'opération, le « patient virtuel » doit être parfaitement superposé à son modèle réel. La difficulté est de trouver des points de repère permettant de mettre en correspondance les deux images. Le recalage n'est possible que si les points de repère sont visibles et identiques sur le modèle virtuel et sur le modèle réel. Dans la pratique, on peut soit ajouter sur le patient des points artificiels comme des marqueurs radio-opaques (qui apparaissent sur les images médicales), soit utiliser des repères naturels visibles sur le patient et identifiables dans l'image virtuelle (le nombril, par exemple). Le recalage une fois réalisé, il reste à afficher le résultat sur l'écran.

La vision en transparence du patient est l'une des étapes fondamentales de l'automatisation du geste chirurgical. En effet, la connaissance précise de la localisation des tumeurs permettra de les traiter par un système robotisé qui les détruira plus précisément que ne pourrait le faire un geste humain. Demain, le chirurgien pourra, sur un simulateur, opérer virtuellement la copie numérique de son patient. Comme un metteur en scène, il conservera les bons passages de son acte, c'est-à-dire les gestes les plus efficaces. Ces gestes seront alors envoyés au robot qui, grâce à sa vision en transparence du patient, les reproduira sur le patient réel. Ce progrès phénoménal peut cependant mettre en péril la relation médecin-patient. Si cette vision est optimale sur le plan médical – les fautes ou les erreurs étant éliminées lors de la simulation – elle met en relation le médecin avec un patient virtuel, et le patient avec un chirurgien virtuel, le robot. C'est pourquoi il est toujours essentiel de garder à l'esprit que derrière l'image, aussi belle soit-elle, il y a un être humain vivant et malade. La découverte de l'invisible ne doit pas aboutir à la disparition du visible.

Pour en savoir plus

« Augmented reality assisted laparoscopic adrenalectomy », J. Marescaux, F. Rubino, M. Arena et L. Soler, *Journal of the American Medical Association*, novembre 2004, **292**(18), p. 2214-2215.

Le cœur battant

Maxime Sermesant

Équipe-projet Asclepios de l'Institut national de recherche en informatique et automatique (Inria), Sophia-Antipolis

L'imagerie médicale permet d'observer *in vivo* l'intérieur du corps humain et d'en étudier le fonctionnement « en direct ». L'imagerie scanner (ou tomodensitométrie) est une forme perfectionnée de la radiographie grâce à laquelle on voit ici le système cardiovasculaire entouré des côtes et de la colonne vertébrale (en médaillon ci-contre). L'imagerie par résonance magnétique (IRM) permet quant à elle non seulement de « filmer » le fonctionnement du cœur en temps réel, mais aussi, grâce à certaines techniques récentes comme l'imagerie de diffusion de l'eau, d'en révéler la structure intime : on observe ainsi les différentes fibres du muscle cardiaque (à gauche), auxquelles on attribue informatiquement une couleur selon leur orientation. Désormais, on sait intégrer ces données pour créer un modèle informatique du fonctionnement du cœur (à droite) : la vague rouge représente la progression de l'excitation électrique parmi les cellules cardiaques du patient (la « plage » bleue étant constituée de cellules non encore excitées) et les flèches bleu clair indiquent le déplacement du cœur par rapport à sa position au repos.

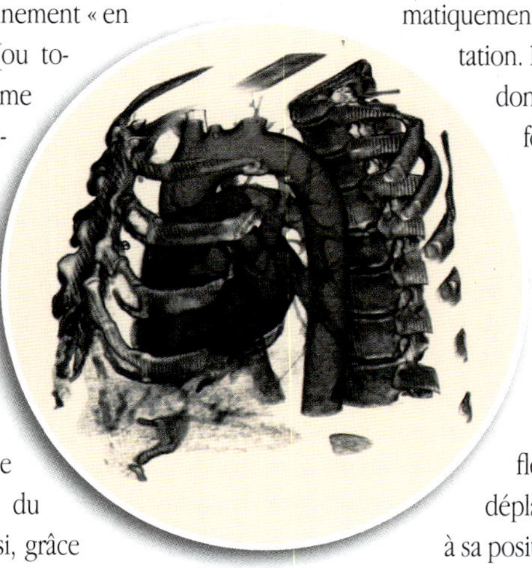

On ne saurait surestimer la portée de ces techniques. La médecine consiste depuis ses origines lointaines à deviner ce qui se passe à l'intérieur d'un patient. Pendant longtemps, le médecin n'a vu les organes sur lesquels il agissait que lors d'une opération chirurgicale… ou lors d'une autopsie. Il observe désormais l'anatomie interne de son patient vivant, sans l'ouvrir. Il ne s'agit pas seulement d'avoir des clichés statiques du corps humain mais, dans certain cas, de filmer des images dynamiques à des intervalles de temps très courts, c'est-à-dire, en définitive, d'appliquer la technique cinématographique du *ralenti* pour observer des phénomènes très rapides. Dans le cœur, par exemple, la propagation électrique se déroule sur des échelles de temps de l'ordre de quelques millisecondes ! L'œil exercé du médecin ne suffit pas toujours à analyser ces images. Des logiciels de traitement lui viennent ici en aide en donnant des informations chiffrées, par exemple sur la vitesse de déplacement de telle région du cœur à chaque instant.

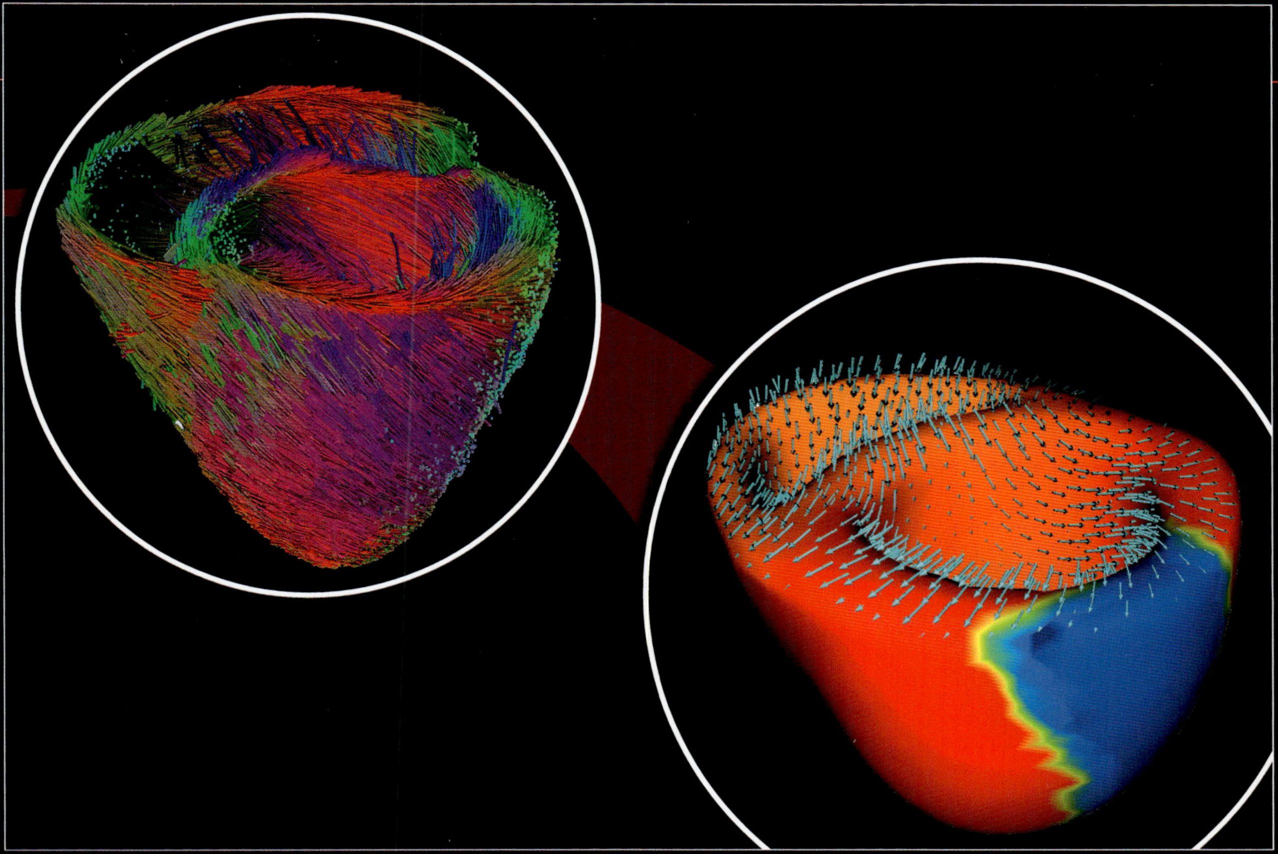

— 92 - 96 - 102 - 110 —

En introduisant ces données dans un modèle numérique, on dispose d'une simulation du cœur du patient que l'on peut ralentir, arrêter, ouvrir pendant qu'il bat et dont on peut modifier à volonté les paramètres pour tester différentes hypothèses sur ses pathologies… toutes choses qu'il est bien sûr interdit de faire sur un cœur réel !

Pour obtenir de telles images, il faut être capable de placer dans un même repère de coordonnées des informations venant de techniques d'imagerie très variées : les données sur l'activité électrique sont mesurées avec des cathéters – des instruments de mesure que l'on amène en contact direct avec le cœur –, alors que l'anatomie et les mouvements du cœur sont connus *via* l'IRM. De surcroît, ces informations sont acquises sur des cycles cardiaques différents. Il est donc nécessaire de mettre en place des méthodes de mise en correspondance complexes : un problème qui est d'ailleurs général à chaque fois que l'on tente d'intégrer dans un unique modèle des informations de sources différentes.

Les maladies cardiovasculaires sont un enjeu clinique majeur, et les pathologies de l'électrophysiologie cardiaque (fibrillation, tachycardie, etc.) sont souvent difficiles à diagnostiquer et à soigner. Avec les images du type de celles qui sont présentées ici, le médecin comprend mieux le fonctionnement du cœur du patient et prépare une thérapie personnalisée, en planifiant son intervention dans le contexte de l'anatomie et de la physiologie précise du patient. Dans le cas de l'insuffisance cardiaque, par exemple, de tels travaux sont utilisés pour tenter d'améliorer l'efficacité des stimulateurs cardiaques (les *pacemakers*) en optimisant l'emplacement des sondes et le moment où interviennent les stimulations électriques. De même pour des tachycardies ventriculaires, on teste à l'avance sur ces modèles différentes stratégies d'ablation dites *radiofréquence* qui consistent à brûler les cellules malades.

Pour en savoir plus

« An electromechanical model of the heart for image analysis and simulation », M. Sermesant, H. Delingette et N. Ayache, *IEEE Transactions on Medical Imaging*, 2006, **25**(5), p. 612-625.

« Simulation of cardiac pathologies using an electromechanical biventricular model and XMR interventional imaging », M. Sermesant, K. Rhode, S. Hedge, G. Sanchez-Ortiz, D. Rueckert, P. Lambiase, C. Bucknall, D. Hill et R. Razavi, *Medical Image Analysis*, 2005, 9(5), p. 467-480.

« Cardiac function estimation from MRI using a heart model and data assimilation: Advances and difficulties », M. Sermesant, P. Moireau, O. Camara, J. Sainte-Marie, R. Andriantsimiavona, R. Cimrman, D.L. Hill, D. Chapelle et R. Razavi, *Medical Image Analysis*, 2006, 10(4), p. 642-656.

Capture d'anévrisme

Sylvain Rubin

Service de chirurgie thoracique et cardiovasculaire
CHU Robert Debré, Reims

Le scanner et l'imagerie 3D ont révolutionné la médecine moderne. Ils révèlent avec précision le squelette, le cœur et les différents vaisseaux du thorax d'un patient. L'aorte, par exemple, se trouve en position centrale, démarrant au niveau du cœur et se portant en arrière du thorax. En utilisant ces images, on contrôle aujourd'hui le bon positionnement d'un traitement dit *endovasculaire* grâce auquel des lésions sont réparées de l'intérieur par des armatures métalliques en forme de Z et recouvertes d'une prothèse étanche. Lorsque le traitement est efficace, la lésion n'est plus visible. L'imagerie est utile pour le diagnostic et la mise en œuvre de tels traitements. Dans la deuxième image, on observe le cœur surmonté des vaisseaux intrathoraciques. L'aorte se prolonge en arrière puis vers le bas et comporte en son sein l'endoprothèse qui reconstruit l'architecture *normale* de cette artère en excluant la zone rompue et donc un éventuel saignement aux conséquences qui seraient dramatiques.

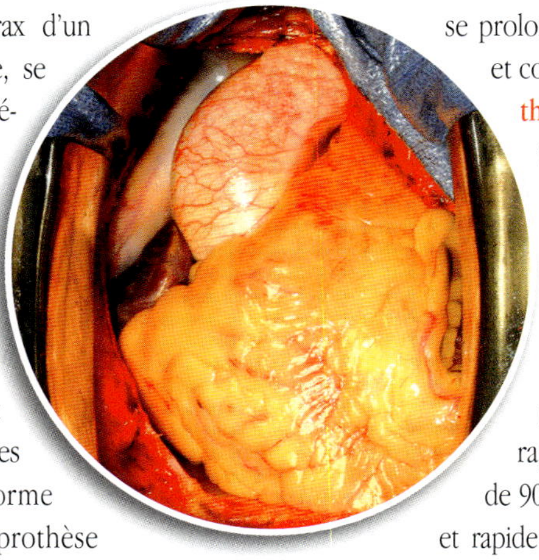

Les ruptures de l'aorte, artère principale de l'organisme, sont rapidement mortelles dans plus de 90 % des cas. Un diagnostic précis et rapide est donc indispensable. La tomodensitométrie, ou *scanner multibarrettes*, permet de *voir* l'ensemble du corps humain avec une précision inouïe. Le scanner a, par rapport à la radiographie normale, la particularité de faire tourner la source de rayons X. Les détecteurs disposés tout autour du patient recueillent alors une longue série d'images bidimensionnelles grâce auxquelles l'informatique reconstruit une image tridimensionnelle d'une précision de l'ordre du millimètre. De surcroît, la puissance croissante des ordinateurs autorise la manipulation en temps réel de ces images 3D. Le chirurgien peut alors aisément diagnostiquer une lésion aortique et définir la meilleure stratégie opératoire, notamment en fonction des particularités anatomiques individuelles du patient. Par exemple, il est possible de visualiser le rétrécissement d'une artère au pli de l'aine, et donc de choisir un autre itinéraire – par exemple l'artère controlatérale – pour faire cheminer la prothèse jusqu'au siège de la rupture. Des mesures précises sont également possibles,

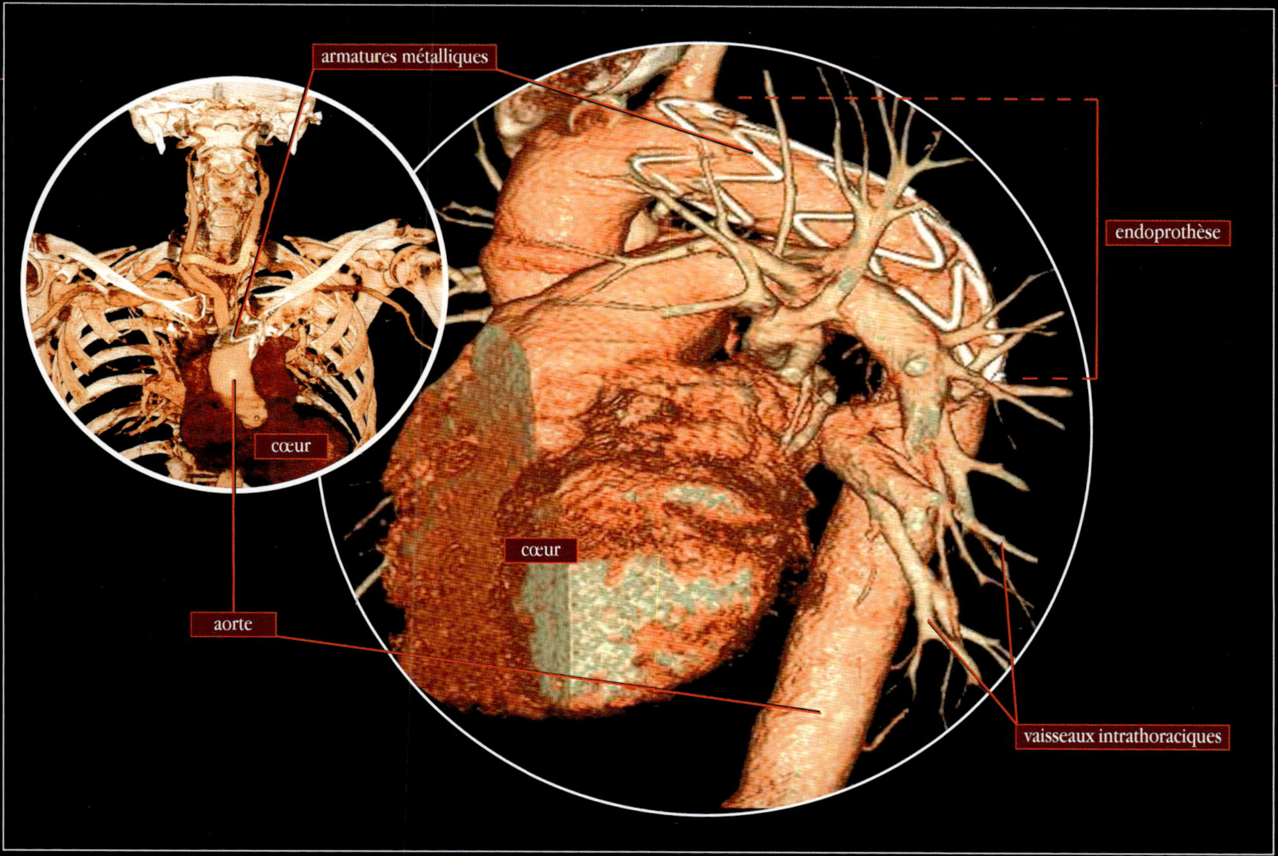

– 92 - 94 - 98 –

grâce auxquelles on choisit une prothèse adaptée. Parallèlement, l'avènement de nouvelles techniques chirurgicales peu invasives, dites *endovasculaires*, permet aujourd'hui de *réparer* ces lésions par l'intérieur des vaisseaux grâce à une courte incision cutanée au pli de l'aine. Cette dernière permet l'introduction de la prothèse comprimée par l'artère fémorale. Le cheminement de cette prothèse dans l'aorte, jusqu'à son site de déploiement est alors uniquement réalisé sous contrôle radiologique sans que jamais le chirurgien ne voie directement l'aorte ou la lésion.

À la fin du XIXe siècle, la découverte des rayons X fut un événement sans précédent dans l'histoire de la médecine. La maîtrise de ces radiations permet aujourd'hui d'explorer le corps humain dans ses moindres détails. Seules quelques décennies séparent la radiographie standard du scanner multibarrettes, tous deux basés sur l'absorption des rayons X par les tissus. On peut ainsi explorer le corps humain, zoomer sur une zone, traverser le diaphragme ou même supprimer les poumons ! Il est donc possible d'opérer des lésions, parfois mortelles, avec un haut degré de sécurité, sans avoir recours à de grandes incisions délabrantes et douloureuses. Pourtant, à peine ces procédés ont-ils été introduits que d'autres innovations viennent les bousculer ; l'imagerie par résonance magnétique (IRM) permet l'étude morphologique et parfois fonctionnelle des organes. De ce fait, le chirurgien doit évoluer dans un monde d'images dématérialisé qu'il doit apprendre à maîtriser afin de *voir* aussi bien avec l'imagerie radiologique qu'avec ses propres yeux.

La chirurgie est une discipline où tout était *réel* il y a encore quelques années. Progressivement, le virtuel, l'informatique, des méthodes diagnostiques et thérapeutiques nouvelles envahissent notre quotidien, offrant un vaste champ d'investigation aux médecins. L'enjeu de ces nouvelles technologies est d'obtenir des moyens simples, rapides et efficaces de voir ce qui n'est pas accessible pour améliorer la qualité de notre médecine en la rendant moins agressive. Pourtant, toute cette technicité doit rester un outil et ne pas faire oublier que le but de la médecine est d'apporter des soins appropriés aux patients dans le respect de la relation de confiance qui s'établit avec leur médecin.

Pour en savoir plus

Imagerie cardiaque : scanner et IRM, O. Vignaux, Masson, 2005.

Prévoir la maladie

Sylvain Rubin, Ganesh D. Sockalingum et Michel Manfait

Service de chirurgie thoracique et cardiovasculaire
CHU Robert Debré, Reims

Médicament, dynamique intracellulaire et architecture nucléaire (unité MéDIAN)
UMR 6142 CNRS-Université de Reims Champagne-Ardenne

La biopsie reste aujourd'hui la méthode la plus utilisée pour diagnostiquer les anomalies des tissus. Malheureusement, les renseignements tirés de ces prélèvements arrivent souvent assez tard et ne permettent pas d'orienter le geste du chirurgien (les tissus sont *sortis de leur contexte*). Grâce à une technique nommée *spectroscopie tissulaire*, on voit désormais les contours d'un objet mais aussi ses composants biochimiques et leurs contributions relatives. L'image de gauche montre une coupe *classique* de tissu aortique où l'œil ne distingue aucune variation. Au centre, la superposition de l'image spectrale montre les variations du rapport entre deux protéines, le collagène et l'élastine sur l'épaisseur du tissu. Le collagène est plus présent dans les couches internes et externes alors que l'élastine est majoritaire au centre. Une projection tridimensionnelle (à droite) de ce résultat permet d'apprécier quantitativement ces variations de composition relative en élastine et en collagène qui sont la cause de nombreuses pathologies de l'aorte (ci-contre).

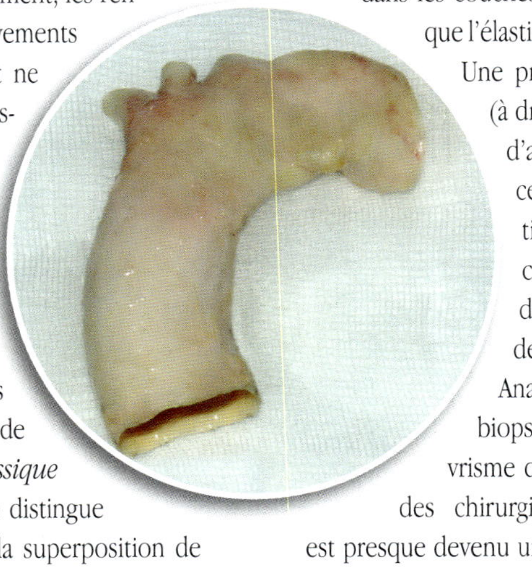

Analyser un tissu sans faire de biopsie et prévenir ainsi l'anévrisme de l'aorte est un vieux rêve des chirurgiens cardiovasculaires qui est presque devenu une réalité. L'utilisation de la spectroscopie vibrationnelle (qui analyse les niveaux d'énergie correspondant aux états de vibration des molécules) permet aujourd'hui d'établir la composition ou les proportions relatives des différents composants d'un tissu. Il est désormais possible de définir si un tissu aortique présente un risque d'anévrisme en recherchant des marqueurs spécifiques au sein des images obtenues, sans même avoir de renseignement sur l'âge ou les antécédents du patient.

Au sein de l'aorte, le collagène et l'élastine assurent respectivement la *résistance* et l'*élasticité* du tissu. De façon schématique, on peut dire qu'une diminution de la quantité d'élastine et une augmentation relative du collagène sont susceptibles d'entraîner une lésion tissulaire conduisant à l'anévrisme de l'aorte. Au centre de l'image spectrale du tissu aortique, l'abondance de zones vertes, liées à l'élastine, est donc bon signe : la paroi aortique étudiée est normale à cet endroit. Par contre, une majorité de pics

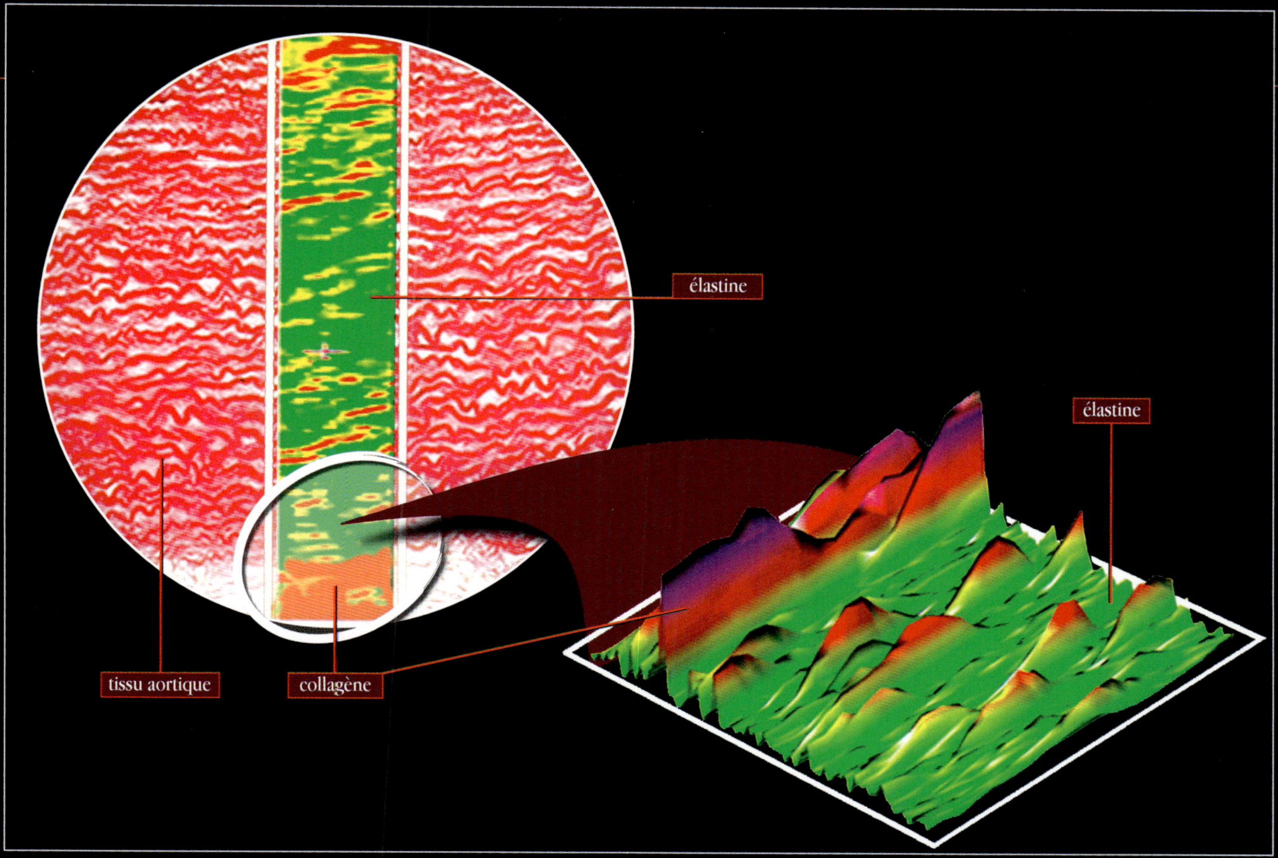

– 96 - 104 –

rouges, liés à une abondance de collagène altéré, et une quasi-disparition de l'élastine au même endroit sont au contraire révélatrices d'un anévrisme ou d'un état pathologique pouvant y conduire. Par ailleurs, l'évaluation de certains lipides et sucres impliqués dans l'athérome (lésion artérielle) peut être réalisée de façon concomitante et conforter le diagnostic d'altération de la paroi aortique.

Pour le scientifique, l'évaluation visuelle de ces variations autorise donc un véritable dépistage de l'anévrisme ou des lésions préalables à l'anévrisme. La prise de décision du chirurgien, étranger à ce type de représentation visuelle, sera bientôt éclairée par le développement d'analyses statistiques appliquées à ces images spectrales, grâce auxquelles on distinguera les tissus sains des tissus pathologiques.

Ces travaux ne constituent qu'une première étape. Nos recherches sur le tissu aortique s'orientent actuellement vers la mise en évidence de signatures spectroscopiques précoces et prédictives d'une évolution anévrismale pour un tissu qui ne serait pas encore dilaté au moment de l'examen. De surcroît, grâce au développement de la spectroscopie *in vivo* utilisant des équipements stériles et transportables, le chirurgien accèdera bientôt à ces informations au cours même de l'intervention, sans avoir à réaliser de biopsie. Il sera donc possible d'envisager un traitement curatif devant des lésions avérées ou un traitement préventif devant des signes spectroscopiques prédictifs. On espère ainsi faire diminuer la mortalité causée par les anévrismes de l'aorte ascendante.

L'évolution des technologies d'imagerie devrait à terme non seulement nous montrer ce qui est invisible à l'œil nu, mais aussi ce qui n'existe pas encore en nous aidant à *prédire l'avenir* d'un tissu, d'un vaisseau, d'un estomac, d'un utérus ou d'un simple grain de beauté. C'est l'avènement d'une nouvelle science qui bouleversera profondément notre conception de la médecine et de la maladie.

Pour en savoir plus

www.chimie.umontreal.ca/CHM1312/partie2.pdf

www.ibd.nrc-cnrc.gc.ca/ibd_external/research/spectroscopy/

« Infrared and Raman Spectroscopy of Biological Materials », H.U. Gremlich et B. Yan, *Practical Spectroscopy Series*, CRC Press, 2001, 24.

De la couleur dans le cheveu

Bruno A. Bernard et Stéphane Commo
Centre de recherche C. Zviak, L'Oréal, Clichy

Deux cellules vivantes cultivées *in vitro* viennent de se retrouver. Dans la nature, toutes deux faisaient partie d'un cheveu. Celle du haut, en vert, est un **mélanocyte** qui habite normalement dans le follicule pileux, « l'usine » qui débite le cheveu tout au long de notre vie. Elle est chargée de fabriquer les principaux pigments qui colorent la peau et les poils des mammifères : la mélanine brun-noir et la mélanine rouge-jaune. Celle du bas, en mauve, est un **kératinocyte**. Après sa naissance dans le bulbe, à la base du follicule, le destin de cette cellule remplie de fibres rigides – la kératine – est normalement de migrer pour aller former, avec ses consœurs, la matière fondamentale du cheveu. Malgré le fait que ces deux cellules ont été extraites de leur milieu naturel, nous voyons ici le kératinocyte faire, comme si de rien n'était, « le plein » de colorant en vue de son prochain voyage. Les petits points jaunes qui circulent entre les cellules ne sont autres, en effet, que de petits sacs remplis de mélanine – les **mélanosomes**.

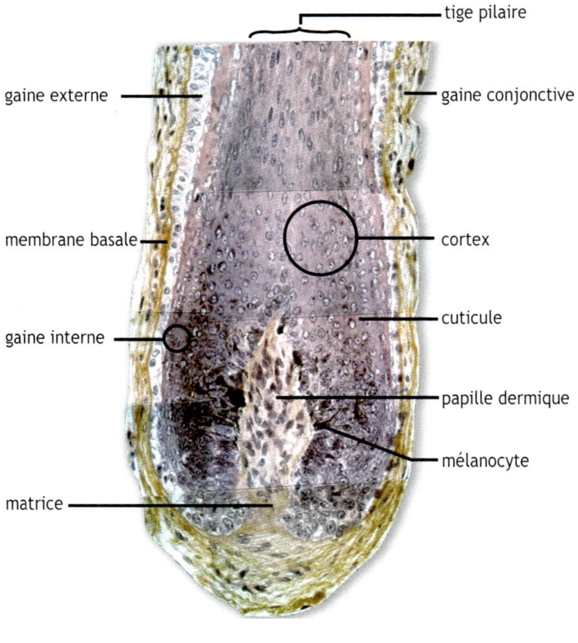

Pour révéler ainsi le fonctionnement de cellules vivantes « en direct », de telles images doivent allier trois techniques de pointe différentes. La première est la culture *in vitro*, grâce à laquelle on cultive et on maintient en vie différents types de cellules vivantes. La seconde est celle du « marquage immunologique ». Le principe consiste à introduire dans la culture des anticorps, c'est-à-dire des molécules qui s'adaptent comme une clé dans une serrure aux molécules situées à la surface des différents compartiments cellulaires. On connaît désormais un anticorps spécifique pour presque tous les éléments de la cellule que l'on souhaite

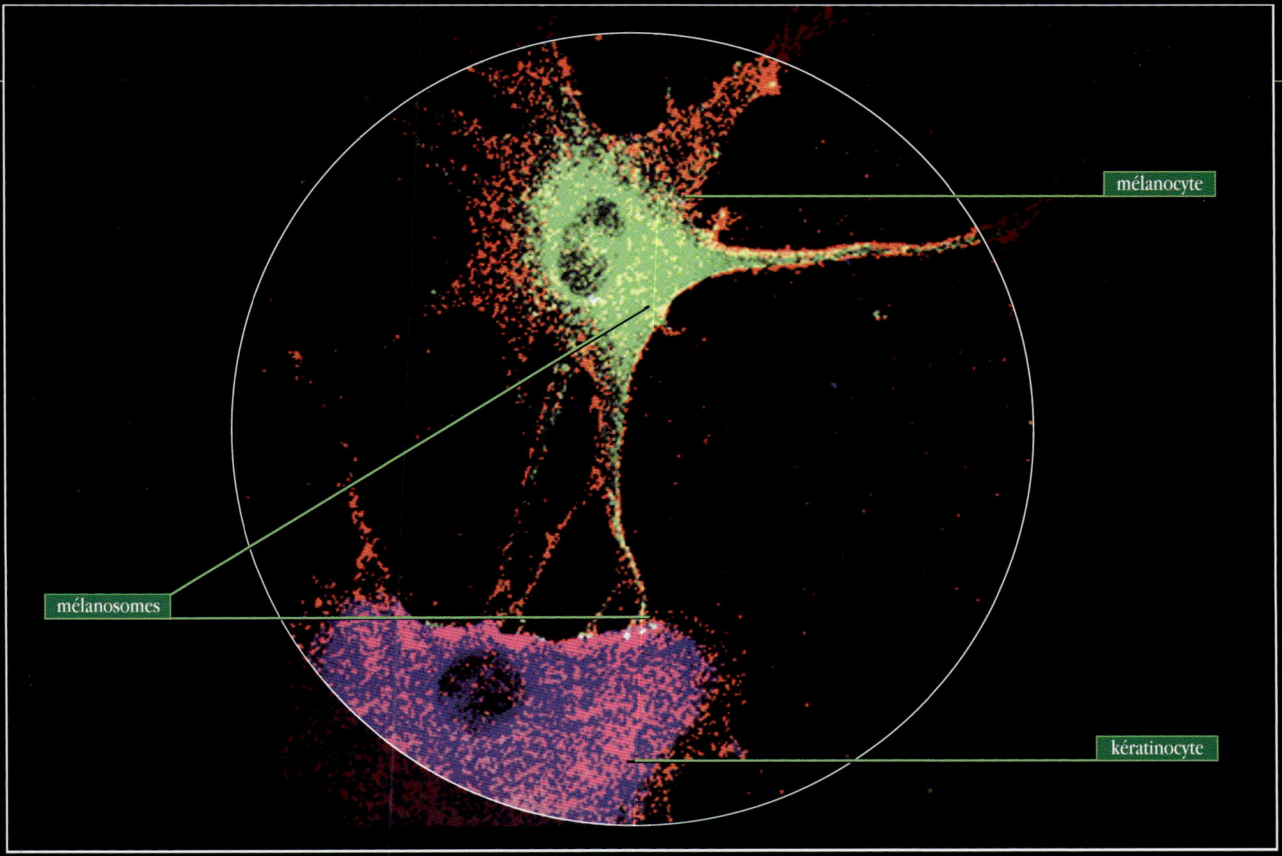

— 106 - 108 - 130 —

repérer, et l'on sait y accrocher chimiquement des sortes de « drapeaux » qui réagissent à la lumière d'un laser en réémettant une couleur bien spécifique : ici le rouge pour la surface du kératinocyte, le vert pour le mélanocyte et le jaune pour les mélanosomes. Finalement, le résultat est observé à l'aide d'un microscope particulier – dit confocal – grâce auquel on obtient des images d'une très grande précision spatiale (de l'ordre du nanomètre) et qui présente l'avantage d'éclairer les cellules à l'aide de lasers, révélant ainsi la répartition de nos petits « drapeaux » fluorescents (les fluorophores).

La principale difficulté était de réunir dans une seule et même expérience des conditions favorables à la fois à l'utilisation de ces trois techniques et au fonctionnement « normal » des cellules vivantes, telles qu'il s'opère dans le cheveu. Nous avons d'abord isolé les kératinocytes et les mélanocytes et nous les avons recombinés dans une même culture. Au bout de 48 heures, il est apparu que ces deux types de cellules étaient parvenus à rétablir le contact, les dendrites des mélanocytes (les filaments verts) ayant retrouvé la surface de la membrane des kératinocytes. La question était : ces liens fonctionnaient-ils ? Pour le savoir, nous avons immobilisé les cellules à l'aide d'un fixateur chimique avant de les soumettre aux anticorps correspondant aux éléments cellulaires que nous cherchions à voir. L'observation au microscope confocal à balayage laser nous a montré le mécanisme de transmission de la couleur entre les deux cellules. La compréhension des modes de communication entre les cellules de l'organisme est la grande aventure de la biologie de demain. L'approche que nous avons utilisée est donc probablement destinée à nous apporter de grandes découvertes. Rien qu'en se limitant aux cellules étudiées ici, les perspectives sont fort intéressantes. Si nous parvenons à mieux comprendre le rôle des acteurs moléculaires impliqués dans les interactions entre mélanocytes et kératinocytes et les mécanismes par lesquels ces derniers migrent – toutes choses qui sont, pour le moment, largement incomprises – nous pourrons identifier de nouvelles façons de favoriser la pigmentation du cheveu, voire de limiter son blanchissement.

Pour en savoir plus

Confocal microscopy - Methods and Protocols, S.W. Paddock, Humana Press, 1999.

« The hair pigmentation unit and hair graying », B.A. Bernard et S. Commo, in *The science of hair care*, 2e edition, C. Bouillon et J. Wilkinson, Taylor & Francis Group, 2005, p. 549-558.

« Melanosome biogenesis and transport », in *Mechanisms of suntanning*, J.-P. Ortonne et R. Ballotti, Martin Dunitz, 2002, p. 187-228.

De l’eau dans la peau

Bernard Querleux
Laboratoires de recherche de L’Oréal

L’image de gauche est une *coupe* réalisée par IRM des différentes couches de la peau d’une personne. La fine bande blanche du dessus – de l’ordre d’un millimètre d’épaisseur sur l’image – est l’**épiderme**. La bande sombre sous-jacente est le **derme**, la partie la plus active de la peau où se trouvent notamment les **follicules pileux**, les « usines » qui sécrètent les poils tout au long de notre vie et que l’on devine ici sous la forme de bulles ou de stries blanches. Encore en dessous, on distingue finalement l’**hypoderme**, un tissu de soutien graisseux formant une surface comparable à celle d’une barquette à œufs sur laquelle se coule le derme. L’avantage de l’IRM est que cette coupe est virtuelle : on a « scanné » l’intérieur de la peau sans l’inciser, ni la prélever. Elle est donc vivante et continue de fonctionner normalement. C’est ce que montre l’autre image – qui est une forme d’IRM dite *fonctionnelle* – où les couleurs, du rouge au bleu, représentent la plus ou moins grande facilité avec laquelle l’eau se déplace au sein des tissus qu’elle imprègne. La juxtaposition des deux images révèle que la mobilité de l’eau est plus élevée dans l’épiderme, moyenne dans le derme et bien plus faible dans l’hypoderme.

L’IRM (ou imagerie par résonance magnétique) est une technique grâce à laquelle on repère, de l’extérieur, la position des atomes dans le corps vivant. Le principe repose sur le fait que les noyaux de certains atomes se comportent comme de minuscules aiguilles de boussole et réagissent à la présence de champs magnétiques extérieurs en pivotant et en oscillant. Ces mouvements engendrent à leur tour d’infimes signaux radio dont il est possible de localiser la source. Suivant les fréquences « écoutées », on repère la position exacte des noyaux d’hydrogène – les protons –, élément le plus abondant dans le corps, notamment dans les molécules d’eau. L’image de gauche s’interprète un peu comme une simple radioscopie : les différents niveaux de gris indiquent les variations de densité des tissus (le nombre de protons par millimètre cube, si l’on veut). Sur l’image de droite, en revanche, le déplacement des protons trahit celui des molécules d’eau auxquelles ils appartiennent. Sur des durées de l’ordre de quelques millisecondes, les mouvements aléatoires de ces molécules leur font franchir des distances toujours microscopiques mais plus ou moins grandes selon la nature des tissus où elles se trouvent. Une carte de la mobilité de l’eau est donc aussi une carte des variations de structure de ces tissus à une échelle microscopique bien supérieure à la précision de l’imagerie classique. Dans le cas de la peau, cette mobilité de l’eau dépend beaucoup de ses interactions avec une famille de protéines en forme de fibres – les collagènes –, qui constituent pour ainsi

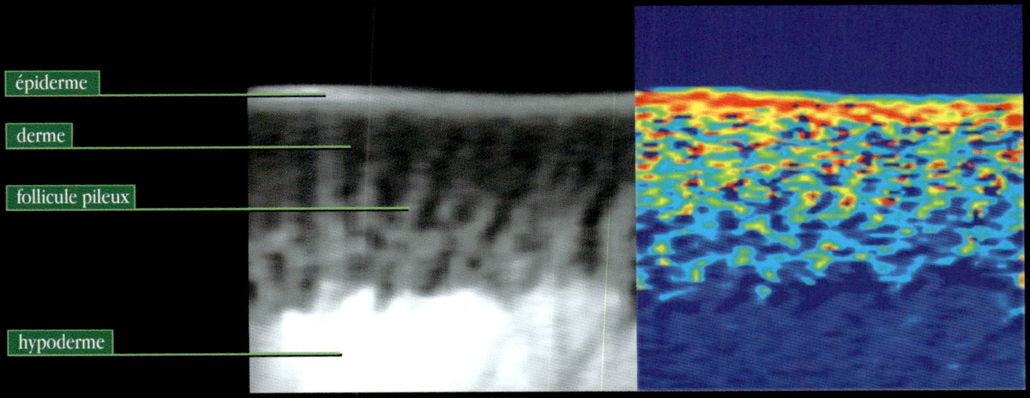

— 90 - 94 - 104 - 108 —

dire la « charpente » des tissus cutanés. Ces protéines sont l'un des principaux obstacles à la diffusion de l'eau dans la peau. Or, on sait qu'un œdème, une inflammation ou une irritation modifient la nature de ces interactions qui, dans le cas du vieillissement de la peau, résultent de la dénaturation des fibres de collagène. Les techniques d'imagerie semblables à celles que nous avons développées ici constituent par conséquent de formidables outils pour étudier avec précision ces transformations (pathologiques ou non).

La principale difficulté à surmonter était pour nous d'améliorer d'un facteur cinquante la résolution des images. L'obtention d'une image IRM consiste, on l'a dit, à localiser précisément les signaux émis par les noyaux de certains atomes du corps lorsqu'on le place dans un champ magnétique. Pour améliorer la technique, nous avons utilisé un détecteur ultrasensible et un gradient de champ magnétique (le fait que l'intensité du champ est plus ou moins forte dans telle ou telle région de l'espace) de conception originale. Le tout a fourni des images où les plus petits détails ne mesuraient que 18 µm : une précision jamais atteinte jusqu'ici avec cette technologie ! Cette nouvelle méthode d'imagerie capable de distinguer les différentes structures de la peau a désormais été validée lors de premières études cliniques chez l'homme.

L'imagerie de diffusion de l'eau – que l'on nomme parfois IRMd – est en passe de devenir un outil essentiel pour comprendre la physiologie du cœur ou du cerveau, tout comme celle de la peau. Dans le domaine de la dermatologie, l'IRMd révèle précisément la limite en profondeur de processus inflammatoires ou œdémateux. La cosmétique, elle, s'intéresse surtout à la physiologie de la peau saine, mais l'IRMd nous a déjà appris que la mobilité de l'eau augmente au cours du vieillissement normal, vraisemblablement à cause d'une dégradation du collagène. Elle promet d'apporter de nouvelles connaissances sur les mécanismes impliqués dans le vieillissement des tissus humains. Cette exploration non invasive d'une fonction vitale de la matière vivante pourrait bien se révéler, dans un proche avenir, une méthode de référence pour évaluer l'activité de nouveaux produits dermatologiques ou cosmétiques.

Pour en savoir plus

« Magnetic resonance imaging and spectroscopy of skin and subcutis », B. Querleux, *International Journal of Cosmetic Dermatology*, 2004, 3, p. 156-161.

« Advances in MR imaging of the skin », J. Bittoun, B. Querleux et L. Darrasse, *NMR in Biomedicine*, 2006, 19, p. 723-730.

Du collagène dans la peau

Anne Colonna et José Cotovio
Laboratoires de recherche de L'Oréal

Notre peau contient une famille de protéines en forme de fibres – les collagènes – qui s'assemblent selon une hiérarchie semblable à celle d'une corde : des fils sont tressés en brins, eux mêmes assemblés en cordelettes, etc. Elles finissent par constituer entre les cellules une véritable *armature* responsable des propriétés mécaniques du matelas cutané, et notamment de son élasticité. C'est une structure microscopique semblable, en forme d'éponge (la taille des alvéoles « vides » est comprise entre 50 et 100 micromètres), qui apparaît ici à l'aide d'une nouvelle forme de microscopie dite *multiphotonique*.

L'étude des structures collagéniques est particulièrement importante dans le cadre de la recherche sur la réparation de la peau et sur son vieillissement. Le principal avantage de la microscopie multiphotonique est qu'elle ne nécessite pas de préparer la peau, ni de la dénaturer en injectant des produits augmentant le contraste de tel ou tel tissu. Nous pouvons observer la peau normale (ou la peau reconstruite) *in vivo*, de manière non invasive. Le matériel dont nous nous servons est un microscope qui balaye l'échantillon à l'aide d'un faisceau laser. Nous n'utilisons pas de marqueurs fluorescents pour faire « briller » les structures étudiées lors du passage du faisceau. La molécule de collagène elle-même est en effet susceptible d'absorber un photon – un « grain » de lumière – avant de le restituer un peu plus tard, à condition que ce photon ait une couleur et une énergie bien particulières. En principe, notre laser émet des photons infrarouges d'énergie insuffisante pour cela. Mais si par hasard plusieurs de ces photons tombent *simultanément* sur le collagène et s'associent pour fournir l'énergie nécessaire, la molécule les absorbera avant de se

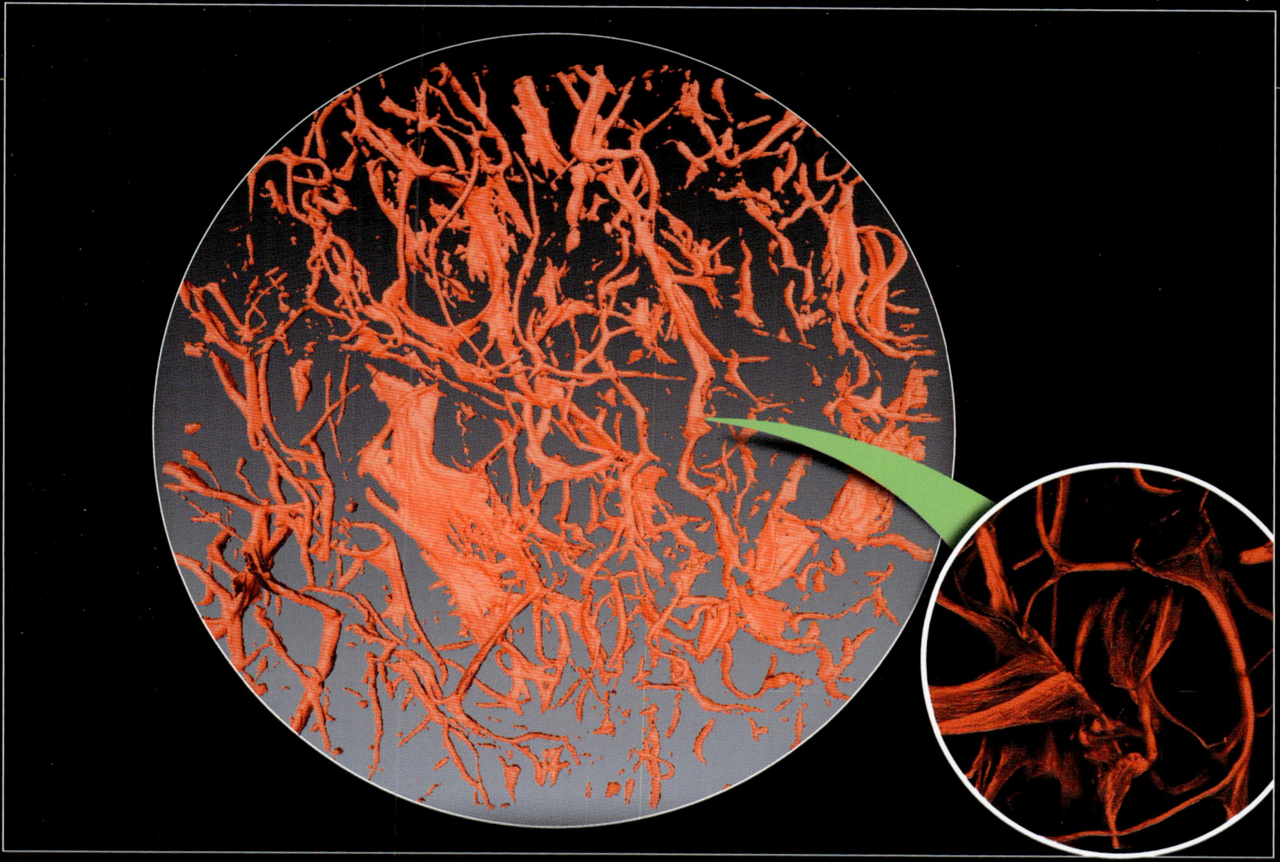

– 44 - 90 - 98 - 102 –

désexciter en émettant le photon visible qui la caractérise. Comme cette « coïncidence » n'a de chances de se produire que là où le faisceau est le plus intense – là où il est focalisé –, nous pouvons de surcroît réaliser une image en trois dimensions : on déplace le point focal pour qu'il balaye le *volume* de l'échantillon, en sachant que nous n'obtenons un signal lumineux que lorsqu'il passe sur du collagène.

Le microscope a été inventé en 1590, en Hollande, par Hans et Zacharias Janssen, opticiens lunetiers de leur état. Depuis cette époque, les instruments fournis aux sciences du vivant par les progrès de la physique ont suivi deux voies passablement distinctes. Pour voir l'intérieur du patient, les médecins ont tiré profit des méthodes d'imagerie non invasives inaugurées par la découverte des rayons X à la fin du XIXe siècle, qui se sont prolongées par le développement du scanner et, plus récemment, de l'IRM. Les biologistes *fondamentaux*, quant à eux, se sont souvent tournés vers les outils qui permettaient de s'avancer chaque fois un peu plus profondément dans le microcosme… souvent au prix de la mort de l'échantillon étudié. À notre époque où la recherche médicale exige d'observer le *déroulement* des phénomènes biologiques à l'échelle microscopique, voire moléculaire, ces deux chemins se rejoignent : l'imagerie médicale devient microscopique et la microscopie devient non invasive.

De nos jours, une synergie de compétences pluridisciplinaires alliant physiciens, biologistes et cliniciens, développe des prototypes performants de microscopes multiphotoniques capables d'étudier des tissus, *in vitro* comme *in vivo*. La microscopie multiphotonique a permis de repousser les frontières de la microscopie conventionnelle, limitée en particulier par la profondeur d'imagerie accessible. Elle permet de fournir une information micrométrique dans la profondeur des tissus – notamment parce que l'excitation infrarouge utilisée permet d'y pénétrer davantage –, et ainsi de réaliser une véritable *biopsie optique* de la peau.

Pour en savoir plus

« 2-photon laser scanning fluorescence microscopy », W. Denk, J.H. Strickler et W.W. Webb, *Science*, 1990, **248**, p. 73-76.

« Microscopies multi-harmoniques pour l'imagerie structurale de tissus intacts », D. Débarre, A.-M. Pena, W. Supatto, T. Boulesteix, M. Strupler, M.-P. Sauviat, J.-L. Martin, M.-C. Schanne-Klein et E. Beaurepaire, *Médecine sciences*, 2006, **10**, p. 845.

Goûter le microcosme

Philippe Hallégot

Laboratoires de recherche de L'Oréal

Le champ de cette image ne mesure que 40 micromètres de diamètre. Il s'agit d'une portion de coupe transversale d'un cheveu humain ! La couleur rouge souligne la medulla, le cortex apparaît en vert, ainsi que la cuticule, la couche compacte de cellules mortes dont une écaille se détache en bas du cliché. L'originalité de cette image – dite de *cartographie isotopique* – provient du fait que, contrairement aux autres techniques de microscopie, la délimitation des différentes zones colorées ne provient pas de l'absorption plus ou moins grande du faisceau éclairant par l'échantillon. Elle a en effet été obtenue en prélevant en chaque point de l'image d'infimes quantités de matière, dont la composition chimique a ensuite été analysée. On peut dire que si les microscopies classique ou à force atomique sont le prolongement de la vue et du toucher, c'est ici le sens du goût qui est étendu au microcosme !

Un cheveu est constitué, entre autres, d'atomes de carbone, d'azote et de soufre. Chacun de ces atomes à un poids différent. Le plus souvent, ce poids, mesuré en unités de masse atomique (l'équivalent de la masse du plus léger des atomes, l'hydrogène) est de 12 pour le carbone, de 14 pour l'azote et de 32 pour le soufre – il existe des versions plus ou moins lourdes de ces atomes, appelées *isotopes* (les carbones 13 et 14, par exemple), mais elles sont rares. Pour détecter la présence de ces atomes, on utilise une sonde ionique : un faisceau d'atomes chargés électriquement – des ions – érode la surface dont une infime portion est vaporisée. Cette vapeur d'atomes est ensuite « avalée » par un spectromètre de masse où les atomes sont en quelque sorte « centrifugés » et triés en fonction de leur poids. En répétant l'opération en différents points de l'échantillon, on obtient une image dont les plus petits détails ne mesurent que quelques dizaines de nanomètres. Dans le cas qui nous occupe, les zones où sont détectés simultanément le carbone 12, l'azote 14 et le soufre 32 sont indiquées en vert sur l'image composite. Elles correspondent essentiellement à la distribution des protéines soufrées comme les kératines – le constituant principal des poils et de la corne chez les mammifères, ou des plumes chez les oiseaux – présentes dans les cellules du cortex et de la cuticule. Les protéines ne contenant pas de soufre – celles contenues dans la medulla – sont représentées en rouge sur cette image.

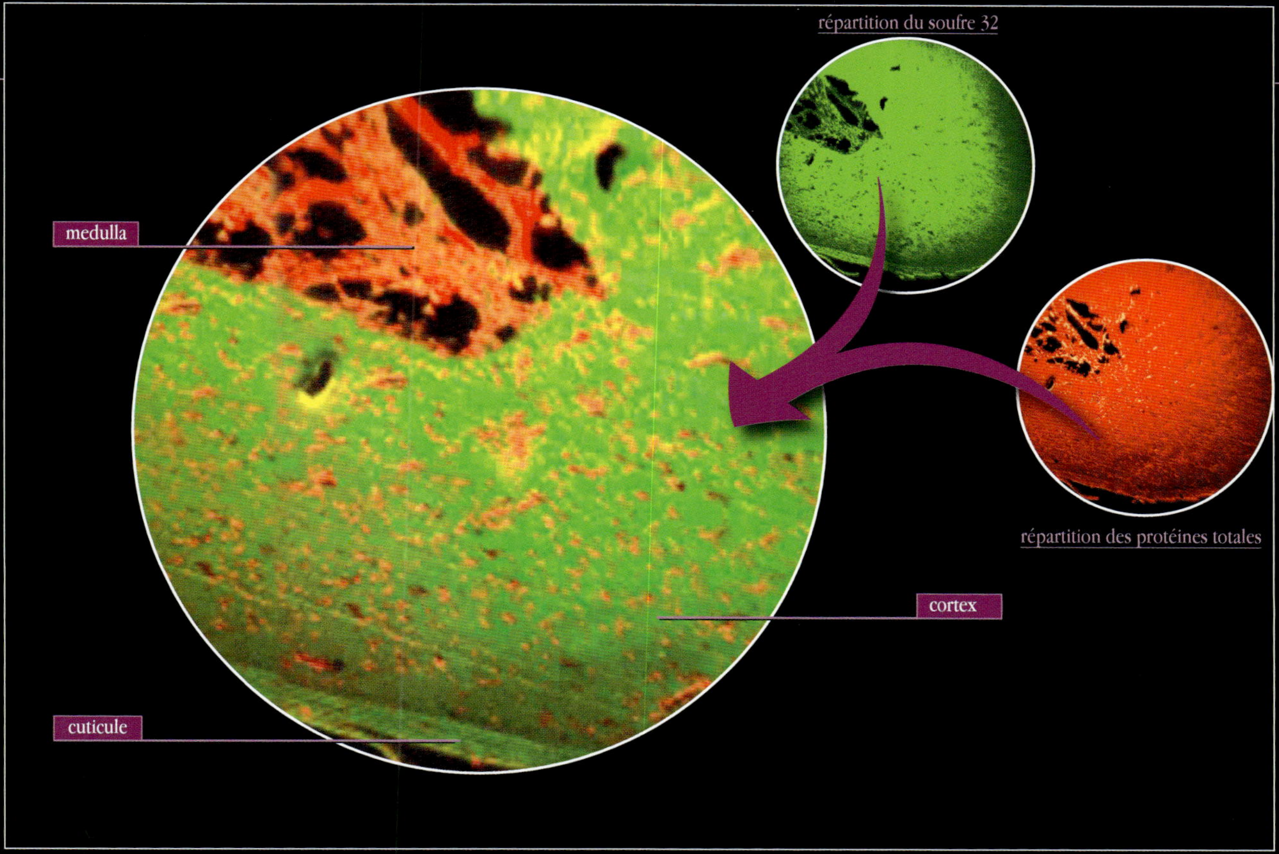

— 100 - 108 —

Pendant longtemps, les techniques d'analyse locale étaient très peu sensibles aux éléments légers tels l'azote et le carbone, et ne fournissaient des images qu'au bout de temps très long. Même après que ces défauts furent résolus en 1962 par Raymond Castaing et Georges Slodzian, grâce au développement de la technique SIMS (pour *secondary ion mass spectrometry*), on ne pouvait détecter à chaque « tir » de la sonde qu'un seul type d'atomes à la fois. Cependant, l'instrumentation a récemment fait un bond en avant : il est maintenant possible de détecter et de localiser plusieurs isotopes, radioactifs ou stables, en *mode parallèle*, c'est-à-dire simultanément pour un seul et même microvolume d'échantillon. L'imagerie par analyse chimique locale devient donc presque quantitative (dans le sens où l'on peut non seulement déterminer les types d'atomes présents, mais aussi leurs proportions relatives) et d'une précision bien supérieure dans la finesse des plus petits détails. Grâce à ces derniers développements, nous avons pu, pour la première fois, mettre en évidence l'existence à l'échelle de quelques nanomètres d'un réseau de protéines soufrées au sein même de la medulla. Ce réseau apparaît sur l'image sous la forme de points verts décorant les protéines non soufrées (elles-mêmes en rouge). Cette avancée est très intéressante parce que la medulla, peu étudiée car peu accessible aux techniques d'analyse globales, est suspectée de jouer un rôle important tant au niveau de l'aspect visuel que de la mécanique de la fibre capillaire.

De façon plus générale, depuis que l'on maîtrise les problèmes posés par l'analyse chimique locale, des instruments exploitables commercialement se sont répandus, qui ont « démocratisé » ces techniques de pointe dans la communauté scientifique. Elles trouvent désormais leurs applications aussi bien en biologie qu'en science des matériaux ou en pharmacologie.

Pour en savoir plus

« Microanalyse par émission ionique secondaire », R. Castaing et G Slodzian, *Journal de microscopie*, 1962, **1**, p. 395-410.

« Tissue localization of stable and radioactive nuclides by secondary ion microscopy », P. Galle, *Journal of Nuclear Medicine*, 1982, **23**, p. 52-57.

« High-resolution quantitative imaging of mammalian and bacterial cells using stable isotope mass spectrometry », C. Lechene *et al.*, *Journal of Biology*, 2006, **5**, p. 20-29.

« Ultra-structural cell distribution of the melanoma marker iodobenzamide: improved potentiality of SIMS imaging in life sciences », J.-L. Guerquin-Kern *et al.*, *BioMedical Engineering OnLine*, 2004, **3**, p. 10.

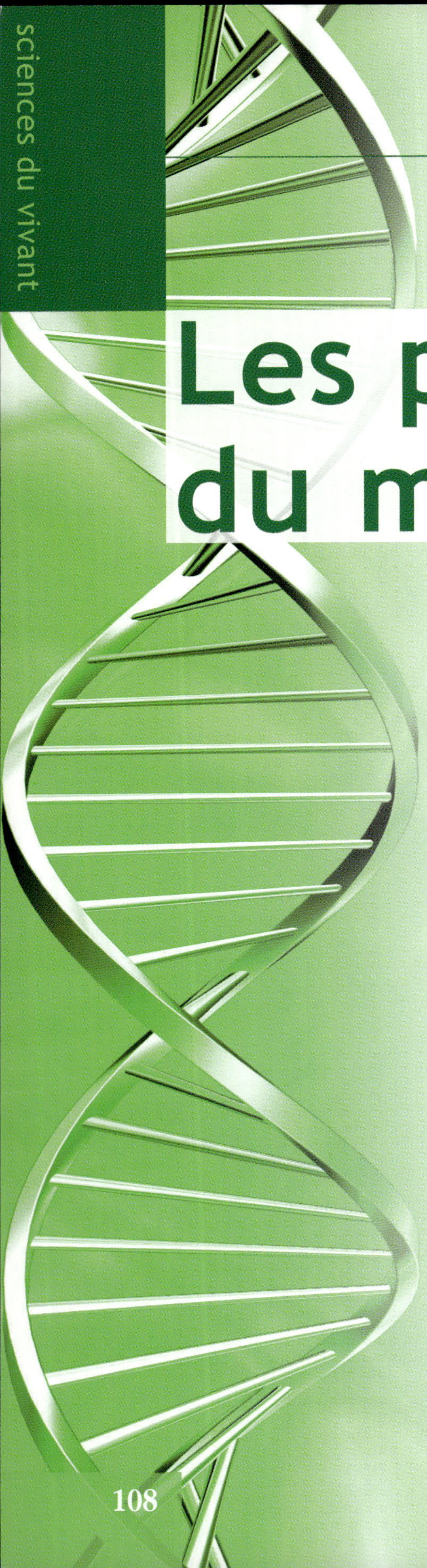

Les plus petites rides du monde

Gustavo Luengo et Anne Potter
Laboratoires de recherche de L'Oréal

Cette île mystérieuse est constituée, comme le montrent les deux grossissements successifs, d'un enchevêtrement de montagnes et de vallées, qui ne mesurent en réalité que quelques dizaines de nanomètres de hauteur ! Il s'agit d'un cornéocyte, l'une des cellules qui forment la couche la plus externe de notre peau : le *stratum corneum*, ou « couche cornée ». L'image révèle sa forme vaguement hexagonale – caractéristique des cornéocytes –, ainsi que sa surface très accidentée à cause de la présence, enchâssées dans la membrane cellulaire, de structures complexes à base de lipides et de protéines. Aucun microscope optique où électronique n'aurait pu fournir une telle image des *rides* à la surface d'une cellule. Elle est issue de la technique moderne de la microscopie à force atomique, qui consiste à enregistrer le relief d'une surface « à tâtons », à la manière d'un aveugle qui disposerait de doigts de quelques nanomètres…

Le cornéocyte est l'un des constituants majeurs du *stratum corneum*, dont le rôle est d'assurer la fonction de *barrière* de notre peau. Cette couche empêche notre corps de perdre son eau par évaporation et l'isole des agressions mécaniques, chimiques ou thermiques. En bref, elle nous protége du soleil, du vent, de la chaleur, des écarts de température dus au chauffage ou à la climatisation, de la pollution, des détergents ménagers, etc. Les cornéocytes, si importants pour réaliser cette fonction, sont des cellules mortes, le résultat final des changements morphologiques et biochimiques subis par les kératinocytes pendant leur voyage de la couche basale de la peau vers la surface. Si nous voulons trouver de nouveaux moyens de protéger ou de réparer la couche qu'ils composent, il est crucial de bien comprendre la façon dont les différents éléments des cornéocytes influent sur leurs propriétés physiques. La microscopie à force atomique est ici d'une aide précieuse, non

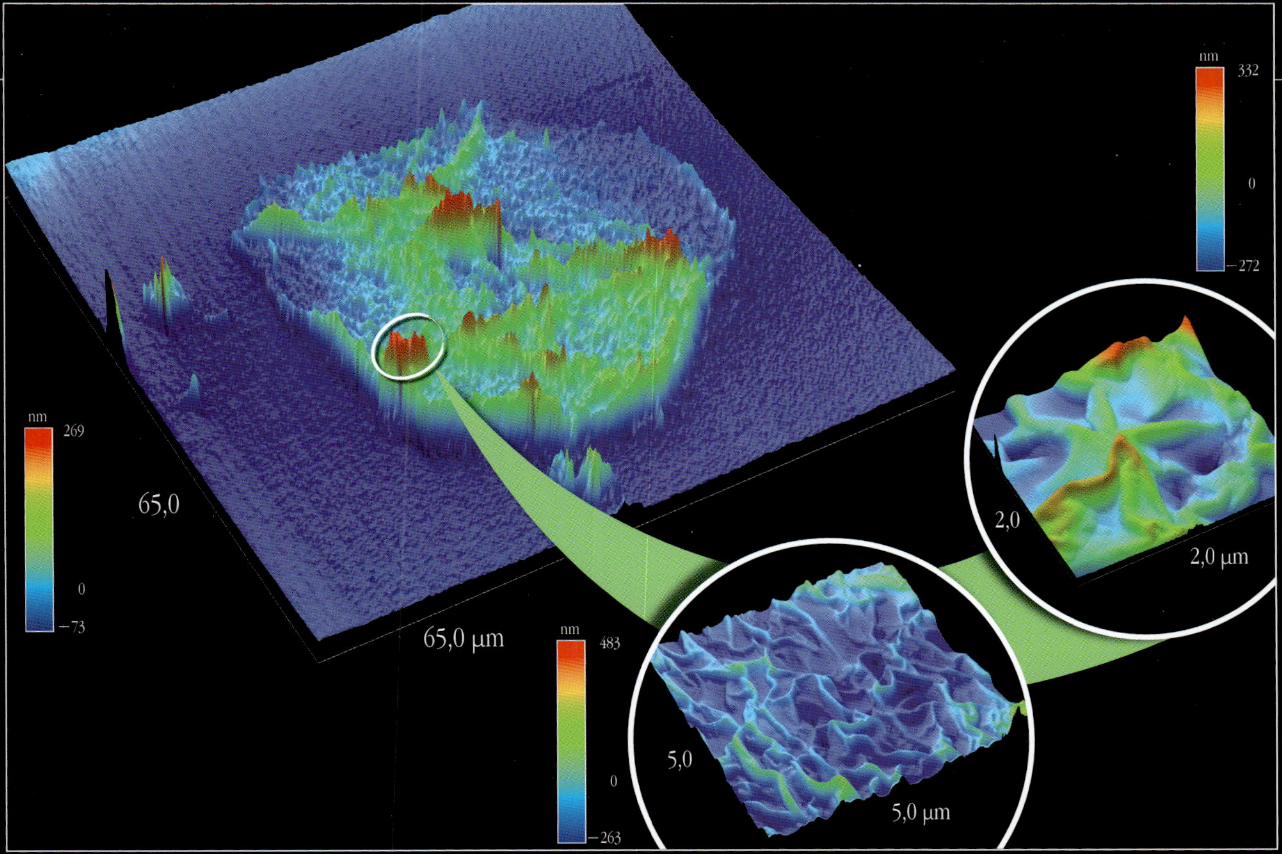

– 60 - 100 - 102 - 106 –

seulement pour visualiser la surface de ces cellules, mais aussi pour étudier la manière dont ses *rides* sont modifiées en fonction des traitements appliqués à la peau.

La microscopie à force atomique est une technique relativement récente, inventée en 1986 par Gerd Binnig et Calvin Quate. Depuis, de nombreuses équipes ont montré que l'on pouvait visualiser la topographie de nombreuses surfaces avec des grossissements très élevés (jusqu'à 1 000 000 de fois les dimensions initiales) et ceci, sans préparation particulière de l'échantillon, dans des conditions d'hygrométrie et de température ambiantes ou en l'immergeant simplement dans un liquide. Le principe est relativement simple : on promène sur la surface une pointe de silicium ou de nitrure de silice de taille nanométrique en suivant toutes les irrégularités du relief. En enregistrant les déplacements verticaux de la pointe, on visualise non seulement la topographie de la surface, mais aussi le type et l'intensité des forces – élasticité mécanique, adhésion, frottements – qui s'appliquent entre la surface de l'échantillon et la pointe du microscope. Ce type de microscopie dépasse donc la simple technique d'imagerie et permet de sonder les propriétés physiques du monde à une échelle nanométrique. L'expansion de ces techniques de caractérisation locale est inséparable du développement des nanotechnologies en général. Grâce à elles, nous sortons enfin de notre rôle de simples spectateurs du monde nanométrique pour commencer à comprendre comment interagir directement et physiquement avec lui. Les applications les plus connues concernent l'industrie microélectronique, où les efforts de miniaturisation auraient été impensables sans ces techniques ; elles sont pourtant maintenant appliquées à la caractérisation des polymères à l'échelle microscopique, à la métallurgie, au développement de nouveaux matériaux, etc.

Les applications biologiques sont quant à elles en plein essor. L'avantage est ici que, contrairement à ce qui se passe dans un microscope électronique – à transmission ou à balayage –, où les échantillons doivent être enchâssés dans une résine ou enveloppés d'une couche réfléchissante métallique avant d'être placés sous vide, nous pouvons travailler en immersion dans l'eau par exemple, dans des milieux compatibles avec la physiologie du monde vivant. Le fait que nous puissions étudier dans ces conditions non seulement la forme de la surface d'une cellule, mais aussi ses propriétés mécaniques, est très prometteur.

Pour en savoir plus

« Atomic Force Microscope », G. Binnig, C.F. Quate et C. Geber, *Physical Review Letters*, 1986, **56**(9), p. 930.

Stratum Corneum, R. Marks et G. Plewig, Springer, 1983.

Measuring the Skin, P. Agache et P. Humbert, Springer, 2004.

L'insoutenable légèreté de l'os

Françoise Peyrin
Laboratoire Creatis - Inserm U630 - UMR 5515 CNRS
European Synchrotron Radiation Facility (ESRF), Grenoble

Un os – comme celui qui est photographié ici à gauche – est constitué de deux types de structures : l'os cortical (au milieu en bas), qui constitue l'enveloppe externe, et l'os trabéculaire (au milieu en haut), appelé ainsi parce qu'il est constitué d'un enchevêtrement complexe de fines *travées*. Ces images ne sont pas de simples schémas, mais des représentations fidèles en trois dimensions d'échantillons prélevés sur un os réel. Elles sont obtenues par une technique d'imagerie médicale appelée *microtomographie par rayonnement synchrotron*. On peut naviguer dans ces biopsies virtuelles pour en extraire des images en coupe (en bas à droite) révélant la plus ou moins grande minéralisation de l'os (les niveaux de gris plus ou moins clair). On peut aussi leur appliquer des logiciels d'analyse automatique, comme celui qui révèle ici (en haut à droite) l'abondance, dans l'os trabéculaire, de tubes (en rose), par rapport aux travées plus massives en forme de plaque (en vert). Ces deux paramètres influent sur la solidité de l'os et sur l'une de ses pathologies les plus répandues : l'ostéoporose.

L'os est un tissu vivant perpétuellement renouvelé. Au cours de ce remodelage, les cellules osseuses coopèrent pour former et entretenir des structures qu'elles minéralisent en y fixant notamment le calcium apporté par l'alimentation. L'ostéoporose est une fragilité pathologique de l'os liée à une dégénérescence de ces processus. Elle se traduit par une perte osseuse et par une altération de la *qualité* des tissus : on a notamment remarqué que les travées tubulaires ont alors tendance à remplacer les travées en plaques. Pour mieux comprendre ces phénomènes, il est nécessaire d'accéder à des informations en trois dimensions à une échelle inférieure à 100 micromètres… toutes choses qui n'étaient possibles jusqu'ici qu'en prélevant des échantillons et en les débitant en lames minces destinées au microscope. En fournissant une méthode d'observation non destructive, la microtomographie a changé la donne.

La tomographie est une forme perfectionnée de la radiographie. Alors que sur une radiographie, l'avant-plan, l'arrière-plan et toute l'épaisseur du patient apparaissent superposés sur la même image, on tire ici des faisceaux de rayons X dans une multitude d'axes différents – autrement dit, on prend de nombreuses radiographies – et on utilise les informations ainsi obtenues pour *reconstituer* une image en trois dimensions. Si les tomographes utilisées en médecine, appelés aussi scanners X et apparus dans les années 1970, sont bien adaptés pour observer l'anatomie humaine, ils ne permettent toutefois pas de voir des détails aussi fins que les travées osseuses.

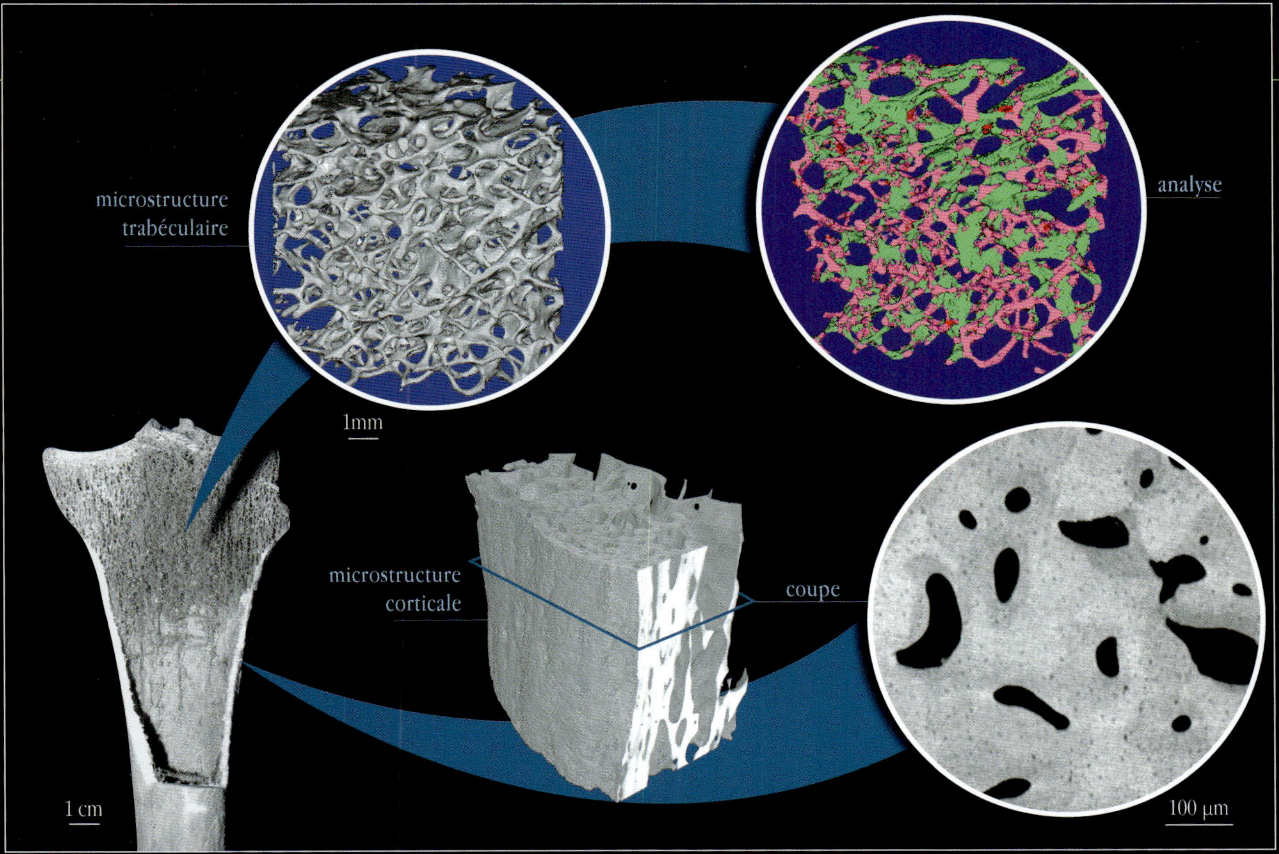

– 50 - 94 - 124 - 204 –

Les progrès réalisés depuis une dizaine d'année dans les domaines de la microélectronique et des détecteurs ont permis de franchir une nouvelle étape dans les résolutions accessibles : on parle dorénavant de microtomographie. De plus, l'utilisation du rayonnement émis par des électrons circulant à très grande vitesse dans des accélérateurs de particules (les synchrotrons) permet de fournir des faisceaux X d'une qualité et d'une précision comparables à ce que les lasers ont offert dans le domaine de la lumière visible. Grâce à ces nouvelles technologies, on peut désormais accéder à une tomographie assez fine pour rendre visibles des détails inférieurs au micromètre. Bien entendu, de telles avancées demandent de mettre au point de nouvelles méthodes d'analyse des images 3D et de pouvoir traiter rapidement, de façon automatique, de très gros volumes de données (chaque image pèse entre un et quatre gigaoctets !). Par ailleurs, pour mettre des chiffres utiles sur le genre de structures que nous observons, nous devons faire appel à des concepts développés par les mathématiciens dans le cadre de ce qu'ils appellent la *topologie* et la *théorie des graphes* (et dont on se sert aussi bien pour étudier les réseaux de relations sociales que pour estimer la robustesse de l'Internet). La coopération étroite entre des chercheurs de différents horizons – des sciences du vivant aux mathématiques en passant par l'informatique et la physique – devient donc indispensable !

L'enjeu des recherches sur l'ostéoporose est de mieux comprendre la fragilité osseuse afin de mieux identifier les patients à risque et d'agir de façon préventive. L'imagerie multiplie les axes de recherches possibles. On pourra, par exemple, étudier l'effet d'un nouveau traitement en analysant des échantillons prélevés sur des patients ostéoporotiques. On pourra aussi identifier les altérations de la structure des os qui ont le plus d'impact sur leur résistance, en analysant des échantillons soumis à des tests mécaniques. Il sera possible de travailler sur des modèles animaux, ou encore d'étudier des méthodes de réparation à l'aide de matériaux de synthèse. Finalement, on peut espérer développer des instruments d'imagerie « de poche » – qui n'auront pas besoin d'avoir une résolution aussi élevée que les outils de recherche – facilitant le diagnostic de la maladie chez l'homme.

Pour en savoir plus

« Quantification of the degree of mineralization of bone in three dimension using Synchrotron Radiation Microtomography », S. Nuzzo, F. Peyrin, P. Cloetens, J. Baruchel et G. Boivin, *Medical Physics*, novembre 2002, 19(11), p. 2672-2681.

« Synchrotron radiation microtomography allows the analysis of three-dimensional micro-architecture and degree of mineralization of human iliac crest biopsies: effects of etidronate treatment », S. Nuzzo, M.-H. Lafage-Proust, E. Martin-Badosa, G. Boivin, T. Thomas, C. Alexandre et F. Peyrin, *Journal of Bone et Mineral Research*, août 2002, 17(8), p. 1372-1382.

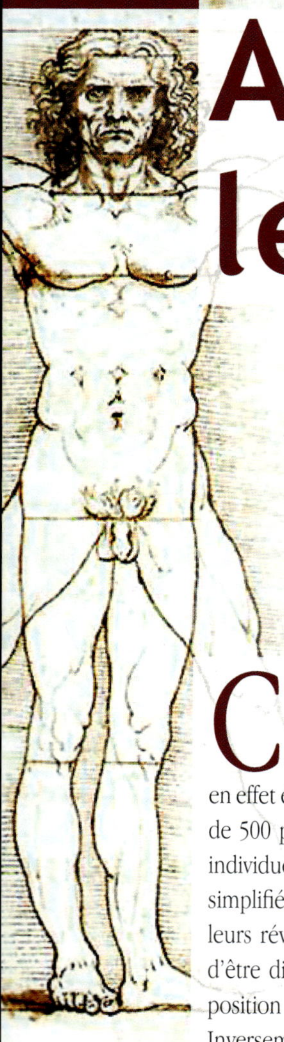

Avons-nous tous le même cerveau ?

Xavier Pennec et Pierre Fillard

Équipe-projet Asclepios de l'Institut national de recherche en informatique et automatique (Inria), Sophia-Antipolis

Ce cerveau (vu de côté à gauche et de dessus à droite) n'appartient à personne… et à (presque) tout le monde ! Ces images ont en effet été réalisées à partir d'images IMR du cerveau de 500 personnes, où l'on a gommé les différences individuelles. Il s'agit donc de la surface *moyenne* simplifiée du cortex de ces 500 personnes. Les couleurs révèlent les zones qui ont le plus de chances d'être différentes d'un individu à un autre : plus la position d'un point est variable, plus elle est rouge. Inversement, un point localisé de la même manière chez tous les sujets est affiché avec une couleur froide (bleu). Ainsi, la couleur rouge signifie qu'en moyenne, la position correspondante chez les individus se trouve dans une boule d'environ 6 millimètres de rayon centrée sur la position moyenne présentée ici. On observe une variabilité forte dans les régions du cerveau les plus latéralisées, par exemple celles qui correspondent aux aires fonctionnelles du langage. On pouvait presque s'y attendre : ces aires sont en effet celles qui se développent le plus tardivement, lors de l'apprentissage de l'enfance, et elles ont donc *a priori* le plus de chance d'être très différentes d'une personne à l'autre.

La surface du cerveau – le cortex – est très intensément plissée (de façon à ranger un grand cortex dans le volume compact de la boîte crânienne). Certains des sillons – représentés numériquement par des *lignes sulcales* – sont communs à tout le monde, ce qui en fait de bons repères géométriques pour comparer différents cerveaux entre eux. À partir d'environ 80 lignes par cerveau – les plis présents sur l'image dans lesquels apparaissent de petits ovales colorés –, nous avons calculé pour chaque sillon la ligne moyenne, ainsi que l'écart à cette moyenne pour chaque individu. Cette variabilité autour de chaque position moyenne est figurée dans les images par des ellipsoïdes qui représentent l'espace atteignable par un même point dans la population des sujets. En utilisant des techniques mathématiques de pointe, nous avons pu étendre cette information mesurée sur les seules lignes sulcales à tout le cortex. Les couleurs représentent ici l'amplitude moyenne des variations, mais d'autres quantificateurs sont possibles, comme la direction de plus forte variabilité, qui fournit une information tout aussi pertinente.

La forme de la surface du cerveau est très différente d'un sujet à un autre. À l'échelle de la dizaine de centimètres, quelques dizaines de sillons corticaux séparant les circonvolutions principales se retrouvent chez tous les sujets avec un positionnement géométrique relativement variable. À des échelles inférieures, des dizaines d'autres sillons

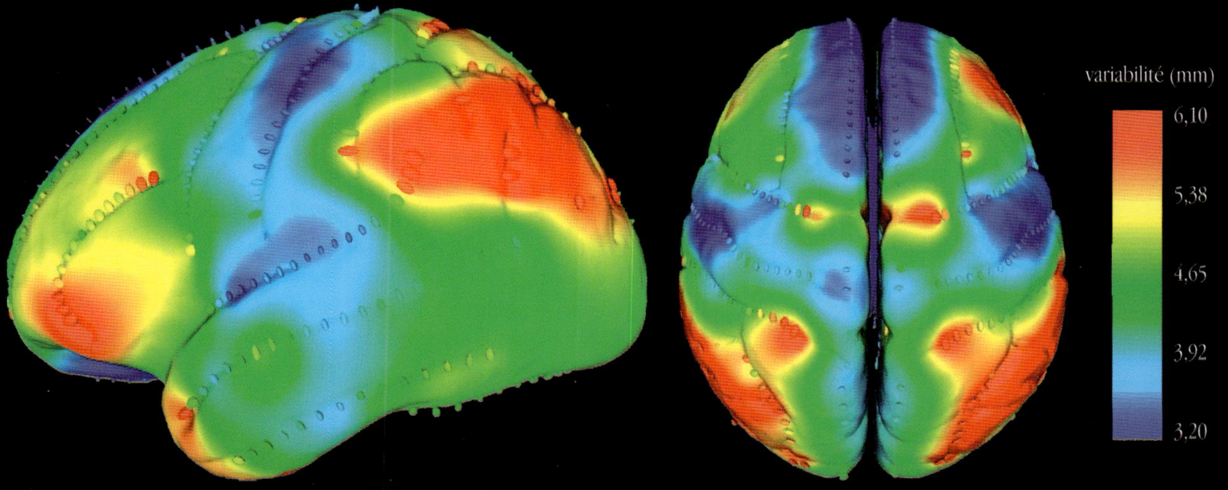

– 116 –

ne se retrouvent que chez certains individus et il est difficile à l'heure actuelle de faire correspondre les sillons présents chez un individu avec ceux que l'on trouve chez un autre. Pour explorer statistiquement l'anatomie du cerveau à ces échelles, il est nécessaire de comprendre d'abord la variabilité aux échelles les plus grandes. La variabilité de formes anatomiques complexes dans de grandes populations de sujets est l'objet de l'anatomie algorithmique, une thématique de recherche qui prend une importance croissante depuis quelques années. Le but est non seulement de modéliser la forme moyenne (ou plutôt les formes caractéristiques) des organes humains, mais aussi leur variabilité, avec l'espoir de relier ces différences à des informations génétiques ou fonctionnelles. On espère ainsi mieux comprendre les liens entre la forme et la fonction (ce qui est un peu, dans le cas du cerveau, le rêve caressé autrefois par ceux qui croyaient à l'existence de la « bosse des maths » !), voire découvrir de nouveaux indices permettant d'identifier et de classer des pathologies.

La connaissance fine de la variabilité anatomique facilite l'interprétation des images médicales et permet même parfois de compléter les données manquantes sur des zones auxquelles on n'accède pas. Par exemple, l'acquisition d'images d'IRM de diffusion, grâce auxquelles on reconstruit les fibres nerveuses, est très difficile en clinique (manque de disponibilité des machines IRM, temps d'acquisition trop long pour le patient). En comparant un sujet aux données d'un atlas complet (un sujet virtuel moyen), on estime la façon dont s'organise probablement les zones de son cerveau pour lesquelles les données manquent. De tels atlas permettent aussi d'automatiser certaines tâches lourdes du chirurgien ou du radiothérapeute (par exemple le marquage des structures à risque qu'il est vital de préserver pour la survie du patient). Le modèle de variabilité est une avancée décisive grâce à laquelle l'anatomie descriptive ne repose plus simplement sur un exemple représentatif unique, mais sur un modèle informatique représentatif de toute une population et personnalisable à chaque patient.

Pour en savoir plus

« Measuring brain variability by extrapolating sparse tensor fields measured on sulcal lines », P. Fillard, V. Arsigny, X. Pennec, K.M. Hayashi, P.M. Thompson et N. Ayache, *Neuroimage*, janvier 2007, 34(2), p. 639-650.

« Place de l'anatomie dans la cartographie fonctionnelle du cerveau », J.-F. Mangin *et al.*, *Annales de l'Institut Pasteur – Actualités – La neuro-imagerie*, 1998, 9(3), p. 243-258.

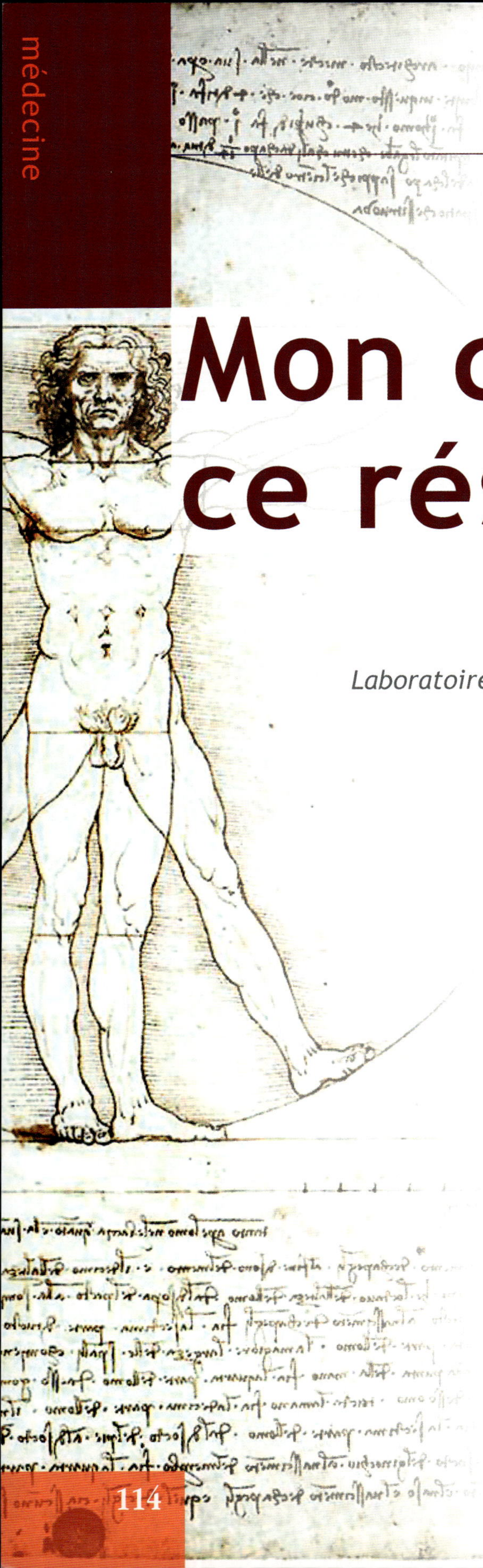

Mon cerveau ce réseau

Nicolas Passat

Laboratoire des sciences de l'image, de l'informatique et de la télédétection (LSIIT) - UMR 7005
CNRS-Université Louis Pasteur, Strasbourg

Les principales artères et veines – celles dont le diamètre dépasse 1 millimètre – alimentant le cerveau d'un individu sont visualisées sous la forme d'un modèle tridimensionnel. On applique informatiquement sur ce modèle un rendu en fausses couleurs pour indiquer la taille des différents vaisseaux (des plus fins, en rouge, aux plus larges, en vert). Ce modèle vasculaire a lui-même été intégré dans une représentation des structures internes du crâne (en bleu et en transparence) afin de mettre en évidence les rapports entre les vaisseaux et les organes avoisinants. Malgré une apparente complexité, ce réseau est parfaitement organisé. Il se compose d'une double arborescence : la première (arborescence artérielle) est issue des artères vertébrales et des carotides internes, et alimente le cerveau en sang, tandis que la seconde (arborescence veineuse) draine le sang déchargé de son oxygène jusqu'aux veines jugulaires.

L'image est issue d'une IRM visualisant les structures du cerveau et d'une IRM visualisant le flux sanguin. Elle a été obtenue par segmentation, une technique qui consiste à mettre en évidence les structures qui nous intéressent en les séparant des régions non pertinentes de l'image. On a d'abord extrait des informations statistiques sur les vaisseaux (position, taille, orientation), puis on les a fusionnées en un seul et unique atlas anatomique. Guidé par cet atlas, le programme de segmentation a alors pu, à l'instar d'un expert humain, détecter les structures vasculaires présentes dans les IRM du patient en adaptant son approche aux vaisseaux recherchés et aux endroits de l'image étudiés. Cet exemple illustre parfaitement ce qu'est aujourd'hui le traitement de l'imagerie médicale : un ensemble de techniques grâce auxquelles on reconstitue l'invisible à partir de multiples sources d'informations.

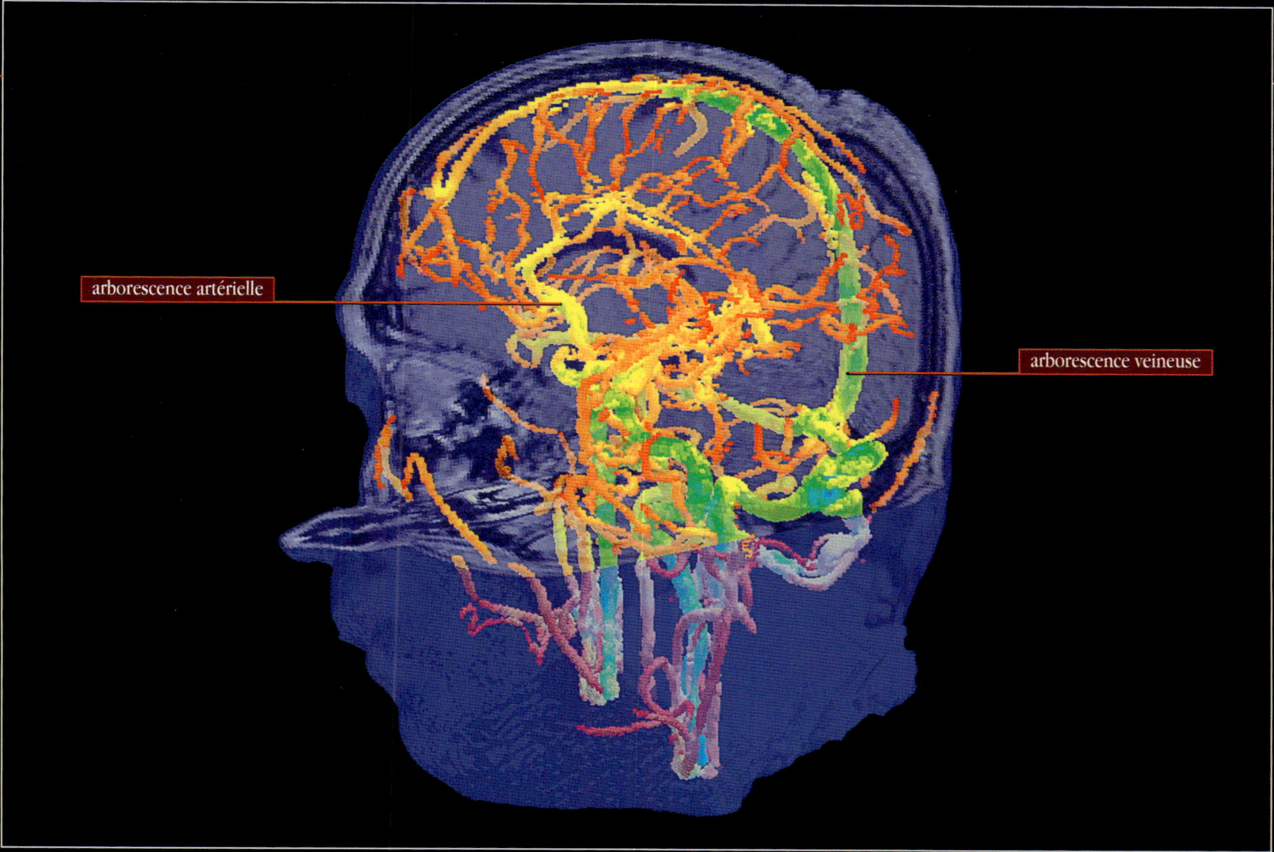

– 118 –

L'avènement de différentes techniques d'imagerie (imagerie par résonance magnétique, par rayons X, etc.) a permis l'observation des organes internes sans avoir recours à la chirurgie. Si ces techniques ont engendré de multiples progrès dans la prévention et le traitement de nombreuses pathologies, elles produisent désormais des images de plus en plus précises, complexes, volumineuses et nombreuses, ce qui augmente sensiblement la charge de travail des médecins. Dans ce contexte, le traitement des images médicales est une discipline en pleine expansion. Son objectif est de faciliter, d'assister, voire d'automatiser les tâches d'analyse des images produites et ainsi d'aider les médecins et les autres acteurs médicaux dans leur diagnostic. Pour ce faire, il faut disposer de techniques souples qui s'adaptent aux spécificités et à la variabilité inhérentes au vivant. Ainsi les nouvelles techniques où des machines mettent en évidence la structure de tel tissu ou de tel organe chez un patient, à partir de connaissances *a priori* sur leur aspect en général, s'approchent de plus en plus de ce que font les médecins. Un défi important reste néanmoins à franchir : se dispenser de toute assistance humaine nécessite, en effet, de développer des solutions pour extraire, modéliser et utiliser à bon escient ces sources de connaissance *a priori*.

L'imagerie médicale est une science jeune (à peine quelques décennies d'existence). Elle a néanmoins révolutionné notre vision et notre compréhension de l'être humain, mais également notre capacité à le soigner. Le traitement des images médicales, par les progrès et les nouveautés technologiques qu'il engendre, déclenchera-t-il une nouvelle révolution ? Dans le cas présenté ici, il est possible que les avancées futures liées à l'analyse des structures vasculaires cérébrales améliorent notre compréhension des anomalies vasculaires congénitales et nous aident à anticiper les accidents vasculaires cérébraux dus, entre autres, à des malformations.

Pour en savoir plus

« Magnetic resonance angiography: from anatomical knowledge modeling to vessel segmentation », N. Passat, C. Ronse, J. Baruthio, J.-P. Armspach et C. Maillot, *Medical Image Analysis*, 2006, **10(2)**, p. 259-274.

Les autoroutes de l'information neuronale

Xavier Pennec et Pierre Fillard

Équipe-projet Asclepios de l'Institut national de recherche en informatique et automatique (Inria), Sophia-Antipolis

L'IRM de diffusion (IRMd) est une méthode récente grâce à laquelle on mesure *in vivo* le mouvement aléatoire moyen des molécules d'eau en chaque point d'un tissu vivant. On établit alors une carte des directions privilégiées dans lesquelles ces molécules d'eau se déplacent, carte qui reflète la structure microscopique des tissus qu'elles imprègnent. Sur l'image en médaillon, les petits ovales représentent l'espace atteignable par les molécules d'eau pendant un bref laps de temps fixé. Les couleurs indiquent la direction de diffusion privilégiée : de gauche à droite (en rouge), d'avant en arrière (en vert) ou verticalement (en bleu). Ces directions révèlent que la diffusion de l'eau est *guidée* dans certaines directions par les fibres nerveuses. La grande image montre en 3D quelques-uns des faisceaux de fibres que l'on a reconstruits à partir des informations de l'image en médaillon. On y reconnaît (en vert) le faisceau corticospinal – la voie de la motricité reliant les centres de contrôle du cortex à la moelle épinière –, ainsi que les faisceaux dits du « genou » et du splénium – deux zones du cerveau qui véhiculent l'information transitant entre les deux hémisphères cérébraux (en rouge et en bleu foncé).

Schématiquement, le corps des neurones est situé dans la matière grise, à la surface du cerveau (le cortex), tandis que leurs axones plongent vers l'intérieur telles des racines et forment des faisceaux (les fibres nerveuses) connectant des zones du cortex éloignées. En surface, la matière grise s'organise en zones de traitement de l'information ayant chacune une spécialisation : les aires corticales de la vision, les centres de commande des doigts ou des membres, etc. L'imagerie fonctionnelle s'efforce de découvrir la fonction de ces aires. Pour comprendre comment ces fonctions se combinent et forment la pensée, il faut cartographier la connectivité de ces zones et leur organisation en réseau. De surcroît, l'intégrité de ces fibres est tout aussi importante pour le bon fonctionnement du cerveau que les aires corticales elles-mêmes. Grâce à l'IRM de diffusion, il est possible d'évaluer l'impact d'un traumatisme sur les faisceaux nerveux : un faisceau a-t-il été coupé ? si oui, lequel ? On peut évaluer aussi l'impact d'autres pathologies : une tumeur cérébrale déforme-t-elle, ou détruit-elle des fibres ? Le chirurgien peut-il y accéder sans détruire un faisceau important, voire vital pour le patient ? La connaissance de la direction des fibres permet aussi de mieux modéliser la propagation de cellules tumorales, et permettra sans doute dans le futur de mieux focaliser le traitement par radiothérapie.

Nos recherches visent à développer de nouvelles méthodes mathématiques afin d'exploiter au mieux toute l'information contenue dans les images d'IRMd. Les objets

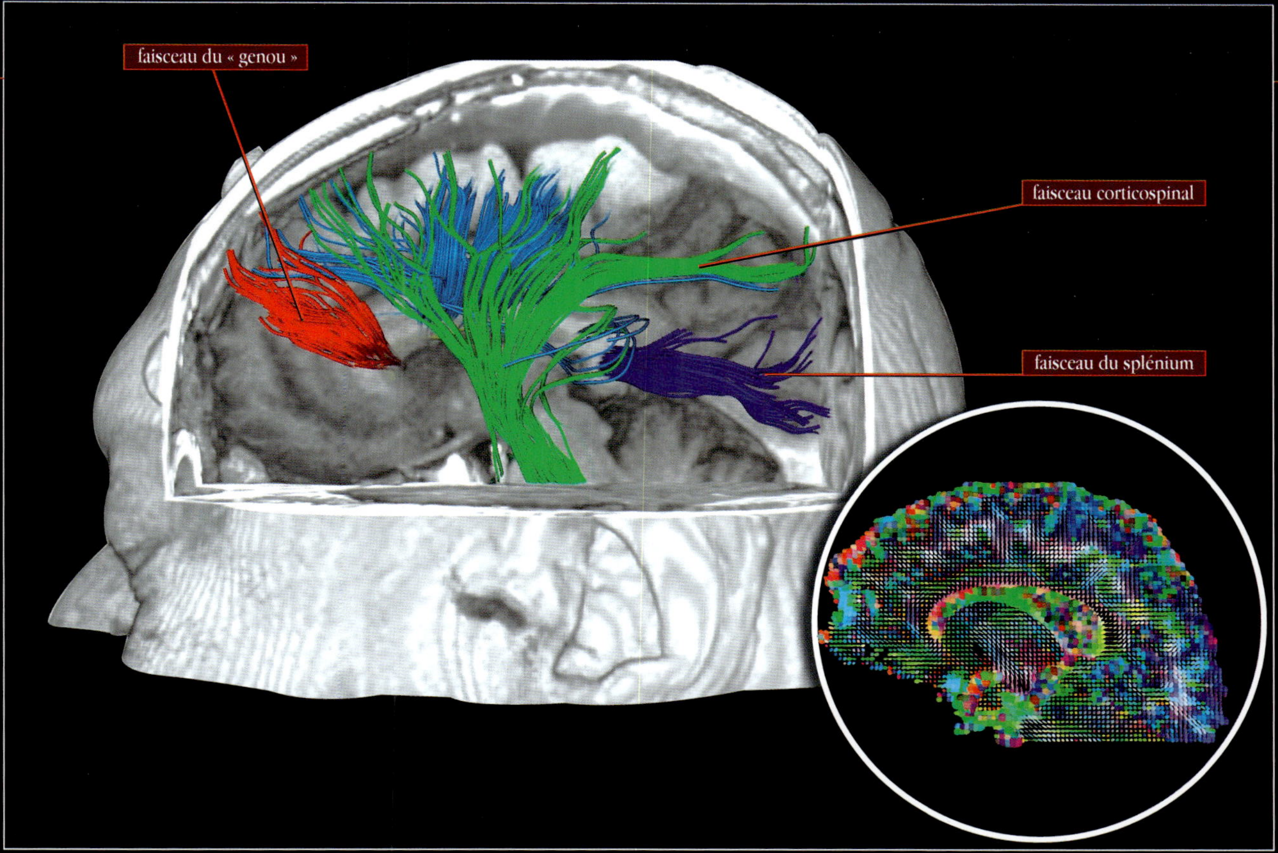

— 112 - 210 —

mathématiques utilisés pour décrire les directions privilégiées de la diffusion sont appelés des tenseurs. Ils « vivent » dans un espace abstrait – qui n'a rien à voir avec l'espace réel – intrinsèquement courbe : autrement dit, les relations entre les différents tenseurs s'apparentent d'avantage aux relations qui existent entre les figures que l'on dessine à la surface d'une sphère (où, par exemple, la somme des angles d'un triangle n'est pas toujours égale à 180°) qu'aux relations de la géométrie usuelle qui ne s'appliquent que dans un plan. En tenant compte de cette nature courbe de l'espace des tenseurs, nous avons dû mettre au point des méthodes de calcul radicalement nouvelles grâce auxquelles on arrive à reconstruire des images beaucoup plus précises. Le but est finalement de créer des modèles numériques de la structure du cerveau. L'avantage est que l'on peut désormais modéliser l'anatomie du cerveau de chaque sujet avec toutes ses particularités, et ainsi y adapter la réponse médicale.

L'IRM de diffusion est un outil unique pour cartographier l'architecture anatomique du cerveau *in vivo* et sans dommages. Auparavant, on ne pouvait se fonder que sur l'étude au microscope de coupes de cerveau *post mortem* ! Mais elle n'est pas utilisée qu'en neurosciences : on assiste actuellement à un intérêt croissant pour cette technique en recherche clinique. Depuis plusieurs années, elle sert au diagnostic d'une attaque cérébrale : un caillot bloquant la circulation sanguine restreint en effet la quantité d'eau disponible, et donc sa diffusion dans les parties du cerveau atteintes, alors qu'une hémorragie produit un surplus d'eau dont la diffusion est très visible. On peut ainsi choisir rapidement et sûrement le traitement adapté (schématiquement, un fluidifiant ou un épaississant du sang) et sauver des zones du cerveau encore récupérables. Il semble que les méthodes de diffusion soient également utiles pour caractériser la nature de certains tissus, en particulier dans les tumeurs cancéreuses. La souplesse de la technique permettrait alors de détecter précocement certains cancers.

Pour en savoir plus

« A riemannian framework for tensor computing », X. Pennec, P. Fillard et N. Ayache, *International Journal of Computer Vision*, janvier 2006, **66(1)**, p. 41-66.

« Log-euclidean metrics for fast and simple calculus on diffusion tensors », V. Arsigny, P. Fillard, X. Pennec et N. Ayache, *Magnetic Resonance in Medicine*, août 2006, **56(2)**, p. 411-421.

« MedINRIA: DTI processing and visualization software (http://www-sop.inria.fr/asclepios/software/MedINRIA/) », P. Fillard, N. Toussaint et X. Pennec, *Proceedings of the Similar tensor Workshop*, Las Palmas, novembre 2006.

De bons tuyaux pour penser

Franck Plouraboué et Caroline Fonta
Institut de mécanique des fluides de Toulouse (IMFT) - UMR 5502
Centre de recherche Cerveau et cognition (CerCo) - UMR 5549
CNRS-Université Paul Sabatier

Un morceau de matière grise d'un demi-millimètre d'épaisseur prélevé *post-mortem* à la surface du cortex cérébral d'un primate a été rendu transparent par la *magie* de l'imagerie. On observe alors l'extraordinaire complexité du système de vaisseaux sanguins qui l'irriguent. Le maillage des gros vaisseaux situés en surface – la pie-mère – se ramifie pour infiltrer ses prolongements en profondeur. Des vaisseaux de *grand* diamètre (en fait moins de 10 micromètres !) en descendent verticalement et constituent en quelque sorte des « colonnes d'alimentation ». Une forêt touffue de capillaires s'y enracine, semble-t-il sans orientation préférentielle, et *remplit* presque complètement le volume étudié.

Cette image illustre de façon spectaculaire que le cortex cérébral est le siège de processus de traitement de l'information d'une puissance phénoménale : que l'on songe, par exemple, à l'incroyable capacité du cerveau humain à reconnaître presque instantanément un visage familier dans une foule. Ces processus sont extrêmement gourmands en énergie : chez l'homme, le cerveau consomme en permanence de 20 à 25 % de l'oxygène et du sucre apporté par le sang dans tout l'organisme. Rien d'étonnant donc que la substance grise (la partie superficielle du cortex) exige un tel réseau d'irrigation ! Mais cette région est aussi le siège d'accidents vasculaires qui ont trop souvent des conséquences graves et dont la compréhension nécessite désormais de pouvoir cartographier le réseau vasculaire avec une précision de l'ordre du micromètre. Comment faire ? Nous avons injecté dans le réseau sanguin un produit contenant du baryum afin d'en augmenter le contraste aux rayons X par rapport aux autres tissus. Les données recueillies par un tomographe – un appareil aussi appelé scanner qui prend de nombreuses « radios » avec différents angles de prise de vue – ont ensuite servi à reconstituer cette image en trois dimensions. Les outils mathématiques de la théorie des réseaux nous permettent, à partir de telles images, de caractériser la façon dont les colonnes corticales peuvent distribuer le sang dans le lit capillaire. Cette théorie consiste, pour aller vite, à quantifier les différents chemins qui permettent d'aller d'un point à un autre dans un réseau. Elle a désormais de très nombreuses applications. Dans le cas qui nous occupe, elle nous aide à étudier la possibilité pour une colonne défectueuse d'être remplacée par ses voisines, et à savoir si cela modifie la qualité de l'irrigation sanguine du tissu cérébral.

Même si les rayons X ont été découverts par Röntgen en 1895, les physiciens n'ont mis au point les sources qui

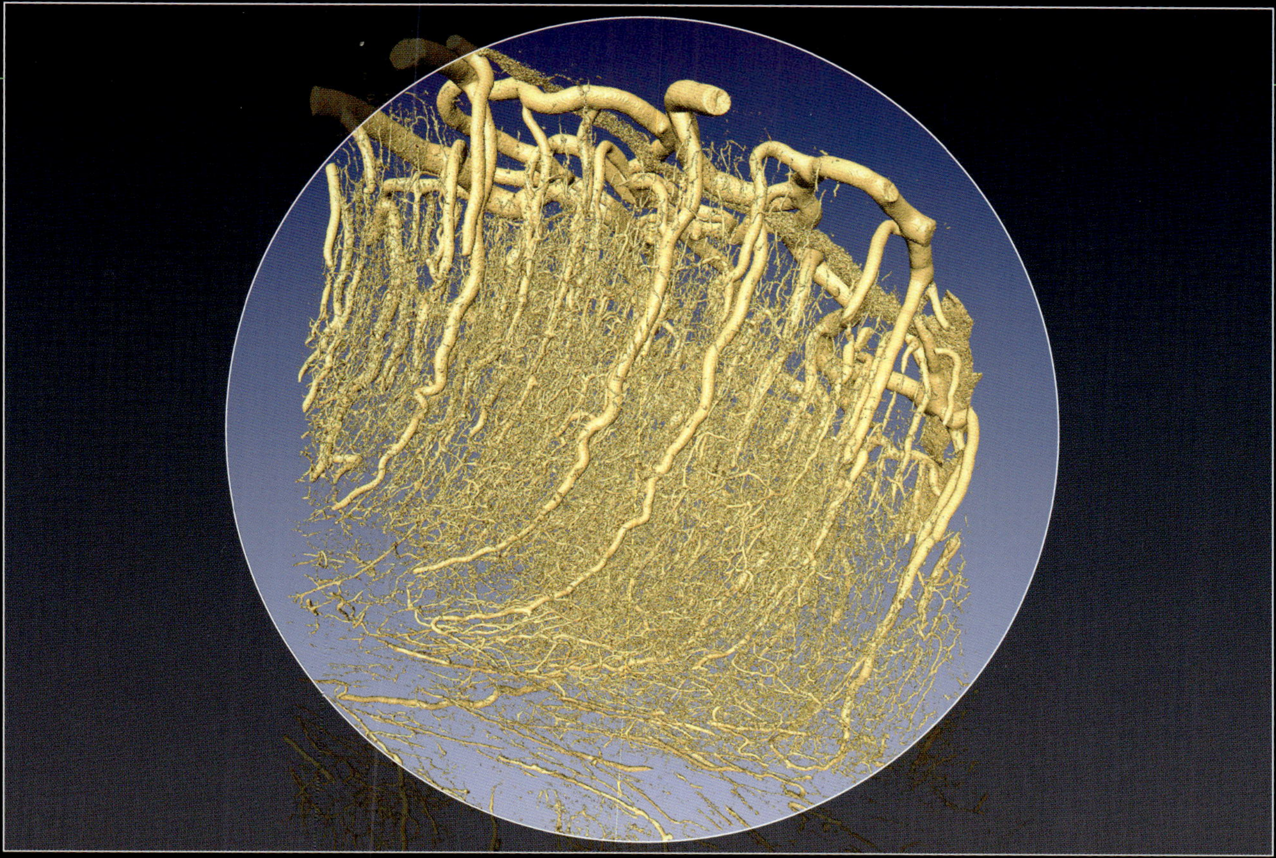

– 50 - 114 - 210 –

rendent nos travaux possibles que depuis quelques années. Il s'agit de synchrotrons, des accélérateurs – autrefois surtout utilisés par les physiciens des particules – où l'on fait tournoyer des électrons à des vitesses comparables à celle de la lumière. Ils délivrent des faisceaux X très intenses et très *monochromatiques* (littéralement « d'une seule couleur », c'est-à-dire dont les radiations sont toutes proches d'une même longueur d'onde). Cette qualité des faisceaux autorise désormais non seulement un réglage très fin de la longueur d'onde et de l'intensité utilisée en fonction des propriétés absorbantes des tissus que l'on veut sélectionner à l'image, mais aussi une résolution spatiale de l'ordre du micromètre. On ne parle alors plus de simple tomographie (une technologie qui a en fait une trentaine d'années), mais de microtomographie. L'échelle de l'image présentée ici donne une idée de cette précision : elle représente en effet, de bas en haut, deux millimètres de cortex avec une précision d'un millième de millimètre...

L'application de la microtomographie par rayonnement synchrotron permet une meilleure prévision de l'impact des accidents vasculaires cérébraux. Ces derniers se produisent en amont des capillaires, au niveau des artérioles descendantes, dont on sait désormais qu'elles constituent un « goulot d'étranglement » du réseau. Les images obtenues permettent pour la première fois de cartographier les territoires privés de sang lors d'une thrombose de ces artérioles. Par ailleurs, elles sont essentielles dans la lutte contre le cancer, car l'analyse de la microvascularisation des tumeurs est nécessaire si l'on veut mieux comprendre l'impact des radiothérapies. Finalement, on peut espérer que dans un avenir proche, la *lumière synchrotron* sera utilisée pour imager et soigner les tumeurs de patients.

Pour en savoir plus

« High resolution X-ray imaging of vascular network », F. Plouraboué, P. Cloetens, C. Fonta, A. Steyer, F. Lauwers et J.-P. Marc-Vergnes, *Journal of Microscopy*, 2004, **215**(2), p. 139-148.

« Penetrating arterioles are a bottleneck in the perfusion of neocortex», N. Nishimura, C.B. Schaffer, B. Friedman, P.D. Lyden et D. Kleinfeld, *Proceedings of the National Academy of Sciences*, 2006, **104**(1), p. 365.

« From homogeneous to fractal normal and tumorous micro-vascular networks in the brain », L. Risser, F. Plouraboué, A. Steyer, P. Cloetens, G. Le Duc et C. Fonta, *Journal of Cerebral Blood Flow and Metabolism*, 2007, **27**(2), p. 293-303.

voir
l'univers

L'étrange destin de *D. radiodurans*

Suzanne Sommer
Institut de génétique et de microbiologie (IGM) - UMR 8621
CNRS-Université Paris-Sud 11, Orsay

L'ADN qui constitue les chromosomes est le support de l'information génétique. Les images présentées ici montre de l'ADN contenu dans la bactérie *Deinococcus radiodurans*, l'un des organismes les plus résistants aux radiations connu à ce jour. Dans l'image de gauche, les bactéries sont observées en microscopie à épifluorescence, l'ADN est marqué en bleu et les membranes bactériennes en rouge. Dans l'image de droite, l'ADN est observé avant (piste de gauche) et jusqu'à 4 heures après (les cinq pistes suivantes) que les bactéries ont été exposées à une dose élevée de radiations ionisantes. On peut ainsi regarder de façon plus fine l'état de l'ADN, qui a été purifié au préalable puis coupé par un enzyme qui reconnaît une séquence particulière – un *mot* du texte génétique, en quelque sorte –, dans le génome de cette bactérie. Ces *mots* sont écrits à l'aide d'une série de quatre *lettres* qui représentent les briques élémentaires de l'ADN appelées *bases azotées.* Leur longueur est mesurée en kilobases (kb). La piste de gauche analysant l'ADN normal révèle 13 bandes qui représentent autant de fragments d'ADN dont la taille varie entre 11 et 448 kb. Sur les deux pistes suivantes montrant l'état de l'ADN après exposition de cette bactérie à une dose élevée de radiations γ, on constate que la majorité de ces bandes a disparu au profit de fragments de tailles très diverses d'une longueur moyenne de 50 kb environ. Pourtant, deux heures plus tard, l'ensemble des bandes se reconstitue : l'ADN bactérien se répare ! On voit sur la dernière piste que la quantité d'ADN augmente (les bandes sont plus brillantes), ce qui indique qu'après réparation, l'ADN a recommencé à se répliquer. (La dernière piste, notée M, joue le rôle d'une échelle en kb.)

Les bactéries sont exposées à une dose de 6 800 grays (Gy, unité correspondant à l'absorption de 1 joule de rayonnement par kilogramme de matière) grâce à l'irradiateur au césium 137 de l'Institut Curie à Orsay. Les cellules sont ensuite incubées à 30 °C pour leur permettre de réparer les lésions provoquées dans leur ADN. Pour suivre la cinétique de réparation des cassures de l'ADN, des échantillons sont prélevés à différents moments. Ensuite, les étapes de purification et de coupure par l'enzyme approprié sont effectuées dans un gel d'agarose afin d'éviter des cassures mécaniques de l'ADN. Le tout est soumis à une électrophorèse : un champ électrique fait migrer les fragments d'ADN dans l'agarose et, les plus gros s'y déplaçant moins vite, ils se trouvent *triés* en fonction de leur taille. L'ADN intact de cellules non irradiées est traité de la même façon. On visualise les fragments (lignes horizontales) à l'aide d'un marqueur – le bromure d'éthidium – qui devient fluorescent sous un éclairage UV.

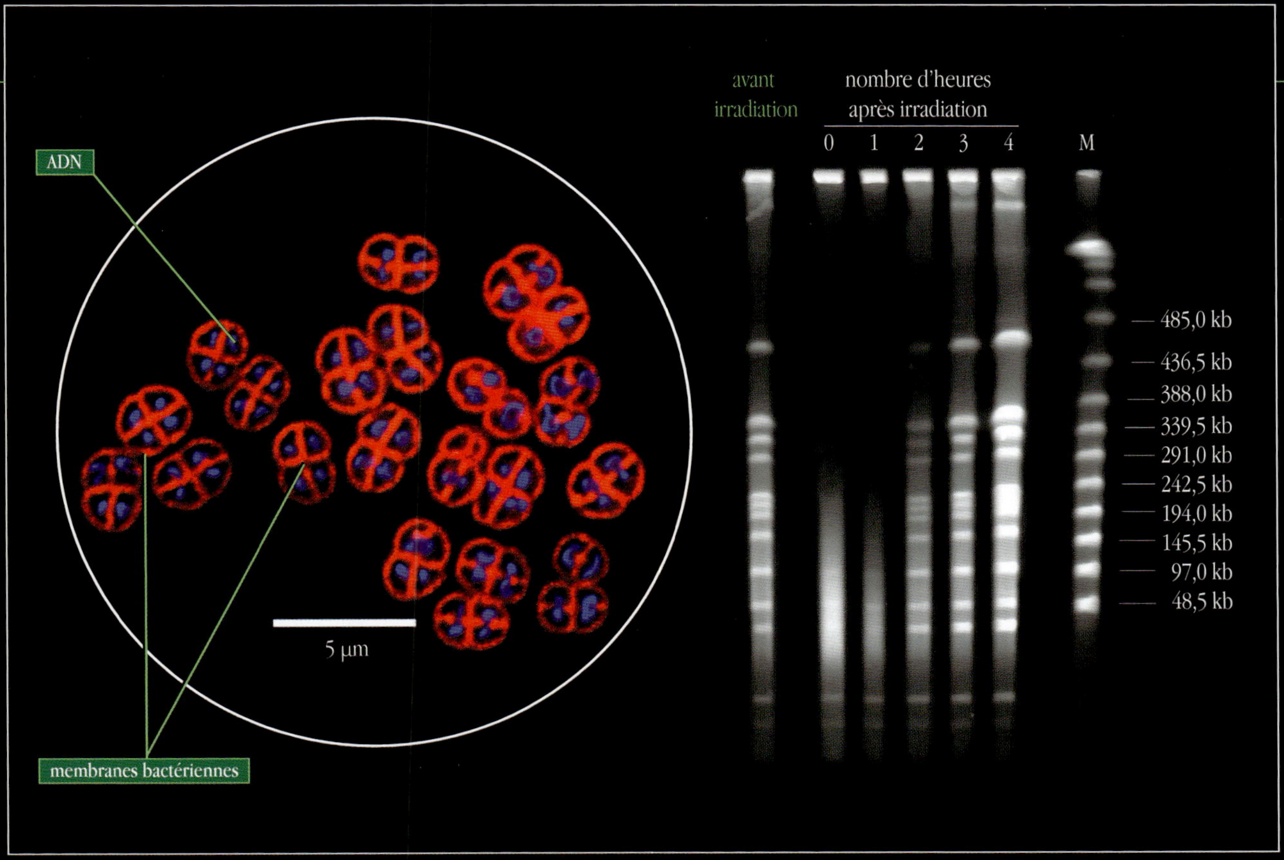

– 84 - 124 –

Deinococcus radiodurans a été découverte en 1956 parce qu'elle contaminait des conserves de viande après qu'ils avaient été *stérilisés* par exposition au rayonnement γ. Les études ultérieures ont montré que cette bactérie appartenait à un nouveau genre qui a été nommé *Deinococcus* (du grec signifiant « étrange, inhabituel »). D'autres souches de *Deinococcaceae* ont été obtenues après sélection par exposition à de fortes doses d'irradiation d'échantillons de sable, de produits alimentaires ou d'instruments médicaux. La bactérie *Deinococcus radiodurans* est capable de résister à des doses de 10 000 Gy sans que sa survie soit significativement affectée alors que les cellules humaines exposées à des doses de quelques grays meurent. Cette résistance est liée à la capacité qu'a cette bactérie de reconstituer en quelques heures un génome intact à partir d'un génome fragmenté en centaines de morceaux. Les mécanismes classiques de réparation des cassures de l'ADN ne sont pas suffisants pour rendre compte de cette extrême résistance. En 2006, un mécanisme original de réparation des cassures a été proposé. L'ensemble de ces mécanismes pourrait être favorisé par une structure très compacte du nucléoïde de *D. radiodurans* (les cellules bactériennes n'ont pas de noyau, mais leur ADN est tout de même concentré dans une région plus ou moins compacte appelée nucléoïde). Cette structure serait maintenue après exposition aux radiations, de sorte qu'au lieu de se disperser dans la cellule, les fragments d'ADN resteraient voisins et *rangés* dans le bon ordre.

Les cassures de l'ADN sont considérées comme les lésions les plus dangereuses sur le plan génotoxique. Leur réparation incorrecte aboutit à des remaniements chromosomiques pouvant être à l'origine de cancers chez l'homme. L'identification de nouvelles protéines impliquées dans la radiorésistance pourraient ouvrir des perspectives originales pour mieux comprendre les mécanismes de réparation des cassures de l'ADN chez l'homme et la résistance de certaines lignées tumorales à la radiothérapie. De plus, les *Deinococcaceae*, et en particulier de nouvelles espèces capables de se reproduire dans des environnements naturels, sont étudiées pour le développement de nouveaux outils de *nettoyage* biologique des polluants présents sur de nombreux sites, qu'il s'agisse de métaux lourds, de solvants organiques ou de déchets radioactifs (uranium 235, césium 137).

Pour en savoir plus

http://www.igmors.u-psud.fr/SOMMER/SOMMER.htm

« Reassembly of shattered chromosomes in Deinococcus radiodurans », K. Zahradka, D. Slade, A. Bailone, S. Sommer, D. Averbeck, M. Petranovic, A.B. Lindner et M. Radman, *Nature*, 2006, 443, p. 569-573.

Voyage au cœur d'un microbe

Damien Larivière et Julio Ortiz

Fondation scientifique Fourmentin-Guilbert, Noisy-le-Grand

Max Planck Institute of Biochemistry, Martinsried (Allemagne)

Nous voici au cœur d'une bactérie, un être unicellulaire en forme de gélule de quelques micromètres de long. Une série de vues planes d'un échantillon congelé prises au microscope électronique (à gauche) a été utilisée pour reconstituer une vue en trois dimensions (à droite) de l'intérieur de *Magnetospirillum gryphiswaldense*. On observe un morceau de la **paroi** de la cellule (en bleu), des petits cristaux de **magnétite** (Fe_3O_4) d'environ 50 nanomètres (en rouge), des **vésicules** (en jaune) dont certaines contiennent des cristaux en pleine croissance. L'ensemble forme ainsi une structure qui figure parmi les plus complexes jamais découvertes au sein d'une bactérie : une longue chaîne d'organites appelés *magnétosomes*. De nature ferromagnétique, les magnétosomes constituent de minuscules aimants alignés le long de l'axe de la cellule sur une structure filamenteuse (en vert). La chaîne se comporte comme une aiguille de boussole.

Certaines bactéries que l'on trouve dans les sédiments, en eau douce ou en eau salée, ont acquis tout au long de leur évolution la possibilité de tirer avantage du champ magnétique : elles sont dites *magnétotactiques* car elles nagent à l'unisson le long des lignes du champ magnétique terrestre à la recherche de conditions de vie optimales, notamment en termes de concentration d'oxygène. C'est le cas de *Magnetospirillum gryphiswaldense*, découverte au fond d'une crique de Greifswald, en Allemagne. Ces microorganismes utilisent une boussole cellulaire interne faite d'une chaîne de nanoaimants presque parfaitement alignés. On sait depuis quelques années que les pigeons voyageurs et les saumons migrateurs possèdent dans certains de leurs tissus une structure similaire à base de cristaux ferromagnétiques qu'ils utilisent eux aussi pour s'orienter.

L'obtention d'une culture pure de ces bactéries est rarissime et leur manipulation est difficile de sorte qu'on a longtemps très mal compris la formation des magnétosomes, et en particulier leur organisation en une chaîne stable alors que leurs propriétés magnétiques auraient dû les pousser à s'agglutiner les uns sur les autres. Une étude couplant la technique d'imagerie présentée ici et le génie génétique a amélioré notre compréhension de ce phénomène. Elle a montré qu'une protéine appelée *MamJ* est responsable de l'alignement des nanocristaux le long d'une structure filamenteuse. Lorsque le gène dirigeant la synthèse de MamJ est enlevé de leur génome, les bactéries développent certes toujours des magnétosomes, mais ces derniers ne sont plus alignés. Ils se regroupent en un paquet rendant la cellule très peu réactive au champ magnétique.

Les bases théoriques de l'optique électronique ont été posées par le physicien allemand Hans Busch dans les années 1920. Max Knoll et Ernst Ruska en réalisèrent

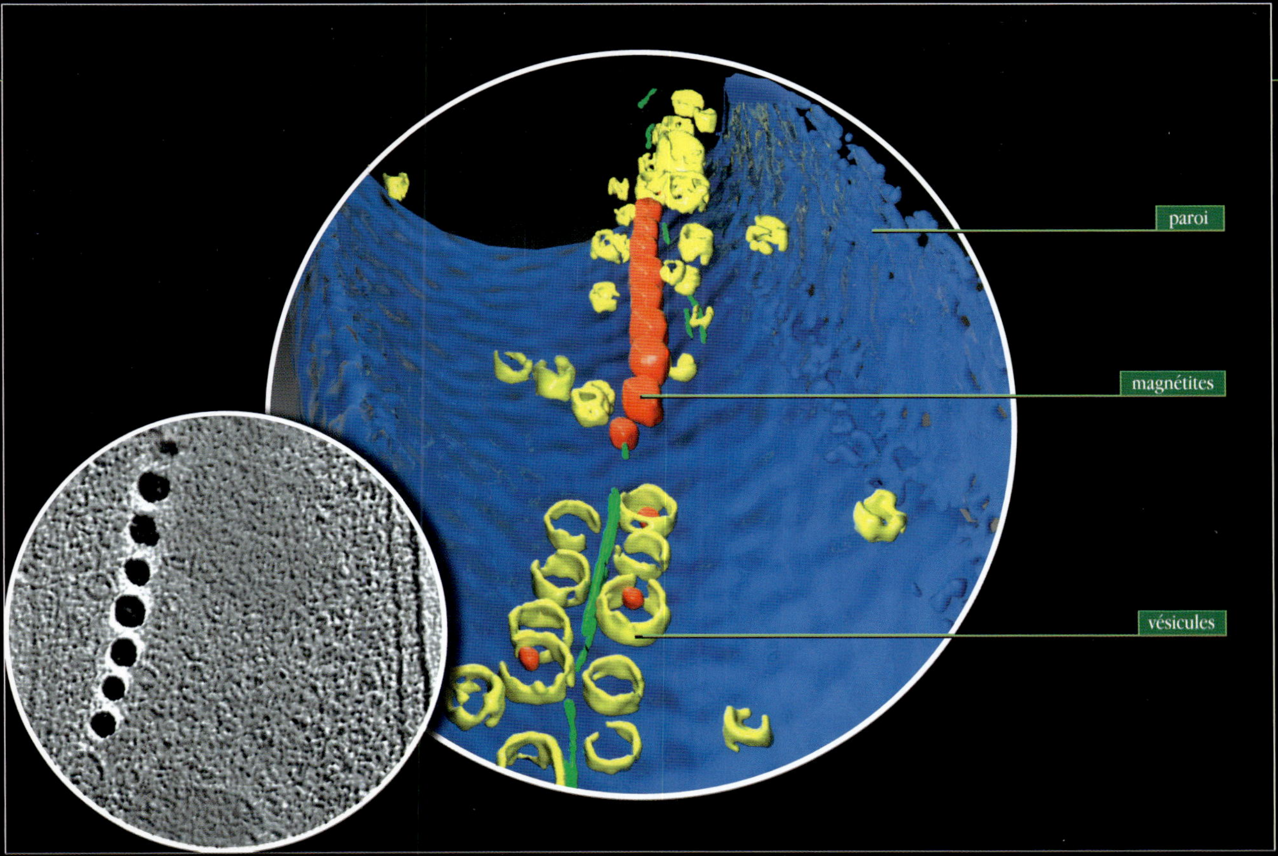

— 84 - 110 - 122 —

la première application concrète en 1933 avec le microscope électronique. Si celui-ci s'avère très efficace pour observer les atomes et les molécules, il est longtemps resté difficile de l'utiliser pour observer les assemblages moléculaires que sont les *biomachines* opèrant à l'intérieur d'une cellule biologique. En effet, il fallait pour cela éviter les effets destructeurs des électrons et disposer de logiciels d'analyse de l'image suffisamment performants. Désormais, l'association de la microscopie électronique et de la tomographie pour observer des cellules congelées (on parle alors de *cryotomographie* électronique) fournit des données brutes sur le volume des cellules. Ces données sont passées au crible d'une procédure de traitement informatique très avancée associant reconnaissance de forme et imagerie tridimensionnelle. Le tout fournit des images en trois dimensions où les plus petits détails ne mesurent que deux à trois nanomètres.

Les bactéries sont partout. Elles représentent sur et dans notre corps plus de dix fois le nombre de nos propres cellules. Malgré la connotation négative qui leur est associée, elles sont le plus souvent bénéfiques pour l'homme même si, à l'occasion, elles peuvent devenir hautement pathogènes. Une existence très ancienne (plus de trois milliards d'années d'évolution) associée à une grande variété d'espèces font des bactéries l'un des éléments centraux de la révolution qui s'amorce avec la biologie synthétique. Il s'agit de mieux comprendre les rouages internes de la cellule où des dizaines de milliers de nanomachines et de moteurs moléculaires exécutent chaque seconde un nombre gigantesque de processus. L'objectif est de reconstruire une cellule à partir de ses composants élémentaires, de fabriquer des cellules très simplifiées, mais fonctionnelles et non pathogènes, ou de synthétiser, le plus souvent en imitant la nature, de nouvelles formes de vie. La découverte des magnétosomes devrait être à l'origine de nombreuses applications, notamment dans le domaine de la lutte contre la pollution marine ou en nanoélectronique.

Pour en savoir plus

« An acidic protein aligns magnetosomes along a filamentous structure in magnetotactic bacteria », A. Scheffel *et al*, *Nature Letters*, 20 novembre 2005.

« Magnetotactic bacteria », R.P. Blakemore, *Science*, 1975, 190, p. 377-379.

La barque de Delphes, A. Danchin, Odile Jacob, 1998.

Le paradoxe du plancton

John R. Dolan
Laboratoire d'océanographie de Villefranche-sur-Mer - UMR 7093
CNRS-Université Pierre et Marie Curie, Paris 6

Les organismes qui constituent le plancton apparaissent ici dans leur milieu naturel, l'eau de mer, à travers un microscope. Ces cellules ne mesurent qu'un dixième de millimètre. Il s'agit de plantes (le phytoplancton) et d'animaux (le zooplancton) dont les formes sont extraordinairement variées. Ainsi, l'organisme en forme d'ancre (à droite), est un dinoflagellé nommé *Ceratium platycorne* ; ses *ailes* sont remplies de chloroplastes qui servent à la photosynthèse. C'est donc une plante… qui nage, en tournant sur elle-même à l'aide du flagelle situé dans le cône central de sa cellule. L'organisme en forme d'amphore (à gauche) est quant à lui un animal : le tintinnide *Amplectella collaria*. On le voit ici recroquevillé dans sa coquille. Il se nourrit de petites algues et de bactéries que ses cils lui permettent d'atteindre en le propulsant dans l'eau.

Sur terre, la plupart des plantes ont des structures importantes : les arbres, par exemple, ont des racines pour absorber l'eau et des branches pour maintenir leurs feuilles (pleines de chloroplastes) au soleil. Tel n'est pas le cas dans la mer. Les racines sont inutiles pour absorber l'eau, de même que les branches pour rechercher la lumière. Du coup, la plupart des plantes marines sont microscopiques et les *herbivores* aussi ! Les petits crustacés qui se nourrissent de plancton s'attaquent plutôt à des herbivores microscopiques tels que le tintinnide présenté ici (et sont à leur tour mangés par les poissons de petite taille, etc.).

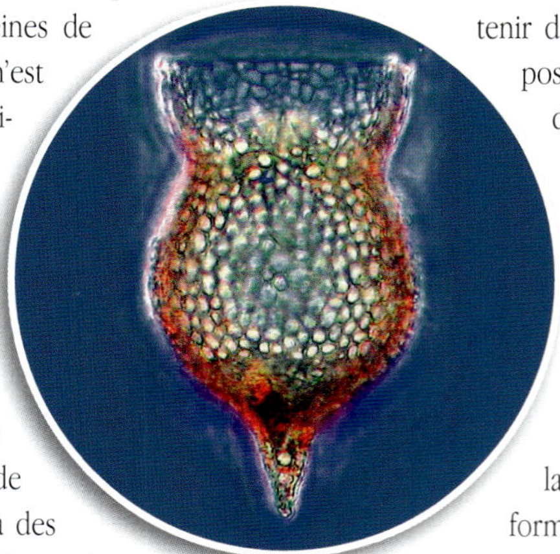

La diversité des formes microscopiques n'est pas d'ordre décoratif, mais joue un rôle essentiel dans la survie de ces organismes. Comment se maintenir dans la colonne d'eau dans une position adéquate pour profiter du soleil ? Comment se protéger des prédateurs ? La forme sculptée des coquilles ou des parois cellulaires répond à ces questions. D'une part, elles servent à diminuer le taux de sédimentation, ce qui aide les cellules planctoniques à rester à la bonne *altitude*. D'autre part, les formes allongées comme celle du *Ceratium*, et les coquilles, telles que celle de l'*Amplectella*, accroissent la taille de l'organisme et réduisent ainsi le risque de prédation.

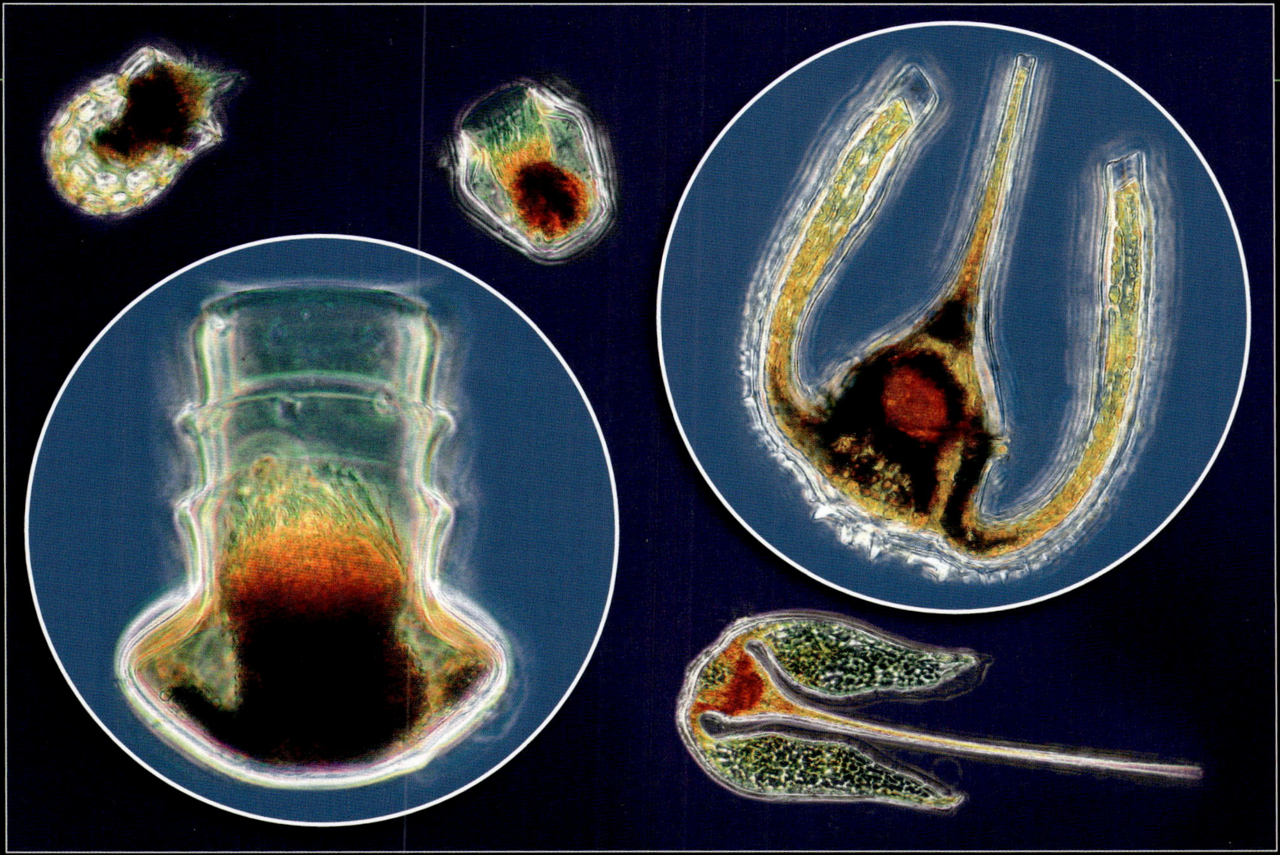

– 128 - 144 –

Les spécimens présentés ici ont été récoltés au cours de la campagne océanographique Biosope qui a traversé le Pacifique de Tahiti à la côte du Chili en 2004. Cette région, négligée par les océanographes depuis les années 1930, semble être la plus déserte du Pacifique et le plancton y est relativement peu abondant. Il a fallu filtrer 60 litres d'eau à chaque point d'échantillonnage afin d'obtenir des organismes en nombre suffisant pour autoriser des estimations fiables quant à la composition et l'abondance des espèces. Pour la plupart des organismes, seuls existaient auparavant un ou deux dessins dans des monographies taxonomiques anciennes. L'objectif était de déterminer si le plancton est plus abondant en espèces dans les eaux tropicales qu'ailleurs, comme ces vielles études le suggèrent et comme c'est le cas pour les plantes et les animaux terrestres.

Les plantes et les animaux microscopiques forment la base de la chaîne alimentaire dans la mer. Dans ce contexte il est crucial de connaître leur dynamique pour appréhender le fonctionnement des systèmes marins et anticiper les conséquences des changements climatiques. Outre cette motivation intellectuelle, il existe aussi une raison affective qui est celle de la découverte. Rares sont les journées où l'on ne découvre pas une espèce ou une forme jusque là inconnue. On ne se lasse pas de la beauté des formes, de leur complexité et de leurs différences. C'est ce que l'on appelle le *paradoxe du plancton* : pourquoi existe-t-il de si nombreux organismes différents au sein d'un environnement apparemment homogène ? La réponse évidente est que cette homogénéité est illusoire : elle n'existe pas à l'échelle microscopique où vit le plancton. Son environnement varie à l'échelle du micromètre (dans l'espace) et à l'échelle de quelques heures (dans le temps), et chaque organisme y a sa place.

Pour en savoir plus

http://www.darse.org/v1/sciences/plancton.html

http://www.univ-ubs.fr/ecologie/phytoplancton.html

http://serc.carleton.edu/microbelife/index.html

http://starcentral.mbl.edu/microscope/portal.php

« The "neutral" community structure of planktonic herbivores, tintinnid ciliates of the microzooplankton, across the SE Tropical Pacific Ocean », J.R. Dolan, M.E. Ritchie et J. Ras, *Biogeosciences*, 2007, 4, p. 297-310.

« The paradox of the plankton », G.E. Hutchinson, *American Naturalist*, 1961, 95, p. 137-144.

L'horloge circadienne mise en lumière

Florence Corellou

Observatoire océanologique de Banyuls-sur-Mer - UMR 7628

CNRS-Université Pierre et Marie Curie, Paris 6

La microalgue que l'on observe en arrière-plan – grossie environ 100 000 fois à l'aide d'un microscope électronique – peut être génétiquement modifiée. Le gène de la luciférase (gène grâce auquel les vers luisants produisent leur lumière) a été introduit dans le génome de cet organisme, couplé à un gène de son horloge biologique. De ce fait, l'algue brille et la lumière émise peut être mesurée pendant plusieurs jours. Les oscillations lumineuses sont reportées sur le graphe au premier plan. Elles reflètent l'expression du gène de l'horloge qui oscille avec une période d'environ 24 heures (période circadienne) et ceci, même lorsque l'algue est soumise à une lumière continue plutôt qu'à des alternances de jour et de nuit. Cette propriété est le propre des horloges circadiennes qui sont dites « autonomes » car elles génèrent des oscillations indépendamment de l'environnement. Ces oscillations se « calent » en phase avec les alternances du jour et de la nuit.

La technique utilisée ici est celle du *gène rapporteur luciférase*, rendue possible par la transformation génétique et les technologies extrêmement sensibles de luminescence. Le principe est simple. On réintroduit dans un organisme l'un de ses propres gènes – celui que l'on cherche à étudier – couplé par son association à un second gène qui ne perturbe pas la fonction du premier et dont on sait mesurer l'activité. L'activité (ou l'expression) du gène qui nous intéresse est *rapportée* par l'activité du gène rapporteur. L'utilisation du gène de la luciférase comme *rapporteur* est particulièrement pratique parce que son action consiste à produire une enzyme provoquant l'émission de lumière lorsque le gène dont on cherche à comprendre le fonctionnement « travaille ». Les technologies de photodétection actuelles sont extrêmement sensibles et permettent de mesurer cette luminescence automatiquement pendant plusieurs jours, même lorsqu'elle est très faible. L'activité du gène étudié est donc observable sur une longue période et sur toute une population de cellules sans qu'il soit besoin de la perturber par des prélèvements répétitifs, avec tous les risques d'erreurs que ceux-ci comportent.

Sans le clonage génétique et la technique du gène rapporteur, les phénomènes complexes, qui nécessitent d'être suivis pendant plusieurs jours, ne pourraient pas être étudiés. Le cas de l'horloge biologique est particulièrement important. La recherche fondamentale dans ce domaine a connu un regain d'intérêt lorsque les médecins se sont aperçus de façon empirique que l'efficacité des traitements anticancéreux varie selon le moment de la journée où ils sont administrés. L'horloge biologique contrôle également le temps de la reproduction chez tous les organismes et donc la floraison chez les plantes. La

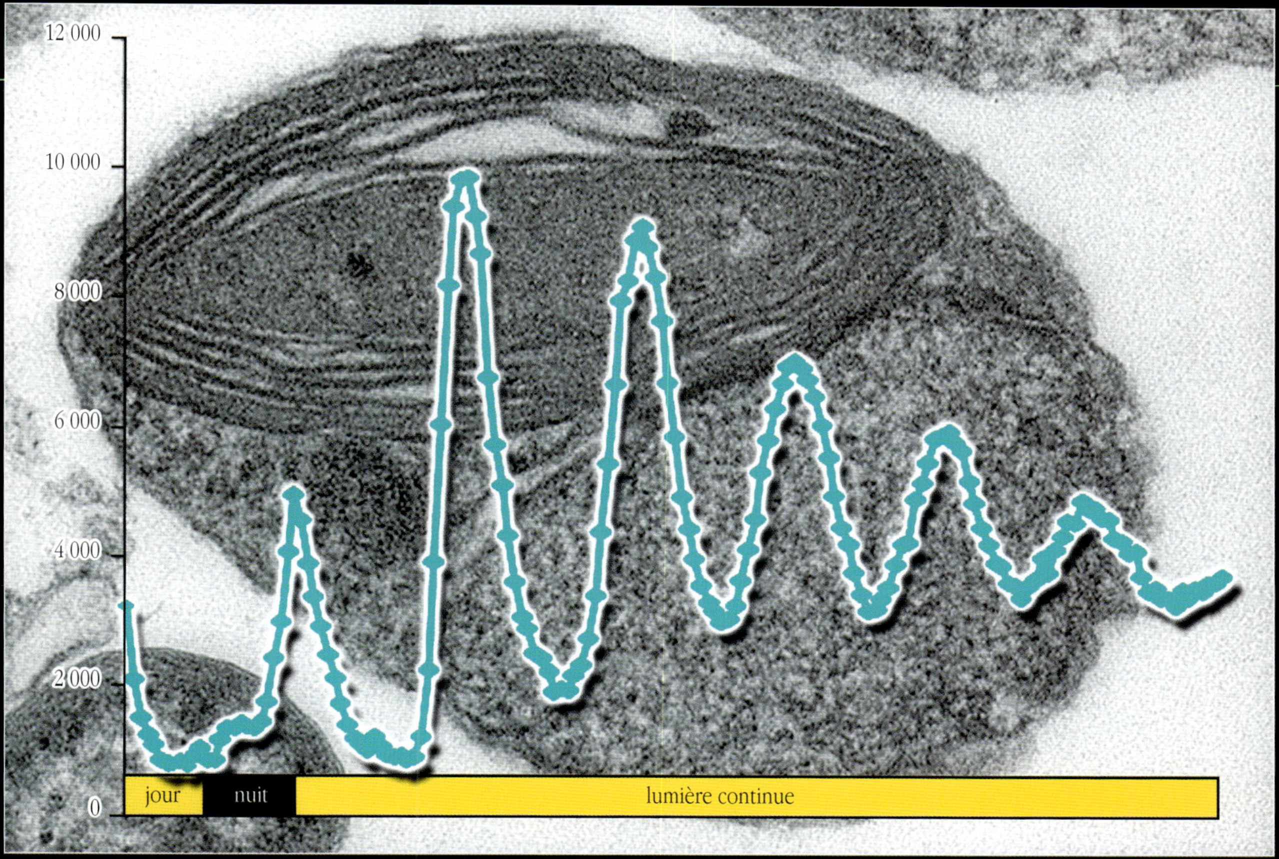

– 126 –

compréhension du fonctionnement des horloges chez des organismes divers est un prérequis essentiel au développement éventuel du traitement d'anomalies qui relèverait de son dysfonctionnement.

Nous savons que l'horloge biologique permet aux cellules et aux organismes de mesurer le temps. Elle est entraînée par les alternances – principalement entre le jour et la nuit – qui se produisent dans l'environnement de l'être vivant. Par suite, elle orchestre et ordonne les processus biologiques dont la période est d'environ un jour : c'est ce que l'on appelle le rythme circadien. Cela est particulièrement important dans le cas de mécanismes qui sont incompatibles – comme la photosynthèse et l'assimilation de l'azote chez les cyanobactéries – et qui ne peuvent pas avoir lieu efficacement en même temps. On sait également que des perturbations de l'horloge entraînent de graves désordres qui vont des troubles du sommeil au développement de cancers. On a en effet identifié depuis longtemps que la division des cellules en fin de journée obéit elle aussi à un rythme circadien. Mais si les connaissances dans ce domaine progressent depuis quelques années, nous ne comprenons pas encore comment l'horloge biologique contrôle la division cellulaire au niveau moléculaire.

Nous avons choisi un organisme très simple et adapté à la question pour comprendre l'interaction de ces deux processus complexes. De même que l'organisme unicellulaire qu'est la levure de bière a permis de grandes avancées sur la division cellulaire, nous espérons que notre microalgue, sur laquelle nous avons développé tous les outils moléculaires nécessaires, nous aidera à comprendre l'organisation temporelle des processus biologiques chez d'autres organismes. De surcroît, la technique utilisée permettra peut-être de développer des biosenseurs, c'est-à-dire des organismes capables de trahir la présence d'un polluant dans leur environnement par l'activité plus ou moins élevée de certains gènes associés à celui de la luminescence.

Pour en savoir plus

http://www.obs-banyuls.fr/UMR7628/equipes/n5/

Les liens du sang sont les plus forts

David Giron

Institut de recherche sur la biologie de l'insecte (Irbi) - UMR 6035
CNRS-Université François Rabelais, Tours

La guêpe *Copidosoma floridanum* produit deux types de larves : des larves reproductrices (à gauche), qui donneront des guêpes adultes sexuées, et des larves soldats, serpentoïdes et agressives (à droite). Les soldats attaquent les compétiteurs de la même espèce qui oseraient tenter d'exploiter la même ressource nutritive que leurs sœurs sexuées. La larve soldat présentée ici est d'ailleurs en train d'attaquer les embryons d'un compétiteur. Ces embryons ont été préalablement marqués grâce à un traceur fluorescent… de sorte que l'on distingue très nettement leur présence dans le tube digestif du soldat ! Quant aux larves reproductrices, elles sont, au cours de leur développement, entourées d'une membrane extra-embryonnaire qui leur évite d'être attaquées à leur tour. Cette membrane est invisible à l'œil nu, mais apparaît après qu'on a marqué les noyaux de ses cellules à l'aide d'une substance qui émet une fluorescence rouge lorsqu'elle est balayée par le faisceau laser d'un microscope dit *confocal*. La larve elle-même est ici visible en vert grâce à une coloration des filaments d'actine, un composant de la charpente des cellules vivantes (la tête de la larve est dirigée ici vers le haut).

Copidosoma se distingue par trois particularités. Tout d'abord, c'est un parasitoïde, car les larves se développent non pas librement dans l'environnement, mais au sein même du corps d'un autre insecte, en l'occurrence une chenille. Les larves consomment ainsi leur hôte progressivement de l'intérieur, tout en le maintenant vivant, jusqu'au stade ultime de leur développement lorsqu'elles en émergent finalement. Ensuite, c'est une guêpe polyembryonnaire, chaque œuf pondu par une femelle donnant naissance non pas à un descendant, mais à des milliers de petites larves toutes génétiquement identiques par division clonale. Cette véritable colonie qui se développe dans le corps de la chenille se caractérise enfin par le fait que plusieurs types de larves vivent au sein du même hôte : des larves reproductrices qui consomment la chenille de l'intérieur et des larves soldats qui se sacrifient pour défendre leurs frères et sœurs contre d'éventuels compétiteurs. La membrane extra-embryonnaire joue un double rôle. D'une part, elle permet aux larves de la guêpe de se développer au sein de la chenille sans être reconnues et tuées par son système immunitaire. D'autre part, elle permet aux soldats de différencier leurs frères et sœurs des compétiteurs étrangers, à éliminer. Les signaux chimiques caractéristiques portés

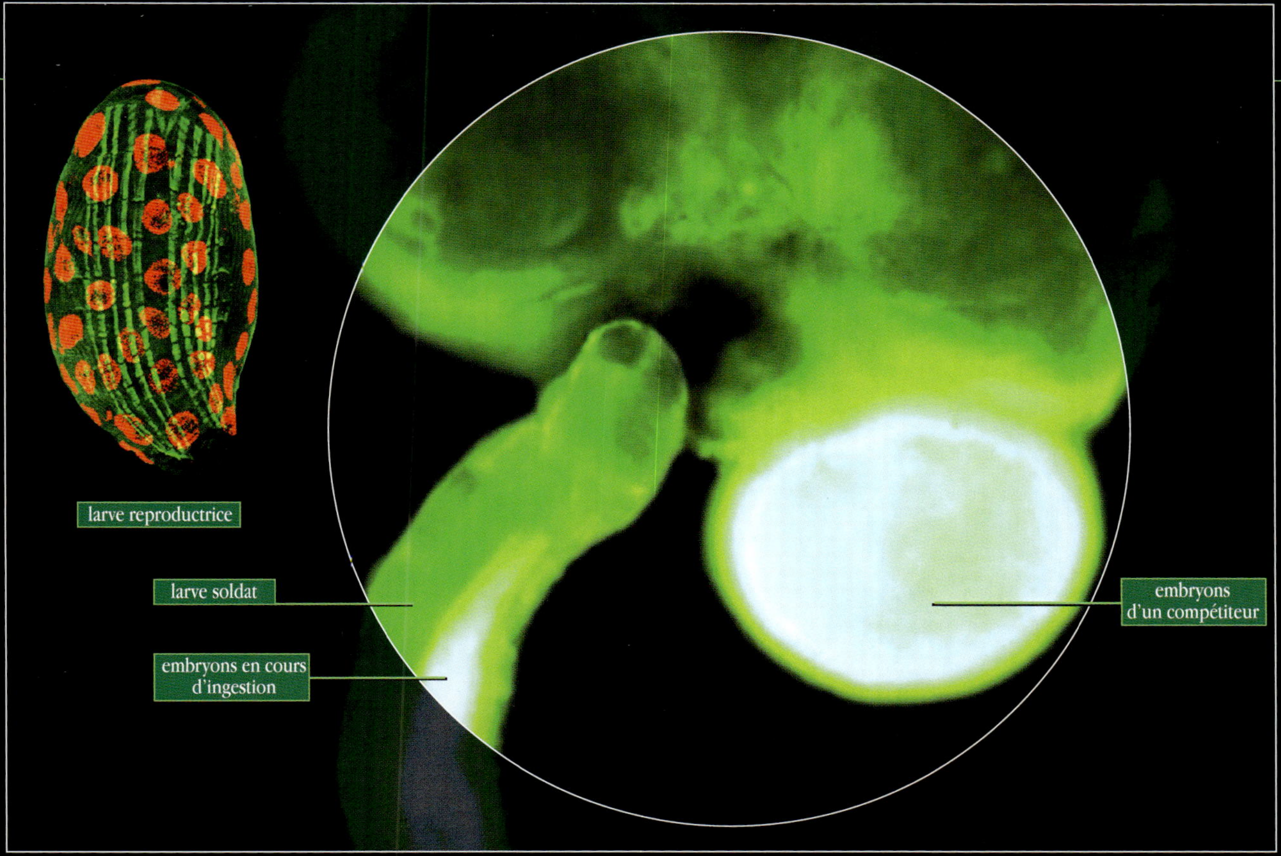

— 100 —

par cette enveloppe permettent en effet aux soldats d'estimer le degré de parenté qu'ils ont avec le compétiteur. Les individus apparentés seront épargnés, alors que les autres seront attaqués et tués. L'habit fait donc bien ici le moine…

Pour tester le rôle protecteur des soldats, il a été nécessaire de mettre au point des techniques autorisant l'observation des comportements qui se déroulent dans le corps de la chenille. Pour cela, on collecte des embryons dans un hôte parasité et on les marque à l'aide d'un traceur fluorescent (CFSE) avant de les réimplanter dans un nouvel hôte déjà parasité. Vingt-quatre heures plus tard, on dissèque l'hôte, on collecte les soldats et on les observe sous microscopie à épifluorescence. Si le compétiteur introduit a été attaqué par les soldats déjà présents, on retrouve de la fluorescence dans le tube digestif de ces derniers. Tout l'intérêt de cette technique repose sur le fait que l'on peut sélectionner les embryons réimplantés et faire varier le degré de parenté entre le compétiteur introduit et les soldats résidents. La membrane extra-embryonnaire est la première barrière physique rencontrée par les soldats lorsqu'ils entrent en contact avec un compétiteur potentiel. Sa visualisation est difficile en microscopie classique mais devient facilement observable en microscopie confocale après marquage. On peut alors l'enlever, ou même l'échanger entre deux individus afin d'en caractériser le rôle et vérifier que ce sont bel et bien les signaux chimiques portés par cette membrane qui déterminent le comportement des soldats.

La reconnaissance des individus apparentés n'est pas l'apanage des guêpes polyembryonnaires. Elle constitue indiscutablement un élément-clé dans l'évolution de la socialité. En outre, la théorie de la sélection de la parentèle prédit que les individus doivent exhiber plus d'altruisme et moins d'agressivité envers ceux qui leur sont les plus apparentés. Les nouvelles technologies nous permettent aujourd'hui de tester ces théories, et les insectes sociaux et pseudo-sociaux constituent de parfaits modèles pour comprendre les forces évolutives ayant abouties à la mise en place de la socialité ainsi que les mécanismes sous-jacents impliqués.

Pour en savoir plus

« Presence of soldier larvae determines the outcome of competition in a polyembryonic wasp », D. Giron, K.G. Ross et M.R. Strand, *Journal of Evolutionary Biology*, 2007, **20**, p. 165-172.

« Aggression by polyembryonic wasp soldiers correlates with kinship but not resource competition », D. Giron, D.W. Dunn, I.C.W Hardy et M.R. Strand, *Nature*, 2004, **430**, p. 676-679.

« Host resistance and the evolution of kin recognition in polyembryonic wasps », D. Giron et M.R. Strand, *Proceedings of the Royal Society*, London B Biology Letters, 2004, **271**, p. S395-398.

http://www.univ-tours.fr/irbi

L'île verte

David Giron
Institut de recherche sur la biologie de l'insecte (Irbi) - UMR 6035
CNRS-Université François Rabelais, Tours

L'un des signes caractéristiques de l'automne est sans nul doute les couleurs chatoyantes arborées par les arbres, signe avant-coureur de la chute prochaine des feuilles. Le pommier n'échappe pas à cette règle implacable, et les feuilles jaunissantes ne tarderont pas à tomber. Ce jaunissement, visible ici en premier plan, est l'occasion unique de révéler la présence, au sein de la feuille, d'habitants peu communs : de microscopiques chenilles se développent en effet au sein même du végétal en creusant de minuscules galeries. La zone infestée échappe alors au jaunissement automnal et se caractérise par la persistance d'une couleur verte. La chenille (en médaillon) peut ainsi poursuivre son développement normalement, bien cachée au sein de son « île verte ».

La sénescence est le dernier stade du développement de la feuille. Il se caractérise par de véritables bouleversements biochimiques. La feuille, qui jusqu'à présent assimilait des nutriments, se met à dégrader sucres, protéines et lipides, qui seront récupérés par la plante afin de passer l'hiver. Ces bouleversements biochimiques ne sont pas sans conséquences pour les organismes vivant à l'intérieur du végétal comme les microlépidoptères mineurs (au sens de *fouisseurs* !). Ces microchenilles se développent en effet au sein des tissus végétaux en y creusant des galeries et en se nourrissant des tissus internes de la feuille. Lorsque l'environnement foliaire se dégrade, les zones infestées maintiennent une activité métabolique totalement fonctionnelle grâce à une accumulation d'hormones végétales, les cytokinines. Par leur action anti-sénescente, ces hormones participent au maintien d'un environnement nutritif favorable et permettent à l'insecte d'achever son développement, même après la chute de la feuille au sol ! En général,

les organismes s'adaptent aux inévitables variations dans le temps et dans l'espace de leur environnement nutritif. L'insecte endophyte fait l'inverse : il manipule spectaculairement son environnement végétal pour atténuer ces variations saisonnières ! De telles adaptations reflètent une association intime et ancestrale entre le végétal et l'insecte, et pourraient expliquer le succès évolutif des insectes mineurs.

Ce phénomène d'*île verte* est bien connu des naturalistes depuis très longtemps, mais les techniques modernes d'analyse chimique et de biologie moléculaire offrent une opportunité unique de comprendre les mécanismes sous-jacents. L'utilisation, par exemple, de l'électrophorèse capillaire couplée à une station de microprélèvement offre aujourd'hui la possibilité d'analyser les différences chimiques à l'échelle cellulaire. On peut par exemple prélever, à l'aide de microtubes capillaires, le contenu de cellules au sein même de la mine ou dans une zone adjacente non infestée, et comparer ensuite leur contenu en cytokinines, en sucres, protéines, etc. Ceci nécessite des techniques analytiques extrêmement sensibles pouvant mesurer des composés biochimiques sur de très petits échantillons. Les techniques de biologie moléculaire permettent également de connaître l'origine de ces molécules anti-sénescentes, leur mode d'action et leurs conséquences tant pour la plante que pour l'insecte.

Comprendre le monde qui nous entoure nécessite de se placer à l'échelle d'espace et de temps où se jouent certains phénomènes, où se prennent certaines décisions. En effet, nombre de phénomènes visibles à l'œil nu ne sont en réalité que le reflet d'une multitude de phénomènes complexes qui se jouent en arrière-plan et échappent à notre perception naturelle. Ainsi, la compréhension des mécanismes sous-jacents au phénomène d'île verte est importante pour comprendre le fonctionnement des plantes et leur développement. Elle permettra aussi, non seulement de manipuler la physiologie des plantes transgéniques (les flux de nutriments, par exemple) afin d'en optimiser la productivité, mais également de contrecarrer les effets des grands bouleversements climatiques à venir.

Pour en savoir plus

« Cytokinin-mediated leaf manipulation by a leafminer caterpillar », D. Giron, W. Kaiser, N. Imbault et J. Casas, *Biology Letters*, 2007, 3, p. 340-343.

http://www.univ-tours.fr/irbi

Comment les fourmis évitent les embouteillages

Vincent Fourcassié
Centre de recherches sur la cognition animale (CRCA) - UMR 5169
CNRS-Université Paul Sabatier, Toulouse

Des fourmis exploratrices de l'espèce *Lasius niger* ont découvert une source de nourriture de l'autre côté d'un pont. Pour éviter aux ouvrières de se perdre, elles ont marqué le chemin qui relie ce trésor à la fourmilière à l'aide d'une substance appelée *phéromone de piste*. Grâce à elle, les fourmis vont et viennent sur un seul et même chemin – raison pour laquelle elles n'empruntent qu'une seule des branches de la bifurcation en arrière-plan. Hélas, un chercheur malicieux a placé une difficulté sur leur route : une bifurcation offrant deux chemins également étroits (3 mm seulement). Si les fourmis s'engageaient sur l'une ou l'autre de ces voies, un embouteillage se formerait qui réduirait le flux et donc l'efficacité de la récolte de nourriture. Les insectes contournent la difficulté en répartissant cette fois le trafic sur les deux branches du pont à la fois. Pourtant, chaque individu est ici incapable de percevoir son environnement au-delà de quelques millimètres. Comment la collectivité a-t-elle réussi à résoudre un problème impossible à appréhender par ses membres ?

Les fourmis exploratrices qui ont découvert la source de nourriture recrutent leurs congénères restées au nid en les stimulant par des contacts antennaires et des échanges de nourriture. Les recrues sortent alors en masse et remontent la piste de phéromones. Lorsqu'il arrive à une bifurcation, chaque insecte choisit la branche qui est la plus « odorante », la plus fortement marquée par ses prédécesseurs… et y dépose à son tour la phéromone de piste, contribuant ainsi à renforcer l'attractivité de ce chemin. En général, le processus a pour effet d'amplifier la piste chimique existante et de mener à un choix collectif : une seule branche du pont en forme de losange finit par être utilisée. Lorsqu'on répète l'expérience un grand nombre de fois, on constate d'ailleurs que le choix se porte autant de fois sur l'une ou l'autre des deux branches. Il ne dépend donc que d'infimes différences dues au hasard entre les marquages des deux pistes parcourues initialement par les exploratrices.

Pourtant, sur la bifurcation étroite, les deux branches sont empruntées de façon équivalente. Il existe donc un autre mécanisme qui évite cette fois qu'une piste chimique ne se renforce au détriment de l'autre. Lequel ? L'étude attentive du comportement des fourmis a montré que lorsqu'un individu s'engage sur une branche juste après avoir franchi une bifurcation, il est automatiquement redirigé vers l'autre branche si une autre fourmi arrive en sens inverse. Et c'est tout ! Une simulation mathématique a montré que cela suffisait entièrement à expliquer le trafic symétrique observé sur les branches étroites.

— 138 —

Les calculs montrent en outre qu'avec ces deux règles simples (le renforcement de la piste la plus empruntée et le demi-tour lorsqu'on croise un congénère), le trafic bascule vers le mode symétrique lorsque sa densité franchit un seuil critique au-delà duquel les avantages liés à l'utilisation d'une seule branche (meilleure orientation des fourmis) sont annulés par la réduction de la vitesse de déplacement. Ce système, élémentaire dans sa logique, permet aux fourmis d'éviter les encombrements. Comme tous les insectes, les fourmis ont des capacités d'intervention limitées sur leur milieu lorsqu'elles agissent isolément. Elles sont cependant capables de performances spectaculaires. La taille et l'architecture complexe des nids souterrains construits par certaines espèces, la répartition des tâches au sein des colonies ou encore les mécanismes de régulation du trafic illustrés ici en fournissent quelques exemples. Les individus au sein d'une colonie agissent pourtant sans plan préconçu et sans donneur d'ordre : contrairement à une idée reçue, la reine ne commande pas les ouvrières ; elle se contente de pondre ! L'efficacité des colonies de fourmis au niveau collectif est dû à l'*auto-organisation* de son fonctionnement par de simples rétroactions positives et négatives des échanges d'information entre les individus qui la constituent.

Depuis une dizaine d'année, le fonctionnement auto-organisé des colonies d'insectes sociaux inspire les chercheurs de tous horizons qui étudient les communautés complexes d'agents autonomes où les décisions sont prises de manière entièrement décentralisée. Certains algorithmes de routage utilisés pour optimiser la circulation de l'information dans les réseaux de télécommunication sont ainsi directement inspirés des systèmes de communication observés chez les fourmis. C'est aussi le cas des travaux des ingénieurs qui étudient l'ingénierie du trafic, les règles qui régissent les pistes de fourmis n'étant pas sans rappeler celles qui sont spontanément adoptées par les piétons lors des mouvements de foule.

Pour en savoir plus

« Optimal traffic organization in ants under crowded conditions », A. Dussutour, V. Fourcassié, D. Helbing et J.-L. Deneubourg, *Nature*, 2004, **428**, p. 70-73.

Intelligence collective, E. Bonabeau et G. Theraulaz, Hermès, 1994.

Un hêtre au grand cœur

Bruno Clair
Laboratoire de mécanique et génie civil (LMGC) - UMR 5508
CNRS-Université Montpellier 2

Cet étonnant vitrail en forme de cœur est l'image au microscope d'une très fine tranche de hêtre (*Fagus sylvatica* L.). La partie centrale, composée de cellules rondes empilées dans le désordre, constitue la moelle, le tissu que l'on trouve au cœur de chaque tronc ou de chaque branche d'arbre. Elle ne mesure en réalité qu'un peu moins d'un millimètre. En s'éloignant du centre, les cellules deviennent plus nombreuses, puis semblent mieux organisées : nous voici dans le bois proprement dit. Ce que l'on observe, ce sont les trois types de cellules qui constituent le bois, pour ainsi dire ses rouages les plus intimes. Les bâtonnets roses qui s'organisent en rayons sont appelés **parenchymes**. Ces cellules stockent les réserves nutritives de la plante. Les plus grandes, formant de larges cavités transparentes sur l'image, servent de canalisations pour le transport de la sève brute des racines vers les « usines » à sucre que sont les feuilles. Les très petites cellules, qui sont aussi les plus nombreuses, sont **les fibres**. Ce sont elles qui sont responsables du soutien mécanique, c'est-à-dire de la rigidité du bois.

Pour que la lumière du microscope passe au travers du bois – pour qu'il devienne translucide –, il faut que la tranche soit extrêmement fine (ici 15 µm d'épaisseur seulement). Sa découpe est réalisée à l'aide d'un microtome, un étau qui maintient le morceau de bois contre une lame de rasoir fixée sur une glissière. Pour améliorer le contraste de l'image, on imbibe ensuite la tranche à l'aide d'un colorant qui se fixera plus ou moins fortement sur les parois des cellules végétales. Les deux types de tissus visibles sur l'image – la moelle et le bois – illustrent l'histoire de la croissance du bois en deux temps. Tout d'abord, un paquet de cellules souches non encore spécialisées – le **méristème primaire** – s'est divisé pour faire croître le bourgeon en longueur. C'est la croissance primaire de l'axe (tronc, branche ou racine). Par la suite, une pellicule de cellules qui enveloppe cet axe – le cambium – s'est divisée à son tour, tantôt en accumulant entre elle et la moelle de nouvelles cellules qui formeront le bois, tantôt en envoyant ses troupes vers l'extérieur pour y constituer l'écorce. Au cours de cette *croissance secondaire*, les cellules de bois nouvellement formées ont la capacité de se différencier dans l'un des trois grands types que nous observons ici : les **vaisseaux**, les **parenchymes** et les **fibres**.

– 138 –

Grâce à cette « liberté », l'arbre parvient à s'adapter aux besoins du moment : plus de vaisseaux au printemps pour le transport de la sève, plus de fibres à la fin de l'été pour se préparer à affronter l'hiver, etc.

C'est précisément en étudiant cette « intelligence » de la structure des arbres que nous avons découvert par hasard cette jolie moelle en forme de cœur. Nous cherchons à comprendre comment les arbres parviennent à adapter leur croissance à leur environnement. Comment un arbre se redresse-t-il après un accident ? Comment réoriente-t-il une branche vers la lumière ? La réponse se trouve dans la croissance secondaire. L'arbre peut en effet « choisir », par exemple, de déposer de nouvelles cellules-fibres plus nombreuses et plus tendues sur la face supérieure de l'axe, ce que l'on appelle le bois de tension. Dans ce cas, la face sur-tendue *tire* davantage que la face inférieure, et la tige se courbe vers le haut. En résumé, les cellules-fibres stockent la tension mécanique nécessaire à la manière d'un ressort et jouent en quelque sorte le rôle de nos fibres musculaires !

Ces questions ont une grande importance pratique car le bois est un matériau de construction renouvelable dont nous pourrions élargir l'utilisation en remplacement d'autres matériaux dont la fabrication présente des inconvénients environnementaux indéniables. En essayant de comprendre comment les arbres parviennent à stocker de telles tensions en leur sein et les conséquences de ces tensions sur les propriétés mécaniques du bois coupé, bref en étudiant ce matériau à toutes les échelles et à tous les stades – de la cellule à la planche, pourrait-on dire ! –, on peut espérer gagner sur trois tableaux. D'abord, nous pourrions apprendre à contrôler les conditions de croissance du bois afin de modifier ses propriétés en fonction des différents usages auxquels on le destine, voire de l'adapter à des usages nouveaux. Ensuite, la diversité des structures et des propriétés du bois (il y a plus de 1 200 espèces d'arbres en forêt tropicale humide !) est telle qu'il nous faut maintenant l'explorer systématiquement afin d'utiliser au mieux le bon bois pour le bon usage. Finalement, nous pourrons peut-être imiter un jour la structure interne du bois et nous en inspirer pour la synthèse des matériaux de demain.

Pour en savoir plus

Connaître les arbres, B. Fischesser, Nathan, 1995.

« Comment les arbres tiennent-ils debout ? », B. Clair et M. Fournier, in *Guyane ou le voyage écologique*, C. Richard-Hansen et R. Le Guen, Éditions Roger Le Guen, 2001.

Les plantes ont la bosse des maths

Stéphane Douady
Laboratoire Matière et systèmes complexes (MSC) - UMR 7057
CNRS-Université Paris Diderot, Paris 7

Vu au microscope électronique, le bourgeon d'une branche de pin prêt à croître au prochain printemps ressemble à s'y méprendre à une pomme de pin miniature. Il est composé d'une **zone centrale embryonnaire** dont les tissus sont encore vierges (il s'agit de cellules souches dites *totipotentes* à partir desquelles on pourrait réaliser un clone de la plante). De petites bosses, les ***primordia***, apparaissent autour de cette zone. Elles se développeront pour former différents organes : les feuilles (ou aiguilles), les écailles des pommes, les bractées (les petites feuilles qui protègent les fleurs), les pétales, les fleurons, etc. La régularité de leur disposition à ce stade, qui forme un ordre quasi cristallin, est frappante. On décrit cet arrangement par le comptage du nombre de spirales qui partent dans chaque direction. Ainsi, sur la vue de dessus, compte-t-on treize spirales en partant du centre et en tournant vers la droite, et huit autres qui partent du centre et tournent vers la gauche.

Ces nombres de spirales ne sont pas quelconques. En effet, 8 et 13 sont deux termes consécutifs d'une suite célèbre appelée *suite de Fibonacci*, du nom du moine italien du XIIIe siècle qui introduisit en Europe l'usage des *chiffres arabes* (qui viennent d'Inde, en fait). Il les utilisa pour résoudre une multitude de problèmes et en particulier une étude théorique sur la croissance d'une population de lapins. C'est ainsi qu'est née la suite de Fibonacci. Elle commence par 0 et 1, et chaque nouveau nombre est la somme des deux précédents : 0, 1, 1, 2, 3, 5, 8, 13, 21, 34, 55, 89, 144, 233, etc. La disposition en spirale, avec deux nombres consécutifs de la suite de Fibonacci, observée pour les aiguilles de la tige ou pour la pomme de pin, apparaît comme une propriété générale du monde vivant. En effet, on la retrouve dans les tournesols (ci-contre), les ananas, les artichauts, les choux-fleurs, etc. Cette similitude vient du fait que toutes les plantes poussent de la même manière, à partir d'un bourgeon, et que dans le bourgeon les petites bosses apparaissent déjà disposés de la bonne façon. Mais pourquoi ?

bourgeons de branche de pin

– 134-136 –

Les bosses, au cours de leur croissance, s'organisent les unes à la suite des autres et leur empilement s'établit sous la forme d'un réseau régulier tant que le bourgeon pousse toujours au même rythme, avec un nombre de spirales à gauche et un nombre de spirales à droite bien défini. Au bord de la plante, ce processus n'est plus possible, sinon les bosses se chevaucheraient. C'est alors que le rythme de croissance change, comme le suggère l'image du cœur de tournesol ou celle du sommet du bourgeon. On montre mathématiquement que ce nouveau rythme produit un empilement caractérisé par deux nouveaux nombres de spirales (un dans chaque sens) : l'un est le plus grand des deux nombres du réseau précédent et l'autre la somme de ces derniers ! En partant de la graine (1 et 1), le bourgeon passe ainsi au stade où il présente une spirale dans un sens et deux dans l'autre, puis 2 et 3, 3 et 5, etc. La suite de Fibonacci est la seule qui puisse ainsi passer continûment des nombres les plus petits possibles (1 et 1) aux nombres les plus grands !

Notre but est ici de comprendre le processus d'élaboration d'une plante à partir d'un bourgeon initial microscopique. En particulier, il nous faut expliquer l'apparition de cette série mathématique et étudier les facteurs dont elle dépend. Dans les exemples présentés ici, cette explication est relativement simple. D'une part, parce que les objets étudiés sont bien individualisés (des fleurs, des écailles), d'autre part parce que la croissance de la plante ne se fait pas de manière anarchique : la forme se construit, bosse par bosse, en s'appuyant sur les précédentes et la plante redécouvre et résout à chaque fois le problème de Fibonacci.

Ainsi, rien n'explique à la plante, à l'avance, ce qu'elle doit faire : elle n'a tout simplement pas d'autre solution. La curiosité est l'un des plus puissants moteurs de la recherche et d'accroissement des connaissances. Aviez-vous déjà remarqué les spirales des tournesols et compté leur nombre ? N'est-il pas agaçant de s'apercevoir que l'on ne connaît *pas* si bien qu'on le croyait le monde qui nous entoure, même lorsqu'il est si clairement visible à l'œil nu ?

Pour en savoir plus

http://www.lps.ens.fr/~douady

Le chant des dunes

Stéphane Douady
Laboratoire Matière et systèmes complexes (MSC) - UMR 7057
CNRS-Université Paris Diderot, Paris 7

Cette dune géante du désert marocain (ci-dessous), haute de 50 mètres et large de 500 mètres, présente la particularité d'émettre un son puissant et monotone, le très rare *chant des dunes*. Une image en fausses couleurs, prise au microscope électronique, montre la surface d'un de ces grains de *sable chantant*. Il est constitué de quartz, normalement lisse, mais qui est ici recouvert d'une couche pâteuse d'argile et de petits cristaux de calcite. Ces grains de sable ont des aspects et des formes différents, comme l'illustre la photographie prise à la loupe binoculaire. Dans cette photographie, un éclairage sur fond gris, de part et d'autre de l'objet, permet de distinguer les vraies couleurs de chaque grain, et de déterminer s'ils sont transparents, brillants ou mats. On constate que tous les grains ont à peu près la même taille (environ 200 micromètres) et qu'ils sont tous recouverts d'un vernis transparent, appelé *glaçure du désert*, similaire à celle dont les potiers enduisent les céramiques. La couleur rouge de la *mégadune* provient d'ailleurs de traces de rouille dans le vernis.

Ces grains de sable vernis sont tout à fait particuliers : ils émettent des sons dès qu'on les triture. C'est encore en partie un mystère, mais il est vraisemblable que trois caractéristiques des grains de sable sont concernées : d'abord leur forme arrondie, ensuite leur taille égale et enfin la présence de cette glaçure du désert à leur surface. Leur forme arrondie (surtout pour les grains de quartz transparents et brillants) suppose une très longue histoire d'entrechocs. Leur taille égale suppose un tri effectué par le vent au cours d'un long voyage qui se termine généralement sur le sommet d'une mégadune. Mais la présence du vernis est essentielle. D'une part l'étude des autres dunes chantantes dans le monde, avec des sables qui diffèrent par leur histoire et leur composition, montre que les grains ont tous le même vernis. D'autre part, en laboratoire, un sable qui chante quand on le triture devient aphone quand, après un certain temps, le vernis disparaît. Une fois ce vernis reconstitué, le sable se remet à chanter. Aujourd'hui

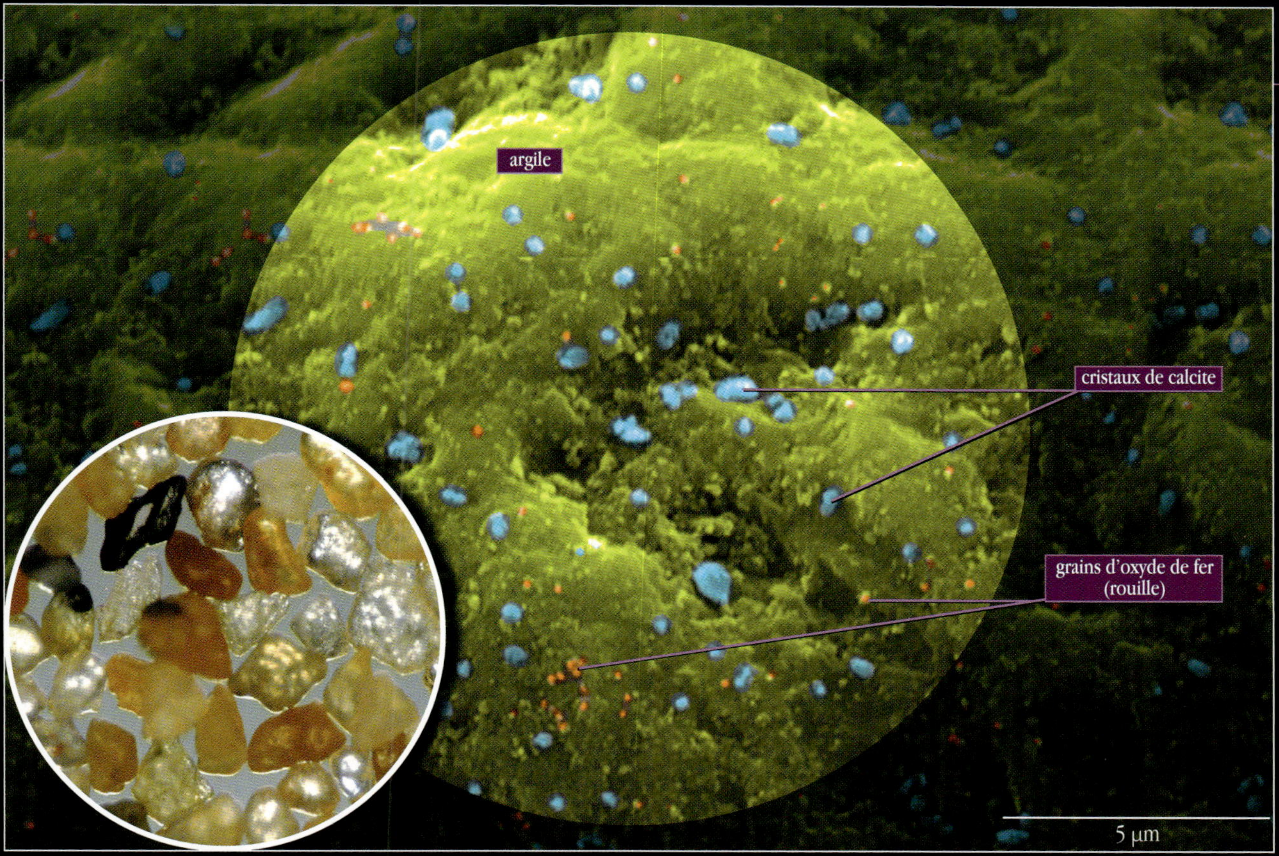

— 58 - 200 —

on connaît l'origine du son. Il se produit lorsque les grains de sable se mettent à bouger tous en même temps, à l'unisson, telle une troupe qui marche au pas. On pense que leur forme arrondie et leur taille semblable font qu'ils roulent tous de la même manière les uns sur les autres, et que le vernis, comme le caoutchouc des pneumatiques, leur offre la possibilité de bien rouler les uns contre les autres, sans déraper. Ce phénomène se traduit par l'émission d'un son soutenu et puissant, et même quelquefois d'une onde sismique dont les vibrations sont ressenties par un individu qui se tiendrait debout à proximité.

Le chant des dunes n'est pas la voix des Djinns comme le pensaient les Bédouins ou Marco Polo, mais bien la trace d'un phénomène physique inattendu et rare. Quelle est la nature exacte de ce vernis ? Pourquoi les grains décident de bouger tous à l'unisson ? Comment ce son, parfois pur comme celui d'un orgue, ou émouvant comme un chant, peut-il être produit d'une manière si différente de tous les instruments de musique que l'on a pu imaginer ? Autant de questions auxquelles il nous faut encore répondre. D'ores et déjà, notre étude a permis de mettre en relation un phénomène macroscopique (à l'échelle de la dune toute entière) avec les propriétés collectives des grains lorsqu'ils forment des avalanches à plus petite échelle, et même avec les propriétés individuelles, microscopiques, des détails de leur surface. Elle révèle ainsi l'intrication des phénomènes physiques et la façon dont de minuscules détails, invisibles à l'œil nu, transforment ce sable *ordinaire* en une matière presque *vivante*…

Les sables chantants illustrent le fait que la nature est bien loin d'avoir livré tous ses secrets. C'est particulièrement le cas en ce qui concerne les comportements variés et parfois contre-intuitifs de la matière granulaire. Il suffit d'un pas de côté, au hasard d'une promenade sur une dune, pour provoquer une avalanche au son *magique* et pour se trouver nez à nez avec un nouveau phénomène à expliquer !

Pour en savoir plus

http://www.lps.ens.fr/~douady

Une oasis sous la mer

Joël Querellou

Laboratoire de microbiologie des environnements extrêmes (LM2E) - UMR 6197
CNRS-Université de Bretagne occidentale-Ifremer, Brest

Par 3 025 mètres de fond, près de la dorsale médio-atlantique – cette immense chaîne volcanique où le plancher des océans est généré en permanence, provoquant le lent l'écartement des rives de l'Atlantique –, dans un froid mordant et une obscurité totale, se trouve une oasis de vie. Les sources hydrothermales de Logatchev (14°45'N - 44°58'W), sur le site Irina 2, ont été photographiées en mars 2007 pendant la campagne océanographique *Serpentine*. Elles expulsent une eau chaude noirâtre, chargée de minéraux, qui forme des cheminées solides appelées « fumeurs noirs ». La photo en médaillon montre une boîte au premier plan, qui est destinée à recevoir des échantillons de cheminée dont la composition minéralogique et microbiologique sera déterminée ultérieurement. Autour des fumeurs, grouillent d'innombrables crevettes d'une espèce particulière, ainsi que des moules. On distingue même un crabe parmi ces moules. Ce type de milieu n'est accessible qu'avec des sous-marins du type *Nautile* ou des robots tels que *Victor 6 000*, opérés par l'Ifremer ou d'autres instituts équivalents. Ces engins effectuent une cartographie détaillée des champs hydrothermaux, échantillonnent les fluides, les roches, les sédiments et les animaux en vue de leur étude ultérieure.

Pourquoi la vie explose-t-elle sur les sites hydrothermaux ? De quoi vivent les essaims de crevettes et les tapis de moules qu'on y observe ? La réponse tient dans la composition des fluides expulsés par les évents des cheminées. Ils ont une teneur élevée en hydrogène, en méthane, en hydrogène sulfuré et en gaz carbonique, et contiennent ainsi une énergie chimique directement utilisable par certains micro-organismes dits *chimiolithoautotrophes*. Le terme signifie qu'à l'instar des plantes, ils synthétisent eux-mêmes leur propre substance à partir du gaz carbonique dissout dans leur milieu – c'est-à-dire sans manger d'autres êtres vivants –, mais ils le font sans pratiquer la photosynthèse (impossible à cette profondeur) : l'énergie nécessaire à ces transformations est l'énergie chimique contenue dans les fluides hydrothermaux. Ces micro-organismes remplacent alors le phytoplancton comme base de la chaîne alimentaire. Que les cheminées tarissent, et c'est l'ensemble de la communauté qui vient à mourir. Or, ceci se produit régulièrement dans les grands fonds marins près des dorsales. Des champs hydrothermaux s'éteignent et d'autres naissent au gré de la lente dérive du fond océanique.

On peut visiter la partie émergée de la dorsale médio-atlantique à pied, en Islande par exemple, du côté de Mivatn, là où se séparent l'Europe et l'Amérique. On y trouve aussi

— 42 - 146 —

des sources thermales terrestres, mais pas d'oasis grouillant de vie. Pour cela, il faut aller au fond des mers, ce qui nécessite des moyens lourds : navires océanographiques, engins sous-marins, équipements adaptés aux énormes pressions, etc. Le navire utilisé ici est le *Pourquoi pas ?*, le dernier né de la flotte de l'Ifremer. L'engin sous-marin est le robot filoguidé *Victor 6 000*. Ce robot reçoit dans un berceau ventral différents modules selon les tâches à accomplir. La boîte de prélèvement est télémanipulée par les bras du robot et la photo est prise avec un appareil numérique haute définition placé dans un conteneur capable de plonger à 6 000 mètres de profondeur (d'où le nom du robot). La carte haute résolution des fonds marins du champ hydrothermal est établie par un sondeur multifaisceaux embarqué sous le Victor. Les données ainsi collectées ont une résolution jusqu'à présent inégalée.

Aussi étrange que cela puisse paraître, les fonds marins de la Terre sont encore très mal connus. Les processus à l'œuvre au niveau des dorsales océaniques contribuent à la formation des plaques océaniques, modifient la composition des océans, où ils entraînent des accumulations massives de sulfures métalliques. L'exploration de ces champs hydrothermaux peut conduire à la découverte de processus totalement inconnus à ce jour. Ainsi, lors de la campagne *Serpentine*, les prélèvements effectués sur le site Ashadze ont démontré la présence d'hydrogène dans les fluides, résultant d'une réaction d'hydratation des roches du manteau sous-jacent par l'eau de mer infiltrée dans les fractures de l'écorce terrestre (réaction de serpentinisation). Sur ces mêmes sites, les fluides hydrothermaux contiennent de nombreuses molécules organiques prébiotiques susceptibles d'avoir permis l'apparition de la vie sur Terre. Outre la compréhension du fonctionnement des écosystèmes basés sur la chimiosynthèse (et donc indépendants de l'énergie solaire), ces sites nous renseignent sur les mécanismes qui prévalaient peut-être à l'origine de la vie. Ils nous apprennent aussi que la vie peut s'épanouir dans des conditions variées, ce qui inspire sa recherche dans le reste de l'univers.

Pour en savoir plus

http://www.ifremer.fr/serpentine/

« Handbook of deep-sea hydrothermal vent fauna », D. Desbruyères, M. Segonzac et M. Bright, *Denisia*, 2006, 18.

Le plancton vu du ciel

Jean-Marie Froidefond

Environnements et paléoenvironnements océaniques (Epoc)
UMR 5805 CNRS-Université Bordeaux 1

Le 29 avril 2005, le satellite américain Modis/Aqua prenait cette image du Golfe de Gascogne. On y voit un grand nuage blanc, de forme globuleuse, qui masque les côtes au nord-est du Pertuis Charentais. L'estuaire de la Gironde, immédiatement au sud, est d'une couleur beige due aux vases en suspensions dans le fleuve : elles révèlent que ces eaux sont emportées par un courant côtier dirigé vers le nord lorsqu'elle débouchent dans l'océan. De l'autre côté du grand triangle sombre de la forêt landaise, une autre plume turbide marque cette fois l'embouchure de l'Adour. Mais la caractéristique la plus spectaculaire de cette image vient des grands tourbillons et des arabesques qui animent les eaux du Golfe de Gascogne au nord de l'Espagne. Ils sont rendus visibles par la présence d'une multitude d'algues unicellulaires, des coccolithophridés, qui ont la particularité de s'entourer d'une minuscule coquille calcaire (en médaillon ci-contre, une cellule d'à peine 10 micromètres). Un tel *bloom* (une brusque efflorescence) est habituel dans cette région au printemps, et c'est

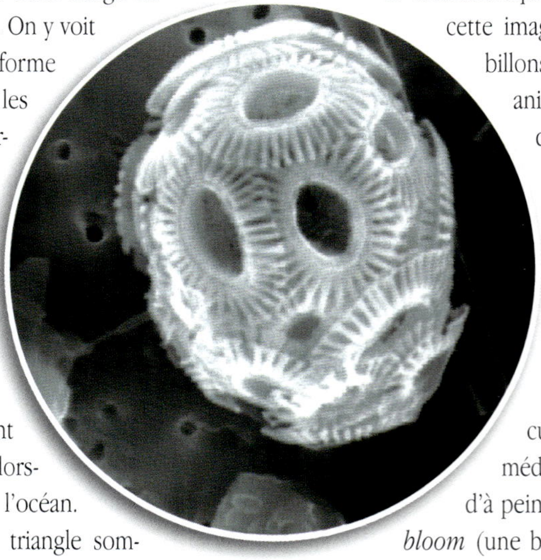

— 126 —

ce « sable vivant » qui nous révèle les courants de surface. Cependant, si, vues d'un bateau, les algues semblent donner une couleur un peu opalescente à l'eau, les tourbillons, eux, ne sont discernables que depuis l'espace.

Deux satellites américains du type *Modis* passent tous les jours au-dessus du Golfe de Gascogne entre 10 heures 30 et 13 heures 30 (temps universel). Ils prennent simultanément 32 images dans différentes longueurs d'onde, de l'infrarouge au visible, et ces données sont archivées par notre unité de recherche. Cependant, la télédétection spatiale serait d'un intérêt limité sans les mesures *in situ*. Ainsi, dans le cas de l'image présentée ici, ce sont les prélèvements d'eau de mer effectués par un navire océanographique et analysés au microscope électronique à balayage qui permettent d'identifier la présence du phytoplancton responsable de la coloration de l'eau.

Les débuts de l'observation de la terre par satellite se confondent avec l'aventure de la *conquête spatiale* elle-même. Les tout premiers satellites d'observation du sol (*Landsat*) ou de l'atmosphère et des océans (NOAA-AVR et *Meteosat*) ont été lancés par les Américains dans les années 1970. Ils furent relayés par des instruments à haute résolution, tels les célèbres SPOTS européens capable de distinguer des détails de 2,5 mètres au sol). Désormais, grâce aux progrès de l'informatique qui ont *démocratisé* la puissance de calcul nécessaire à l'analyse de ces images, cette aventure est devenue aussi une aventure commerciale.

La télédétection spatiale ou aéroportée est l'instrument par excellence de l'étude globale de la Terre. Elle vient à point nommé montrer à l'homme qu'il vit sur un monde limité, susceptible d'être dégradé à grande vitesse par ses activités. Qu'il s'agisse des trous de la couche d'ozone, de la progression chaque année de la déforestation, de l'assèchement de lacs, de l'urbanisation, de l'érosion des côtes ou des pollutions de tous ordres, l'imagerie spatiale donne une dimension concrète à ces dégradations. Désormais, les hommes politiques, les scientifiques, les industriels et les militaires sont donc face à leurs responsabilités : choisir l'intérêt général et supranational ou se borner à l'intérêt national voire corporatiste. Le progrès technologique est indéniable, mais l'homme doit aussi se préoccuper du progrès humain, c'est-à-dire du respect des peuples et de l'environnement naturel avec lequel il doit vivre en équilibre.

Pour en savoir plus

« Satellite and ship studies of coccolithophore production along a continental shelf edge », P.-M. Holligan, M. Viollier, D.S. Harbour, P. Camus et M. Champagne-Philipp, *Nature*, 1983, 304, p. 339-342.

Vingt mille lieues sous les mers

Henri Didelle

Laboratoire des écoulements géophysiques et industriels (Legi) - UMR 5519
CNRS-Université Joseph Fourier, Grenoble

Que deviennent les eaux froides et denses qui, franchissant un détroit, *s'enfouissent* sous la surface en atteignant le bord d'un plateau continental ? De tels mouvements résultent d'un grand nombre de facteurs : la température et la salinité de l'eau, qui en modifient la densité, la pression des vents, qui creusent les flots par endroit pour les élever ailleurs, ou la rotation de la Terre. Sur un plateau tournant (en haut à gauche) simulant cette rotation, on observe l'écoulement d'une eau colorée dense glissant le long d'une pente – une situation analogue à ce qui se passe lorsque les eaux de l'océan Arctique débouchent dans l'Atlantique entre l'Islande et le Groenland, ou encore au voisinage du détroit de Gibraltar (à droite). On observe la formation de vastes *cyclones* marins, typiques des effets de la pente et de la rotation terrestre.

La circulation océanique globale est connue dans ses grandes lignes à partir de mesures de surface : celles qui sont réalisées *in situ* par des bouées ou des missions océanographiques, et celles qui proviennent des images satellitaires. Dans le cas du détroit de Gibraltar, par exemple, on sait que deux courants charriant près d'un million de m^3 par seconde se croisent en sens inverse. Le premier progresse en surface de l'Atlantique vers la Méditerranée. Le second est connu de manière plus indirecte, car il fait passer les eaux profondes du *Mare Nostrum* dans l'océan. Tous deux s'affrontent à une profondeur moyenne pour donner naissance à des ondes de grande amplitude verticale (plusieurs mètres) dont on retrouve la trace en surface grâce aux photos aériennes. Le courant supérieur continue sa route vers l'est avant d'être infléchi vers la droite (le sud) par la rotation de la Terre. Il prend alors la direction Alméria-Oran. Le courant profond, plus dense, plonge jusqu'environ 1 000 mètres et tourne lui aussi à droite (le nord, cette fois) pour longer les côtes espagnoles et portugaises. Il produit alors des *meddies*, sortes d'énormes lentilles d'eau qui traversent l'Atlantique et qui sont la signature de tourbillons profonds.

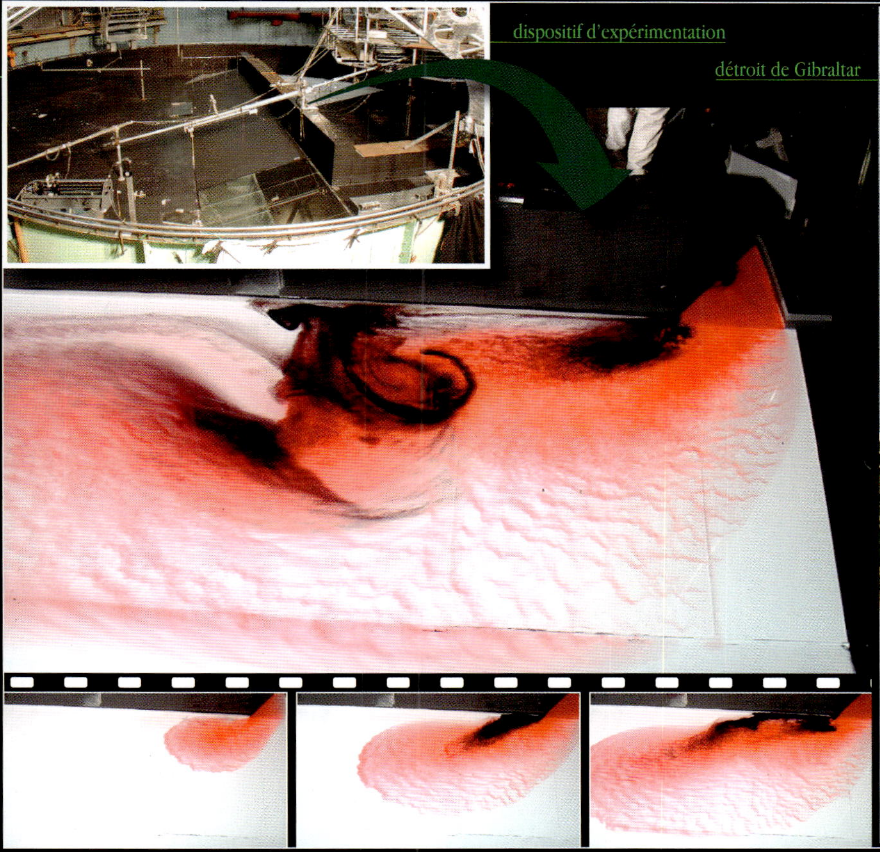

dispositif d'expérimentation

détroit de Gibraltar

— 142 —

Les modèles réduits d'océan produits en laboratoire – tout comme les simulations purement numériques – nous montrent ce qui se passe sous la mer. Ils nous aident à comprendre et à interpréter les manifestations observées en surface qui sont la signature d'événements profonds *invisibles*. On reproduit un grand nombre de situations réelles en modifiant à volonté différents paramètres et on reconstitue ainsi le comportement de l'océan mondial. Les océans, bien que liquides, sont animés de mouvements *météorologiques* – convection, cyclones, courants, fronts froids ou chaux, etc. – analogues à ceux de l'atmosphère gazeuse. Ils se produisent cependant sur des échelles de temps plus longues. À court terme, l'analyse des mouvements de l'atmosphère fournit l'essentiel des informations sur le temps qu'il fera demain – même si les échanges avec l'océan conditionnent en partie les prévisions, par exemple dans le cas de la formation des cyclones tropicaux. Sur le long terme en revanche, à cause de sa plus grande inertie thermique, c'est l'océan qui devient le principal acteur du devenir du climat. Cet univers complexe évolue autour d'un fragile point d'équilibre dont il conviendrait de ne pas trop s'écarter. Or, il est encore très mal compris. On n'a ainsi découvert que récemment, grâce à des carottes de glace remontant à plus de 150 000 ans, que le Groenland et l'Antarctique sont interconnectés et que l'Atlantique sert de convoyeur transportant la chaleur du sud vers le nord.

Au moment où l'homme s'inquiète du réchauffement planétaire, cette information doit nous inviter à beaucoup d'humilité et de prudence. En effet, avant même d'avoir tout compris de l'océanographie, l'homme commence déjà à laisser son empreinte négative sur l'environnement. Du coup, certains envisagent de combattre l'action du soleil avec de grands réflecteurs, d'autres d'activer la photosynthèse pour mieux piéger le gaz carbonique en ensemençant les mers de fer… sans se préoccuper des conséquences de tels actes qui sont, répétons-le, encore largement imprévisibles ! Ces fantasmes d'apprenti sorcier doivent nous inciter à mieux connaître la mer, ou les remèdes risquent d'être bien pires que le mal.

Pour en savoir plus

« Ce que disent les fluides, la science des écoulements en images », E. Guyon, J.-P. Hulin et L. Petit, *Belin*, 2005.

http://videotheque.cnrs.fr (*Cyclones en laboratoires*, réalisateur M. Dalaise)

L'Antarctique voit rouge

Ghislain Picard

Laboratoire de glaciologie et géophysique de l'environnement (LGGE)
UMR 5183 CNRS-Université Joseph Fourier, Grenoble

Les couleurs vives qui ceinturent cette carte de l'Antarctique représentent le nombre de jours où la neige en surface a fondu pendant l'été austral 2004-2005. À gauche, la péninsule Antarctique, en face de la Terre de Feu, apparaît en rouge. C'est en effet la région la plus chaude et elle fond environ trois mois par an. À droite, en face de l'océan Indien, la plate-forme d'Amery, où s'écoule le glacier Lambert avant d'atteindre l'océan Austral, apparaît en orange. La fonte y dure environ deux mois. En bas, la plate-forme de Ross, en face de l'Australie, apparaît quant à elle en jaune pâle : elle ne fond qu'occasionnellement. Les tons gris de la carte représentent l'émission thermique naturelle dans le domaine des micro-ondes. Au centre et sur le grand plateau est de l'Antarctique, l'image est plus sombre car la température y est très basse. À l'est de la péninsule, la banquise estivale qui subsiste dans la mer de Wedell apparaît blanche, car la neige est beaucoup plus émissive que l'océan alentour, pourtant à la même température. Cette différence est mise à profit pour observer la formation et la disparition de la banquise chaque année.

Des événements de fonte de surface ont lieu tous les étés en Antarctique, et l'essentiel de l'eau reste imbibée dans la neige pour ne regeler que quelques jours plus tard. Seule une partie infime s'écoule vers l'océan. Ces quelques pour-cent d'eau liquide suffisent à augmenter considérablement l'émission naturelle de la neige. Ainsi, alors même qu'un homme sur le terrain ne verrait rien, la présence de cette eau liquide est détectable par des satellites en orbite à quelque 800 kilomètres d'altitude et observant le rayonnement électromagnétique dans la fréquence de 19 GHz (soit une longueur d'onde de l'ordre de 15 mm, correspondant aux micro-ondes). Nous nous intéressons à la fonte car elle indique à quel moment la température de la neige atteint 0 °C. Le nombre de jours de fonte pendant un été est donc une indication de la température estivale. C'est un indicateur climatique pertinent, d'autant que les satellites micro-ondes acquièrent des images depuis 1978 et permettent donc de retracer presque trois décennies de l'histoire du climat côtier... Une mine d'informations pour un continent aussi isolé !

La péninsule Antarctique fond de plus en plus et l'on sait même, grâce aux quelques stations météo sur place, que cette région connaît le réchauffement le plus important de la planète depuis 50 ans (+2,5 °C). À l'inverse, l'est de l'Antarctique s'est refroidi, preuve que le changement climatique n'est pas uniforme. Pourtant, récemment, ces tendances se sont inversées. La péninsule connaît de moins en moins de fontes depuis le milieu des années 1990 et l'est voit au contraire une nette augmentation de la fonte. Cette modification est très probablement

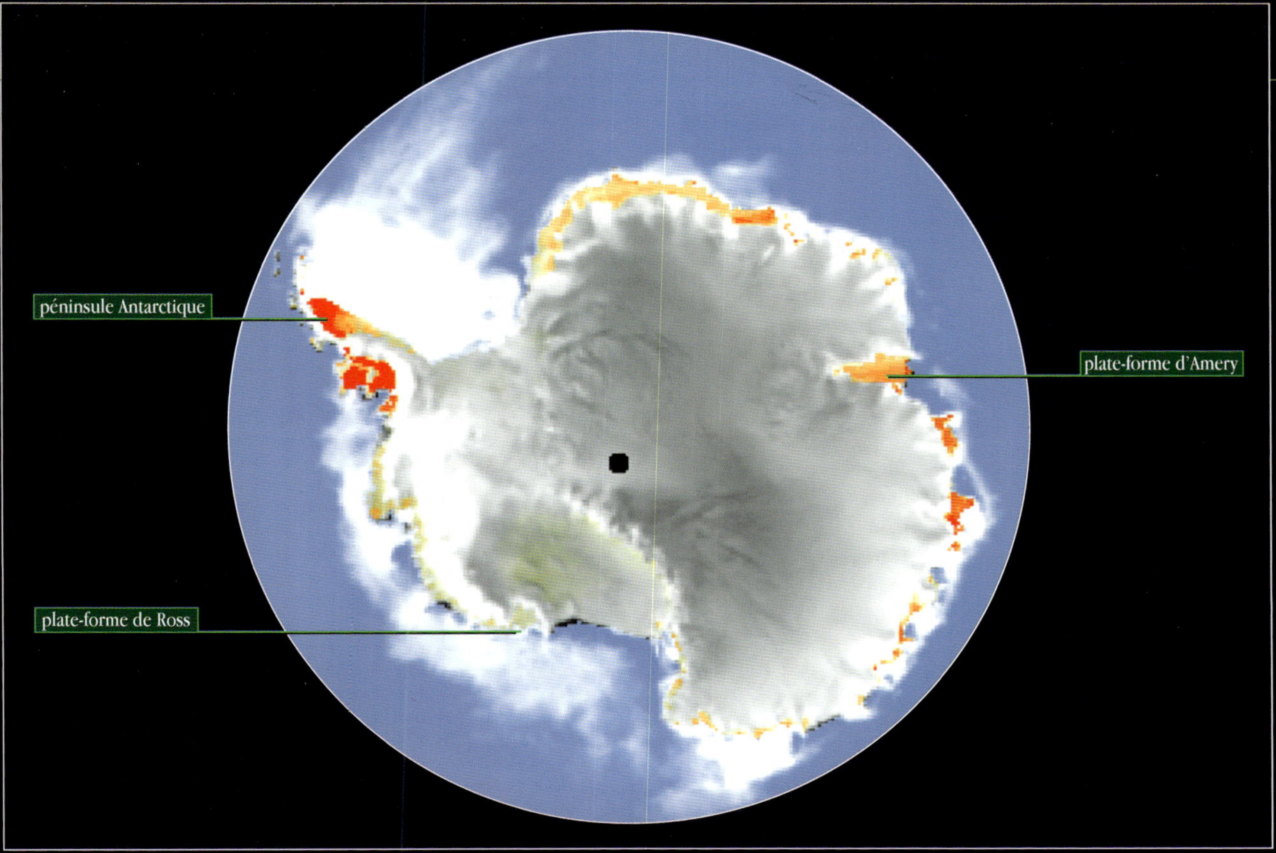

— 150 —

naturelle et provient du changement de phase de l'oscillation antarctique (une zone de conditions atmosphériques oscillantes qui entoure le continent et que l'on nomme aussi parfois *mode annulaire sud*). Cette oscillation est la principale source de variabilité du climat au sud de l'océan Austral et opère sur des périodes décennales. Une périodicité aussi longue nous pose un problème, car elle complique l'identification du rôle de l'homme sur les changements climatiques en Antarctique et impose d'observer pendant plusieurs décennies les mêmes indicateurs afin d'en éliminer les variations naturelles. Il faut donc continuer à observer.

Dès 1993, l'idée d'observer la fonte de surface en Antarctique a été émise et diverses équipes à travers le monde ont développé des méthodes de détection pour l'Antarctique et pour le Groenland. Les observations commencées par le satellite micro-onde SMMR, puis par les SSM/I et aujourd'hui par l'AMSR-E, constituent l'une des plus longues séries temporelles de l'observation de la Terre depuis l'espace. La communauté scientifique internationale a accès à ces données qui sont disponibles au *National Snow and Ice Centre* (Colorado, États-Unis). Depuis 2002, notre laboratoire utilise son propre algorithme d'analyse de ces données. Il consiste à y détecter les pics d'émission provoqués par la fonte (un programme permet de ne pas les confondre avec des pics de température ou des inévitables erreurs d'observation). Il suffit ensuite de compter le nombre de jours de fonte par été pour chaque pixel afin d'obtenir l'image finale.

Les observations actuelles contribuent à l'amélioration des modèles de climat. Désormais, les climatologues voient clairement un réchauffement global émerger des simulations numériques issues de ces modèles. On peut donc prévoir que notre image sera probablement plus rouge dans quelques décennies, mais à quel point ? C'est une question fondamentale pour le sort de l'humanité ! Bien entendu, les climatologues s'attachent à réduire les incertitudes de type scientifique, mais ils se heurtent à une inconnue de taille qui dépend des choix et actions de chacun d'entre nous, dès aujourd'hui : quelle sera notre future consommation d'énergie d'origine fossile ?

Pour en savoir plus

L'Antarctique – Présent, passé, futur, F. Rémy, CNRS éditions, 2003.

http://nsidc.org

« Surface melting observations in Antarctica by microwave radiometers: correcting 26 year-long timeseries from changes in acquisition hour », G. Picard et M. Fily, *Remote Sensing of Environment*, 15 octobre 2006, **104(3)**, p. 325-336.

« Interannual variability and trend of the Antarctic summer melting period from 20 years of spaceborne microwave data », O. Torinesi, M. Fily et C. Genthon, *Journal of Climate*, 2003, **16(7)**, p. 1047-1060.

Chaud devant !

Gerhard Krinner

Laboratoire de glaciologie et géophysique de l'environnement (LGGE)
UMR 5183 CNRS-Université Joseph Fourier, Grenoble

De combien augmentera la température moyenne du climat au cours du XXIe siècle ? Un modèle climatique permet de calculer l'écart entre les normes observées au cours des deux dernières décennies du XXe siècle (1981-2000) et ce qui menace d'être le climat moyen des vingt dernières années du XXIe (2081-2100). La couleur indique l'écart de température moyenne annuelle de l'air, à deux mètres au-dessus de la surface terrestre. Si le réchauffement prévu est très faible, voire nul, au-dessus d'une partie de l'Atlantique Nord (couleurs claires), il peut dépasser les 10° C dans l'**Arctique** (orange et jaune). On note que, de manière générale, les continents subissent une plus forte augmentation de température que les océans. Ainsi, le nord de la Sibérie se réchauffe de 6° C environ, et une grande partie de l'Amérique du Nord voit le thermomètre grimper de 5° C. Le nord-ouest de l'Europe profite quant à lui de l'influence de l'Atlantique Nord, qui limite la hausse à 3° C environ.

Une partie du rayonnement solaire est réfléchie par la Terre et renvoyée dans l'espace, tandis que le reste (environ 70 %) chauffe le sol, les océans et l'atmosphère. Ainsi, le bas de l'atmosphère (où sont concentrés l'essentiel des fameux gaz à effet de serre que sont la vapeur d'eau et le gaz carbonique) reçoit, en plus du rayonnement solaire, un flux d'énergie supplémentaire venu de la surface. Sans cet effet de serre, toute la Terre serait englacée. Son existence est connue depuis longtemps. Il y a plus de 100 ans déjà, on prévoyait que la température moyenne d'équilibre de la Terre augmenterait de 4 °C environ si la concentration du CO_2 venait à doubler par rapport à son niveau naturel – notamment à cause de la combustion du charbon, puis du pétrole et du gaz naturel. Aujourd'hui, on peut penser que cette prédiction pourrait devenir une réalité vers 2060 environ ! Dans les détails, cependant, les choses sont moins simples. D'abord, le changement climatique ne se résume pas à un changement de température : il n'affecte pas tout le globe de façon uniforme, comme on le voit sur l'image présentée ici. Ensuite, le climat met une centaine d'années avant d'aboutir à ce nouvel équilibre. Enfin, des rétroactions positives ou négatives peuvent respectivement renforcer ou tempérer le changement climatique *direct* causé par les émissions de gaz à effet de serre. La principale rétroaction est positive : plus il fait chaud, plus l'atmosphère pourra contenir de vapeur d'eau, et plus l'effet de serre sera important. Certains types de couvertures nuageuses engendrent une rétroaction négative : elles bloquent davantage le rayonnement solaire direct que le rayonnement thermique, et ainsi le climat se refroidit.

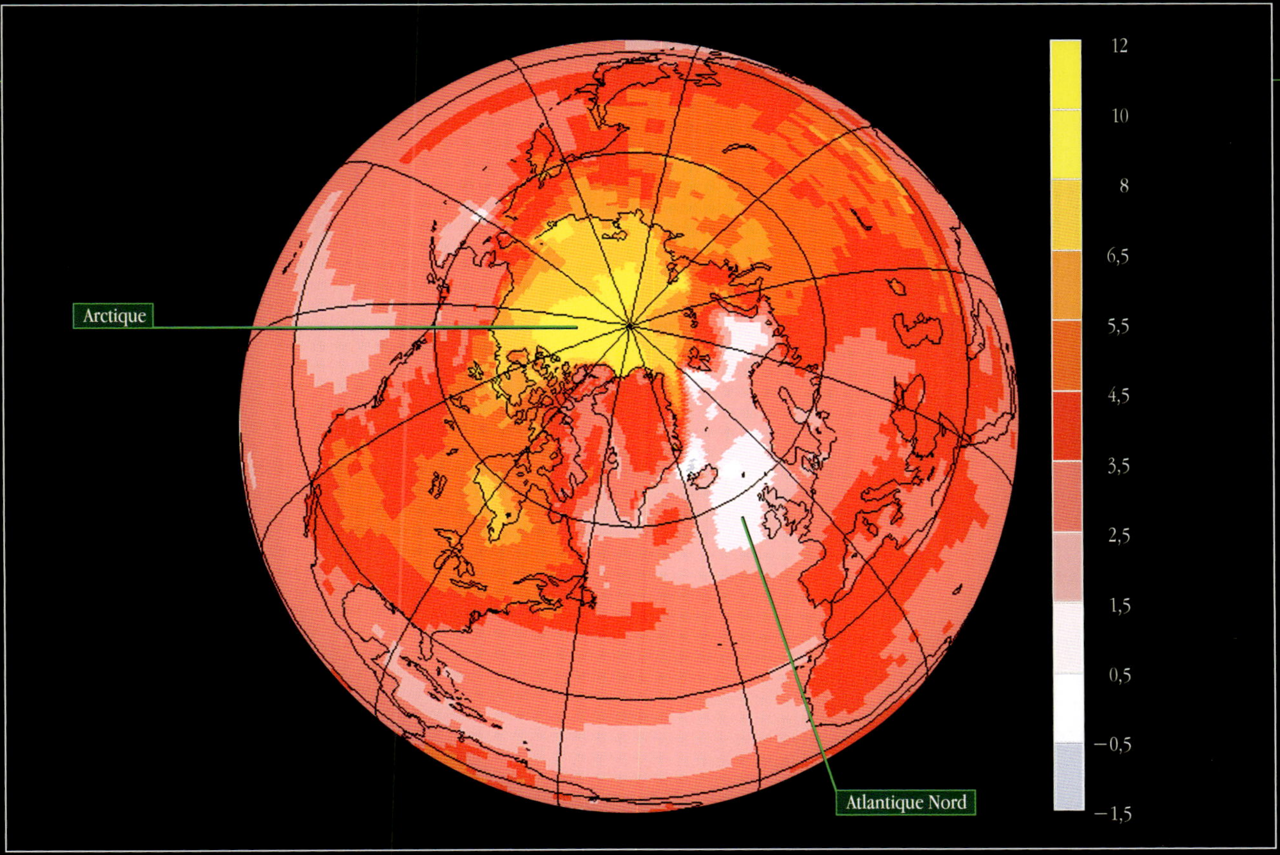

– 148 –

Le système climatique est complexe, les rétroactions sont nombreuses et difficiles à quantifier. Dans ce contexte les scientifiques sont conduits à utiliser de nombreux modèles numériques du climat, des représentations mathématiques très complexes du fonctionnement de l'océan et de l'atmosphère où l'on calcule de proche en proche comment les propriétés physiques d'un cube d'eau ou d'air affecte celles de ses voisins (on devine d'ailleurs ce maillage sur l'image). Dans son principe, un tel modèle est comparable à celui utilisé pour les prédictions météorologiques : il calcule les températures, les quantités de précipitation, les vents, etc., heure par heure. Mais il le fait sur une centaine d'années en tenant compte de l'émission des gaz à effet de serre dans l'intervalle. Paradoxalement, en ne considérant que les propriétés moyennes de la météo future, on peut prévoir la température « normale » du mois du juillet dans les années 2080, alors qu'il serait totalement impossible de prédire le temps qu'il va faire un jour donné l'année prochaine. Dans le monde, il existe aujourd'hui une trentaine de modèles utilisés pour la prédiction du changement climatique dans le siècle à venir. L'ensemble des résultats sont consignés dans les rapports du Groupe intergouvernemental d'experts sur l'évolution du climat (Giec), dont le quatrième a été publié en 2007. La méthode consiste à observer les résultats donnés par ces différents modèles, étant entendu que l'on peut accorder une grande confiance aux points sur lesquels ils sont tous d'accord.

Grâce aux travaux théoriques, aux réseaux d'observation, aux recherches sur le climat du passé, et à la télédétection par satellite, notre connaissance sur le fonctionnement du système climatique s'accroît. Les modèles s'améliorent constamment grâce à la montée en puissance des moyens de calcul. Les prévisions deviennent ainsi plus fiables. En particulier, il est aujourd'hui certain que le réchauffement sera plus fort sur les continents que sur les océans, et particulièrement en Arctique. Toutefois, des incertitudes demeurent. Ainsi, l'ensemble des estimations n'évolue guère en ce qui concerne la sensibilité de la température moyenne à la surface de la Terre à un doublement de la concentration du CO_2 par rapport à son niveau naturel. Comme au début des années 1980, on estime encore aujourd'hui cette *sensibilité climatique* entre 2 et 4° C. À moyen terme, il faudrait être en mesure de réduire cette fourchette d'incertitude pour prédire avec un meilleur taux de confiance le devenir de la planète.

Pour en savoir plus

http://www.ipcc.ch

La traque du gaz carbonique

Jean-Yves Pontailler et Nicolas Delpierre

Unité Écologie, systématique et évolution - UMR 8079

CNRS-Université Paris-Sud 11, Orsay

Le gaz carbonique (CO_2) est invisible, inodore et présent en infime quantité dans l'atmosphère (0,4 partie pour mille !). Il n'en revêt pas moins une importance particulière pour la biosphère terrestre. Il est à la fois le principal accusé du réchauffement climatique actuel et la seule source de carbone à laquelle puisent les plantes. Voir le CO_2 évoluer au-dessus d'une forêt est donc devenu crucial. C'est ce qu'ont fait ces appareils pendant les huit premiers mois de l'année 2005. Le graphique montre le débit de CO_2 absorbé par une forêt de chênes en région parisienne (mesuré en micromoles, soit environ 12 microgrammes de carbone, par mètre carré et par seconde). Cette absorption est maximale le jour, lorsque la lumière du soleil fournit aux feuilles l'énergie nécessaire pour fabriquer leur propre substance à partir du gaz carbonique de l'air. Elle est minimale la nuit et en hiver, lorsque cette photosynthèse s'arrête faute de lumière… ou de feuilles !

Calculer un tel flux de gaz carbonique exige de mesurer non seulement sa concentration en continu en un point au-dessus de la forêt, mais aussi de connaître en ce point la vitesse et la direction du vent. Pourquoi ? Lorsque la végétation fixe le carbone – lors de la photosynthèse –, on pourrait s'attendre à ce que la concentration en CO_2 diminue. En réalité, ce n'est le cas, dans un premier temps, que pour l'air situé à proximité du feuillage. L'air qui monte de cette zone vers le point de mesure tend à y faire diminuer la concentration en CO_2, mais l'air qui descend des couches supérieures, plus riches en carbone, aura momentanément l'effet inverse ! Ce n'est qu'en associant les variations de concentration en CO_2 et les fluctuations de l'air que l'on pourra établir qu'en moyenne, la somme de ces mouvements se traduit effectivement par un flux net de gaz carbonique de l'atmosphère vers la forêt. Le processus inverse est observé la nuit, lorsque le dégazage du gaz carbonique dû à la respiration des plantes et du sol se traduit par un flux net de carbone de la forêt vers l'atmosphère.

Nous avons dosé précisément le CO_2 en mesurant la façon dont l'air analysé absorbe le rayonnement infrarouge. Les instruments actuels de spectrométrie d'absorption infrarouge donnent des précisions de l'ordre d'un dixième de partie par million. Par ailleurs, nous avons utilisé un anémomètre d'un genre spécial (dit *anémomètre sonique tridimensionnel*) pour enregistrer la vitesse du vent et sa direction. L'une des difficultés était que, pour tenir compte des mouvements de l'air, il nous fallait une instrumentation très rapide, capable de mesurer les concentrations et les fluctuations du vent près de 20 fois par seconde ! Ces techniques ont pris lentement leur essor au début des années 1990. En spectrométrie d'absorption infrarouge, anémométrie sonique tridimensionnelle

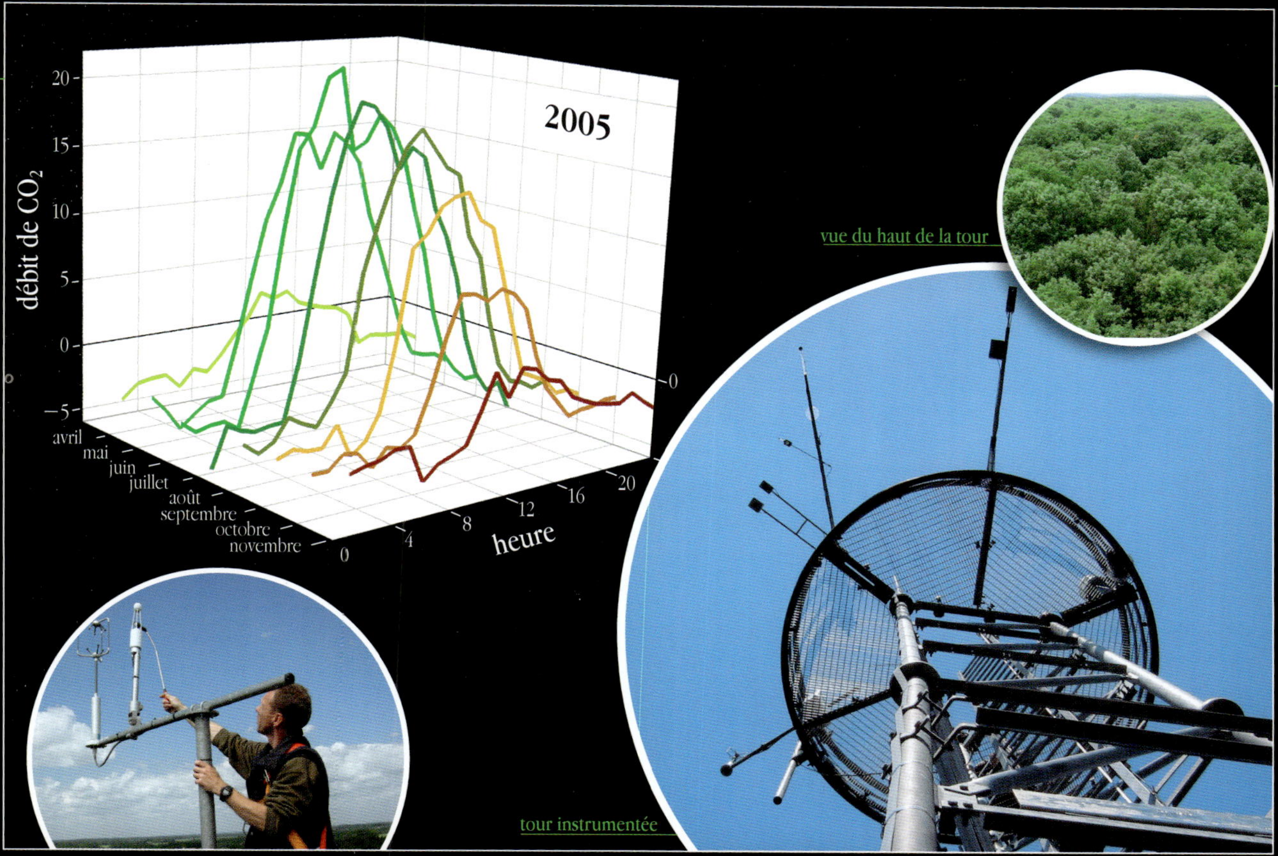

— 76 —

mars 2005, notre équipe a choisi d'implanter une tour instrumentée de 35 mètres de haut au-dessus d'une chênaie âgée en forêt domaniale de Barbeau (en Seine-et-Marne)… Et les débuts furent difficiles ! Car la technique n'était pas encore du domaine de la routine et nécessitait une surveillance constante, un tri sévère des données, et le calcul de multiples corrections. À l'heure actuelle, un bon dispositif délivre environ 85 % de mesures exploitables.

Le gaz carbonique émis par les activités humaines est en grande partie à l'origine du réchauffement climatique actuel. Mais si ces émissions sont de l'ordre de 8 milliards de tonnes par an, la hausse correspondante dans l'atmosphère n'est que d'environ 3,2 milliards de tonnes. Il existe donc des *puits de carbone* qui absorbent chaque année les quelque 5 milliards de tonnes restantes. Les spécialistes pensent que les océans et les continents interviennent à parts égales dans cet effet de puits et la communauté scientifique internationale cherche désormais à savoir comment. Comme les arbres représentent 80 % du stock de carbone des continents (sols non compris), on peut penser que les forêts sont susceptibles de fixer à moyen terme d'importantes quantités de carbone dans le bois. En réalité, il est difficile de l'affirmer *a priori*. C'est évidemment vrai pour une forêt nouvelle, qui grandit jusqu'à sa taille adulte à partir de zéro : la masse de carbone qui constitue les nouveaux arbres a bel et bien été ôtée de l'atmosphère. Mais par la suite, la décomposition des plantes, des feuilles ou des arbres morts restituera une partie de ce carbone à l'atmosphère. Ainsi, il n'est pas évident de savoir si une forêt ancienne est un puits de carbone ou, au contraire, un contributeur à l'effet de serre ! Nos résultats sont plutôt encourageants, car ils montrent qu'une forêt ancienne en zone tempérée est encore capable d'absorber du CO_2 : de l'ordre de 5 tonnes par hectare et par an.

À l'heure actuelle, plusieurs grands programmes internationaux fédèrent les recherches dans ce domaine. On peut citer Ameriflux aux États-Unis et au Canada, ou Carboeurope IP en Europe. Le réseau mondial Fluxnet prend une part importante dans la coordination des recherches et la transmission de l'information. Il existe maintenant plus de 200 sites forestiers de mesure de flux de CO_2 sur la planète. Les données recueillies devraient permettre d'optimiser la gestion forestière et en particulier d'anticiper les effets des changements climatiques. Les forêts pourraient ainsi participer davantage à la séquestration du carbone atmosphérique mondial.

Pour en savoir plus

http://www.ese.u-psud.fr/ecophysio/carbone/approches/eddycov/index.html

http://www.carboeurope.org/

Saint-Lidar-de-la-Garde

Hervé Delbarre
Laboratoire de physicochimie de l'atmosphère (LPCA) - UMR 8101
CNRS-Université du Littoral Côte d'Opale, Dunkerque

Cette image est une représentation de l'évolution de la pollution de l'atmosphère le 24 juin 2001, une belle journée ensoleillée et sans nuages, dans la région de Marseille. La pollution de l'air y est visualisée par la concentration de l'ozone mesurée du sol jusqu'à une altitude de 2 500 mètres, et du petit matin (6 heures) jusqu'à minuit. La teneur en ozone indiquée par l'échelle de couleur varie considérablement avec l'altitude et le moment de la journée, d'un air propre (couleur verte) contenant quelques dizaines de microgrammes par mètre cube (µg/m^3) d'ozone, à un air très pollué (couleur rouge), où la concentration d'ozone peut atteindre 200 µg/m^3. Sur ce schéma, on peut schématiquement diviser l'espace en deux strates horizontales : la couche la plus basse, du sol jusqu'à une altitude de 1 250 mètres environ, se caractérise par une forte concentration d'ozone en milieu de journée, ce qui correspond à la période d'ensoleillement maximum ; la couche supérieure, entre 1 250 et 2 500 mètres d'altitude, est propre en matinée, et se pollue plus tardivement.

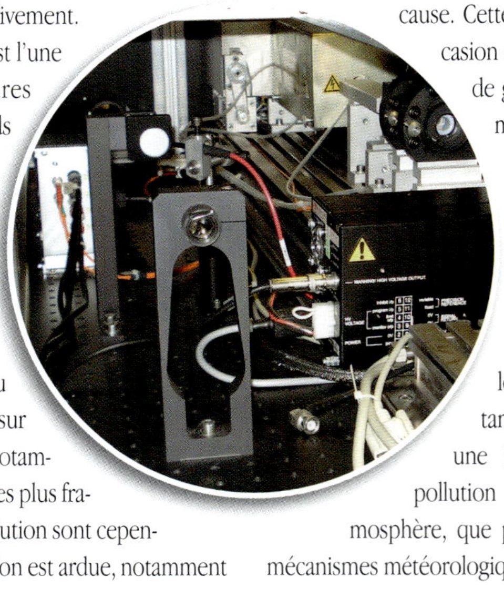

La pollution photochimique est l'une des problématiques majeures du développement des grands ensembles urbains, en particulier en raison de ses effets sur la santé et sur la qualité de vie. Des événements récents, comme par exemple la canicule de 2003, ont ainsi montré à quel point le niveau de pollution pouvait influer sur la santé de la population, et notamment sur celle des personnes les plus fragiles. Ces phénomènes de pollution sont cependant complexes, et leur prévision est ardue, notamment parce qu'elle nécessite une compréhension très fine des mécanismes météorologiques et chimiques en cause. Cette image a été réalisée à l'occasion d'une campagne de mesures de grande envergure, destinée à mettre au point et à valider des modèles numériques pour la prévision de la pollution de l'air, à l'image des modèles de prévision météorologique qui nous sont maintenant si familiers. Pour cela, le lidar est un instrument-clé, tant pour ce qui est de fournir une information pertinente sur pollution des basses couches de l'atmosphère, que pour mieux comprendre les mécanismes météorologiques qui en découlent.

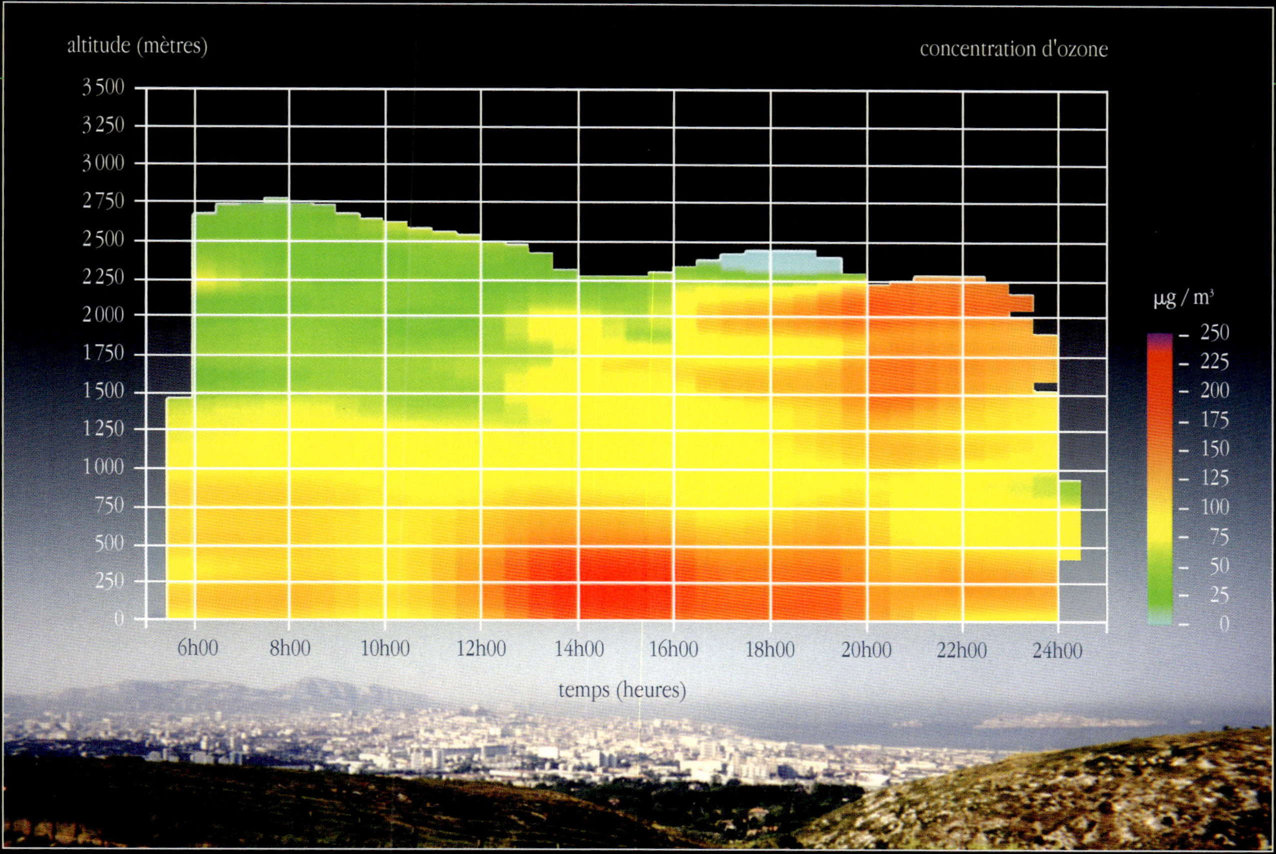

– 156 –

Cette cartographie de l'ozone a été réalisée à l'aide d'un instrument de télédétection optique, plus connu par son acronyme *lidar* (pour *light detection and ranging*). Cet outil (en médaillon, à gauche) permet de mesurer à distance comment se répartit verticalement l'ozone, dans un rayon d'action de plusieurs kilomètres à partir du point de tir. Il donne également des informations sur la structure de l'atmosphère. Le principe est relativement simple : un laser (ici un laser utilisant une source à l'état solide de type titane-saphir) émet dans l'atmosphère des impulsions de lumière ultraviolette, qui sont absorbées et diffusées par les molécules et les aérosols. La concentration d'ozone le long du faisceau laser est mesurée à distance, en analysant la lumière qui revient vers l'instrument. Cet outil expérimental est dédié à l'observation en trois dimensions de phénomènes de pollution de l'air, dans divers environnements urbains ou industriels, comme c'est le cas ici avec cet épisode de pollution photochimique. Dans cet exemple, les émissions de polluants, issues en particulier du trafic automobile, sont captées dans les basses couches de l'atmosphère. La couche la plus proche du sol forme alors un véritable « bain chimique », où se forment, à la faveur d'un fort ensoleillement, des polluants secondaires comme l'ozone. Ici, l'ozone produit dans la couche proche du sol dépasse le seuil légal de 180 µg/m³ (couleur rouge), seuil pour lequel la législation prévoit que la population soit informée du niveau de pollution par les médias.

Les progrès de la physique des lasers et de l'optique permettent le développement d'instruments de télédétection des polluants gazeux et des aérosols de plus en plus puissants et de plus en plus compacts et fiables pour être transportés sur le terrain. Leur champ d'application est sans cesse élargi : ainsi, récemment, on a observé la présence d'aérosols à l'échelle planétaire à l'aide d'un lidar embarqué pour la première fois sur un satellite.

Pour en savoir plus

« The Escompte program: an overview », B. Cros, P. Durand *et al.*, *Atmospheric Research*, 2004, 69, p. 241-279.

« Ground-based remote sensing observation of the complex behaviour of the Marseille boundary layer during ESCOMPTE », H. Delbarre, P. Augustin, F. Said *et al.*, *Atmospheric Research*, 2005, 74, p. 403-433.

La balade de l'ozone

Alain Hauchecorne

Service d'aéronomie - ISPL - UMR 7620
CNRS-Université Pierre et Marie Curie Paris 6-UVSQ

Les masses d'air de la stratosphère ont été représentées sur cette carte à haute résolution en fonction de leur origine : polaire (en jaune), en provenance des zones tempérées (en rouge) ou tropicales (en bleu). La carte correspond à la situation de l'hémisphère nord, le 5 décembre 1997 vers 20 kilomètres d'altitude. Pour une saison et pour une altitude données, la concentration d'ozone dans l'air est directement liée à son origine. En l'occurrence, ici, plus l'on s'approche du pôle, et plus la concentration d'ozone augmente. On constate que ce jour-là, un filament d'air polaire –donc riche en ozone – s'étirait vers le sud jusqu'à l'Afrique du Nord (en bas) et, s'incurvant au-dessus de l'Atlantique, se terminait en Amérique du Nord, devant le golfe du Saint-Laurent (à gauche). De telles cartes sont obtenues à l'aide du modèle numérique Mimosa, qui simule le transport des masses d'air sous l'effet des vents horizontaux soufflant dans la stratosphère.

Les satellites permettent d'observer la couche d'ozone stratosphérique qui nous protège du rayonnement ultraviolet solaire. Ils n'ont cependant pas la résolution suffisante pour reconstituer la répartition à trois dimensions de l'ozone. Pour compléter leurs observations, on se sert de modèles simulant les processus de chimie atmosphérique et de transport des masses d'air. La concentration d'ozone évolue en fonction des conditions météorologiques et d'illumination solaire. Au cours de l'hiver, les régions polaires se retrouvent dans la nuit permanente et la stratosphère se refroidit rapidement. L'air froid se comprime et il se forme une grande dépression au dessus du pôle, appelée *vortex polaire*, autour de laquelle soufflent des vents violents. À l'intérieur de ce vortex, la température est suffisamment basse pour que la très faible quantité de vapeur d'eau présente dans la stratosphère (de l'ordre de quelques molécules d'eau par million de molécules d'air) se condense et forme des nuages stratosphériques constitués de fins cristaux de glace. Au contact de ces cristaux, le chlore contenu dans l'atmosphère se retrouve sous une forme active. Ce chlore provient en grande partie des chlorofluorocarbones (CFC) émis par les activités industrielles. Le protocole de Montréal, signé en 1987, a conduit à un quasi-arrêt des émissions de CFC, mais ces gaz ne disparaîtront pas de l'atmosphère avant plusieurs dizaines d'années. Dès le retour du soleil, à la fin de l'hiver et au début du printemps, le chlore détruit l'ozone à travers un cycle de chimie dit *catalytique* – parce que chaque molécule de chlore peut détruire jusqu'à plusieurs milliers de molécules d'ozone avant de se retrouver sous une forme inactive. Cette destruction est particulièrement intense au dessus de l'Antarctique, où 70 % de l'ozone total peut être détruit. Elle se produit également dans les régions arctiques, où

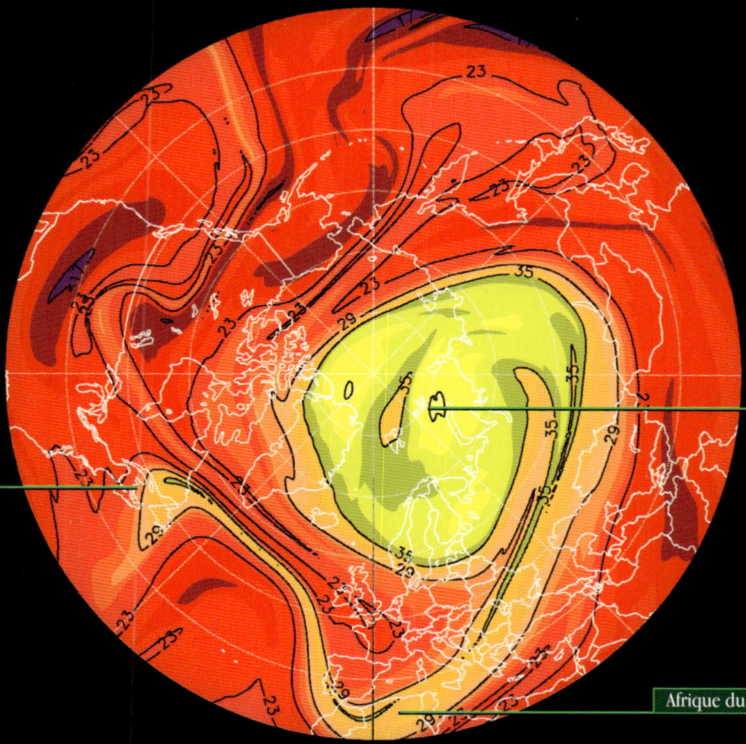

– 66 - 154 –

elle peut atteindre 30 % certains hivers. Les filaments qui se détachent du vortex polaire peuvent alors transporter de l'air appauvri en ozone au-dessus des régions peuplées des zones tempérées.

Au cours des années 1990, les scientifiques européens ont organisé plusieurs campagnes de mesures en région arctique en hiver pour mieux comprendre les mécanismes de destruction de l'ozone dans la stratosphère. Il s'agissait d'observer l'atmosphère à l'aide d'instruments scientifiques installés au sol ou embarqués en ballons ou en avions. Le modèle Mimosa a été développé par le Service d'aéronomie afin de localiser les filaments d'ozone s'échappant du vortex polaire. Il permettait de faire des prévisions trois jours à l'avance et de planifier les vols d'un avion de recherche français équipé d'un lidar capable de détecter les variations d'ozone pendant la traversée des filaments. Un lidar est un radar optique équipé d'un laser dont une petite partie du faisceau lumineux est rétrodiffusée par l'atmosphère vers un télescope muni d'un détecteur de lumière ultrasensible. Le profil vertical d'ozone est déduit de l'observation de la diminution de la lumière ultraviolette reçue par le détecteur.

Les activités humaines perturbent de plus en plus notre environnement. La destruction de la couche d'ozone stratosphérique par les composés chlorés issus des CFC en est une claire illustration. Elle a pour conséquence une diminution de l'absorption par l'ozone du rayonnement ultraviolet solaire, qui peut alors plus facilement atteindre le sol et augmenter le risque de cancer de la peau pour les personnes qui s'exposent au soleil. Dans le même temps, les progrès de la technique permettent une surveillance de plus en plus précise des effets de ces perturbations. Les observations depuis l'espace ou *in situ*, à bord de ballons sondes stratosphériques, combinées à une modélisation numérique de plus en plus précise grâce à l'amélioration des performances des ordinateurs, servent à fournir aux citoyens des informations toujours plus fiables sur les perturbations de notre environnement et sur les moyens de s'en protéger.

Pour en savoir plus

http://www.aerov.jussieu.fr/
http://www.atm.ch.cam.ac.uk/tour/

Un message dans les nuages

Michel Desbois

Laboratoire de météorologie dynamique - UMR 8539
CNRS-Université Pierre et Marie Curie, Paris 6

Les nuages couvrent en permanence plus de 60 % de la planète. La première image prise par un satellite représente ce que verrait un œil humain. Chaque région présente des systèmes nuageux particuliers : grandes spirales des perturbations tempérées et polaires, alignements le long des fronts entre les masses d'air chaude et froide, ou le long des courants d'air en haute altitude (*jet streams*), moutonnements des nuages bas sur l'océan, profondes masses nuageuses équatoriales, spirale compacte d'un cyclone tropical près de Madagascar, etc. On remarque aussi une frange diffuse au sud et à l'ouest du Sahara : ce sont des poussières expulsées du désert. La deuxième image est prise le même jour à la même heure, mais dans l'infrarouge. On ne voit plus que les nuages situés dans les niveaux élevés de l'atmosphère (en blanc), les autres structures représentent la répartition de la vapeur d'eau (les parties sombres sont les plus sèches).

Les nuages renvoient vers l'espace la lumière reçue du Soleil beaucoup plus fortement que la surface terrestre, en particulier celle des océans. Ils contribuent donc à limiter le réchauffement de la Terre par le Soleil. C'est le cas par exemple des stratocumulus (les nuages moutonnants que l'on observe ici sur l'Atlantique tropical). Un réchauffement climatique lié à l'augmentation de l'effet de serre pourrait faire diminuer la couverture de l'océan par ces nuages et ainsi amplifier le réchauffement, d'abord dans les régions maritimes. Au contraire, la vapeur d'eau, qui est le principal gaz à effet de serre sur la Terre, ne réfléchit pas le rayonnement solaire, mais retient le rayonnement infrarouge émis par la surface terrestre. Notons que grâce à elle, la surface de notre planète reste à une température moyenne d'environ + 15 °C, alors qu'elle serait gelée en son absence. Si donc la Terre se réchauffe à la suite de l'augmentation des image satellitaire, rayonnement infrarouge

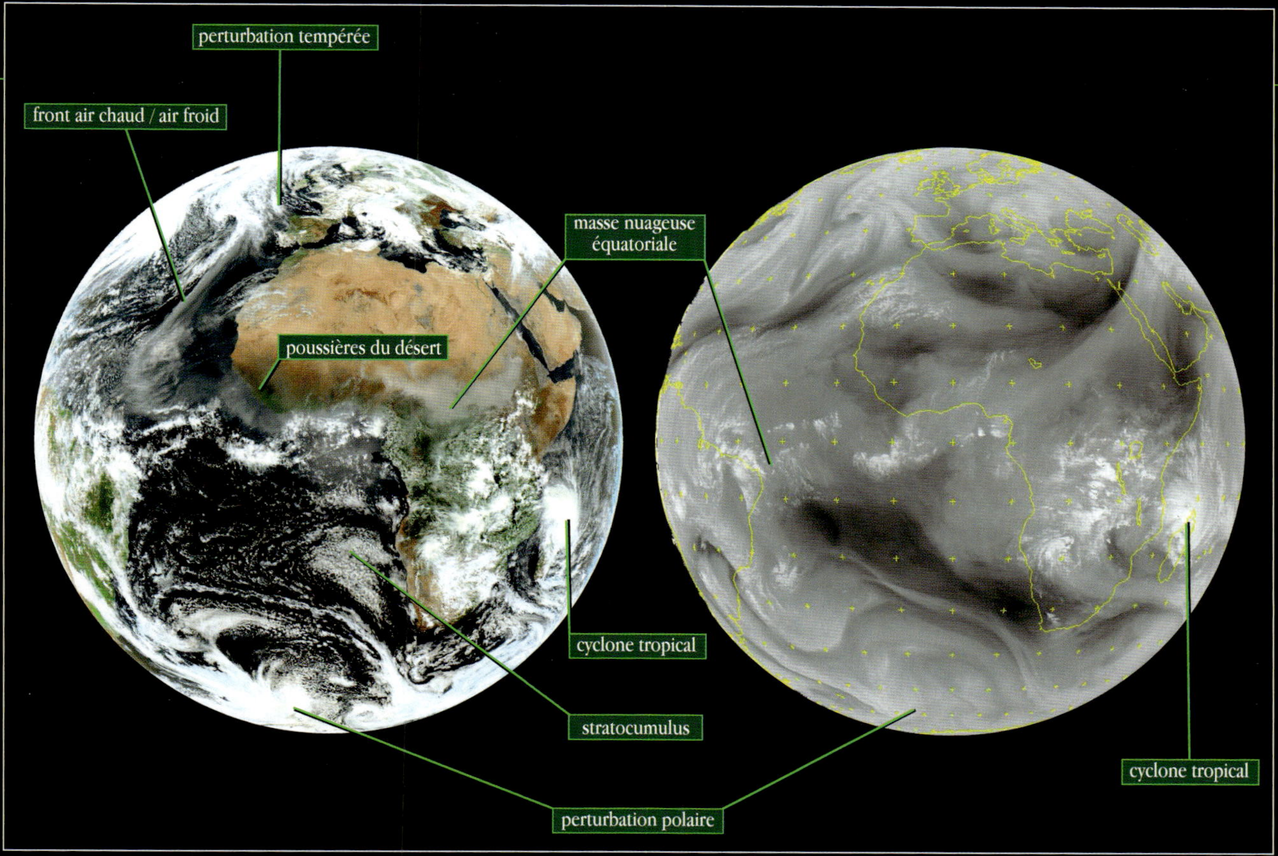

– 196 –

gaz produits par l'activité humaine (principalement le gaz carbonique), la quantité moyenne de vapeur d'eau dans l'atmosphère augmentera et contribuera à amplifier le réchauffement. Ce dernier n'est pas uniforme puisque la distribution de la vapeur d'eau n'est pas homogène, comme le montre la deuxième image.

Ces deux exemples sont appelés des *rétroactions positives*, car elles amplifient le réchauffement climatique. Cependant des *rétroactions négatives* existent, par exemple celles liées aux effets des poussières atmosphériques, nommées *aérosols*. Mais elles sont trop faibles pour ralentir fortement le réchauffement global. De surcroît, les changements de la répartition régionale des sources et des puits de chaleur modifient la circulation de l'atmosphère et des océans, induisant des effets climatiques locaux encore largement imprévisibles.

Les satellites météorologiques existent maintenant depuis le début des années 1980. Ils sont conçus pour fournir des informations qui améliorent les prévisions météorologiques à court terme : de la prévision *immédiate* (à quelques heures) à la prévision à quelques jours. Le traitement de l'image est ici un enjeu majeur. En effet, les satellites sont des instruments de mesure qui évaluent un certain nombre de paramètres météorologiques et qui n'ont pas pour vocation de donner une vision *réaliste* de la Terre au sens de ce que verrait un œil humain placé à l'altitude du satellite.

Comme nous disposons de vingt ans de données satellitaires, nous pouvons commencer à étudier l'évolution récente du climat, d'autant que cette période correspond à un réchauffement climatique particulièrement rapide. Ces données permettent d'évaluer, à l'échelle globale et régionale, l'évolution de paramètres comme la couverture nuageuse ou l'humidité atmosphérique. D'autres satellites donnent accès aux bilans de rayonnement caractérisant l'effet de serre, à la température de surface des océans, etc. Certains, plus récents, mesurent d'autres paramètres, comme les précipitations, les vents, la végétation, la composition chimique de l'atmosphère, etc. Il est toutefois trop tôt pour étudier les variations à long terme de ces indicateurs. De grands programmes internationaux ont maintenant pour but d'assurer grâce aux satellites une surveillance continue et globale de l'ensemble de ces paramètres de l'environnement.

Pour en savoir plus

La France blessée - Autopsie d'une catastrophe climatique, M. Desbois et G. Pouradier, Ramsay, 2000.

Le bouclier protecteur de la Terre

Bertrand Lembège et Pierre Martel

Centre d'étude des environnements terrestre et planétaires (CETP) - UMR 8639
CNRS-Université de Versailles-Saint-Quentin-en-Yvelines
Institut Pierre Simon Laplace (IPSL)

Le Soleil émet en permanence dans l'espace un vent constitué d'atomes brisés – des ions et des électrons libres. Ces particules chargées viennent « s'écraser » sur la sphère d'influence du champ magnétique terrestre que l'on nomme la *magnétosphère*. Tout se passe comme si la Terre, protégée par cet invisible pare-brise magnétique, était soumise à une gigantesque soufflerie. La vitesse du vent solaire est telle qu'une onde de choc se constitue devant et autour de notre planète, comparable au sillage des avions supersoniques (qui se manifeste comme un « bang » sonore lorsqu'il nous balaye). Cette onde de choc joue un rôle-clé de *bouclier protecteur* de notre environnement, à travers lequel le vent solaire est forcé de ralentir considérablement. Cette image spectaculaire est le résultat d'une simulation numérique reproduisant les interactions entre les particules chargées du vent solaire et le champ magnétique terrestre.

Le résultat de cette simulation est représenté sous une forme un peu abstraite. L'un des axes du cube (en bleu) représente simplement la direction d'ensemble du vent solaire (l'axe Soleil-Terre) qui souffle ici de la droite vers la gauche. Les deux autres axes (en vert et en rouge) correspondent aux deux composantes de la vitesse des particules individuelles dans le plan perpendiculaire au champ magnétique local. Nous suivons ici le destin d'un petit groupe de particules dont les vitesses latérales sont assez proches au départ (à droite, l'ensemble de ces vitesses forme un petit cercle). Pendant que ce groupe se déplace vers la Terre, les vitesses latérales sont initialement peu modifiées et notre petit cercle devient un tube qui reste régulier… jusqu'au centre du cube, où les particules rencontrent le front du choc. Là, le tube se scinde en deux : une partie continue à avancer vers la gauche et semble progressivement se déliter, tandis que l'autre forme un grand anneau (surtout visible dans la moitié droite de la simulation). Cet étalement des vitesses latérales signifie que les particules sont éparpillées dans toutes les directions en arrivant sur le choc : elles subissent un chauffage. Une partie – celles du premier groupe – parvient néanmoins à

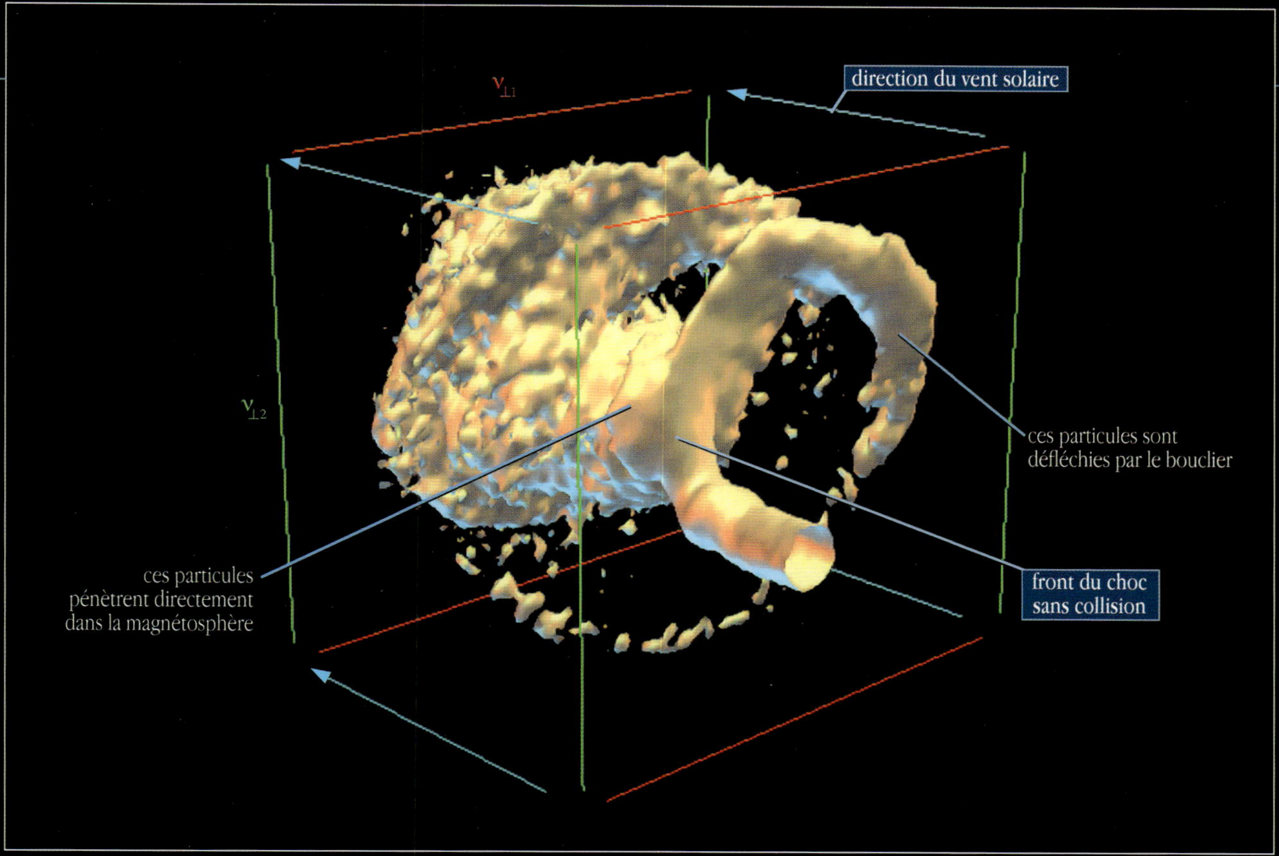

— 162 - 164 - 166 —

pénétrer directement dans la magnétosphère, tandis que l'autre – celles qui forment l'anneau – sont partiellement défléchies, mais réussissent à acquérir de l'énergie pour finalement pénétrer aussi dans la magnétosphère. Globalement, le bouclier a ainsi freiné l'écoulement violent du vent solaire pour le transformer en chauffage de particules.

À la différence de ce qui se passe dans le cas d'un avion supersonique, les particules du vent solaire ne rencontrent pas un obstacle matériel et ne se cognent pas entre elles. Les particules s'influencent mutuellement et interagissent avec le champ *via* les forces électromagnétiques à distance : on parle de choc « sans collision ». L'animation au cours du temps de cette représentation 3D permet de comprendre comment les particules interagissent avec le choc, et comment le front de choc va se déformer lors de ces interactions complexes.

Les chocs sans collision concernent non seulement l'environnement de la Terre, mais aussi celui de n'importe quel astre plongé dans un plasma en écoulement rapide. Un tel bouclier existe « devant » le Soleil lui-même (choc héliosphérique) – et vient d'être franchi par la sonde *Voyager* lancée il y a 25 ans – ou autour des planètes Jupiter et Mercure, par exemple. Leur étude repose bien sûr sur des mesures *in situ* par les sondes spatiales ou les satellites (dans le cas de la Terre). Mais ces observations, par nature parcellaires et ne représentant souvent qu'un instantané du phénomène, gagnent à être introduites dans des simulations numériques permettant de les reproduire et de les étudier à loisir. Inversement, les résultats des simulations sont comparés aux observations de différentes missions spatiales, telle la constellation de satellites *Cluster* lancée par l'Agence spatiale européenne. Ces simulations sont réalisées sur les supercalculateurs du centre national Idris à Orsay, puis comparées avec d'autres résultats obtenus par différentes équipes dans le monde utilisant des modèles différents.

Ces études numériques deviennent de plus en plus sophistiquées et requièrent l'utilisation des supercalculateurs les plus puissants du moment, de même qu'une collaboration internationale soutenue. Elles contribuent à la compréhension de notre environnement terrestre ionisé (à très haute altitude) et à la préparation de nouvelles missions spatiales vers d'autres planètes.

Pour en savoir plus

« Les ondes de choc planétaires non-collisionnelles », B. Lembège, *Images de la physique*, 1994, p. 56-65.

« Full particle electromagnetic simulation of collisionless shocks », B. Lembège, *in Space Plasma Simulation*, J. Buchner, C.T. Dum et M. Scholer, Springer, 2003, p. 54-78.

Ce champ magnétique qui nous protège

Patrick Robert

Centre d'étude des environnements terrestre et planétaires (CETP) - UMR 8639
CNRS-Université de Versailles-Saint-Quentin-en-Yvelines

Le champ magnétique de la Terre, invisible pour nos sens, est ici représenté par l'intermédiaire d'un modèle informatique. Les lignes de force de ce champ peuvent être regroupées en surface, comme les fibres d'un tissu, formant ce que l'on appelle des « coquilles magnétiques », imbriquées les unes dans les autres comme des poupées russes ou des pelures d'oignons. Pour plus de clarté, seules quelques-unes de ces coquilles sont représentées (on en a aussi enlevé le « devant » afin de voir l'intérieur). Les lignes de force et les coquilles qu'elles tissent *sortent* de la Terre dans l'hémisphère nord et y *retournent* dans l'hémisphère sud. L'ensemble rappelle la forme d'une citrouille ou d'une pomme dont le pédoncule et la queue formeraient les pôles magnétiques (en médaillon en haut à gauche). À plus haute altitude, en revanche, les coquilles sont si étirées du *côté nuit* (le Soleil est à gauche) qu'elles semblent ne pas se refermer. Elles se déforment continuellement lorsque la Terre tourne, ou quand l'activité du Soleil change, et peuvent former à certains endroits des « plis » ou des « froissements » au cours de leur déformation.

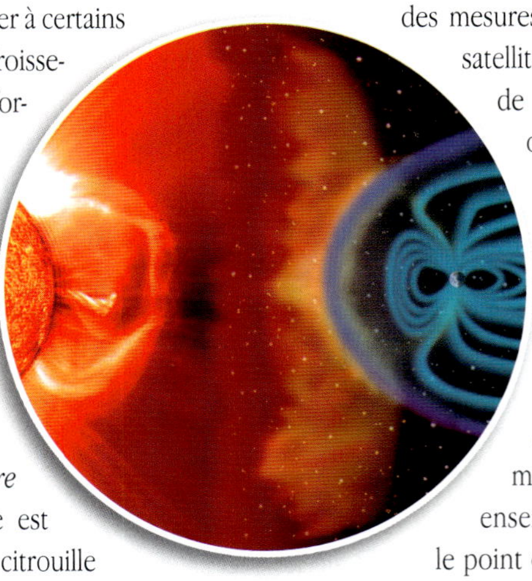

En l'absence du Soleil, le champ magnétique de la Terre serait comparable à celui produit par un barreau aimanté aligné grossièrement le long des pôles. C'est ce que les physiciens appellent un *champ dipolaire* dont la forme caractéristique est celle de la pomme ou de la citrouille déjà évoquées. Le vent solaire, constitué de particules énergétiques émises par le Soleil, étire ce champ du côté nuit (ci-dessous). Des théories physiques et mathématiques, auxquelles ont été ajoutées des mesures obtenues par de nombreux satellites couvrant une grande partie de l'espace autour de la Terre, ont permis la création de modèles de champ très élaborés. Ainsi, à partir d'un point quelconque, on peut calculer la direction du champ (celle de la *ligne de force* à l'endroit considéré) et son intensité. Une coquille magnétique correspond à un ensemble de lignes de forces dont le point de départ peut, par exemple, être pris sur la Terre sur un cercle entourant le pôle magnétique nord. C'est donc une surface qui

magnétomètre, simulation 3D

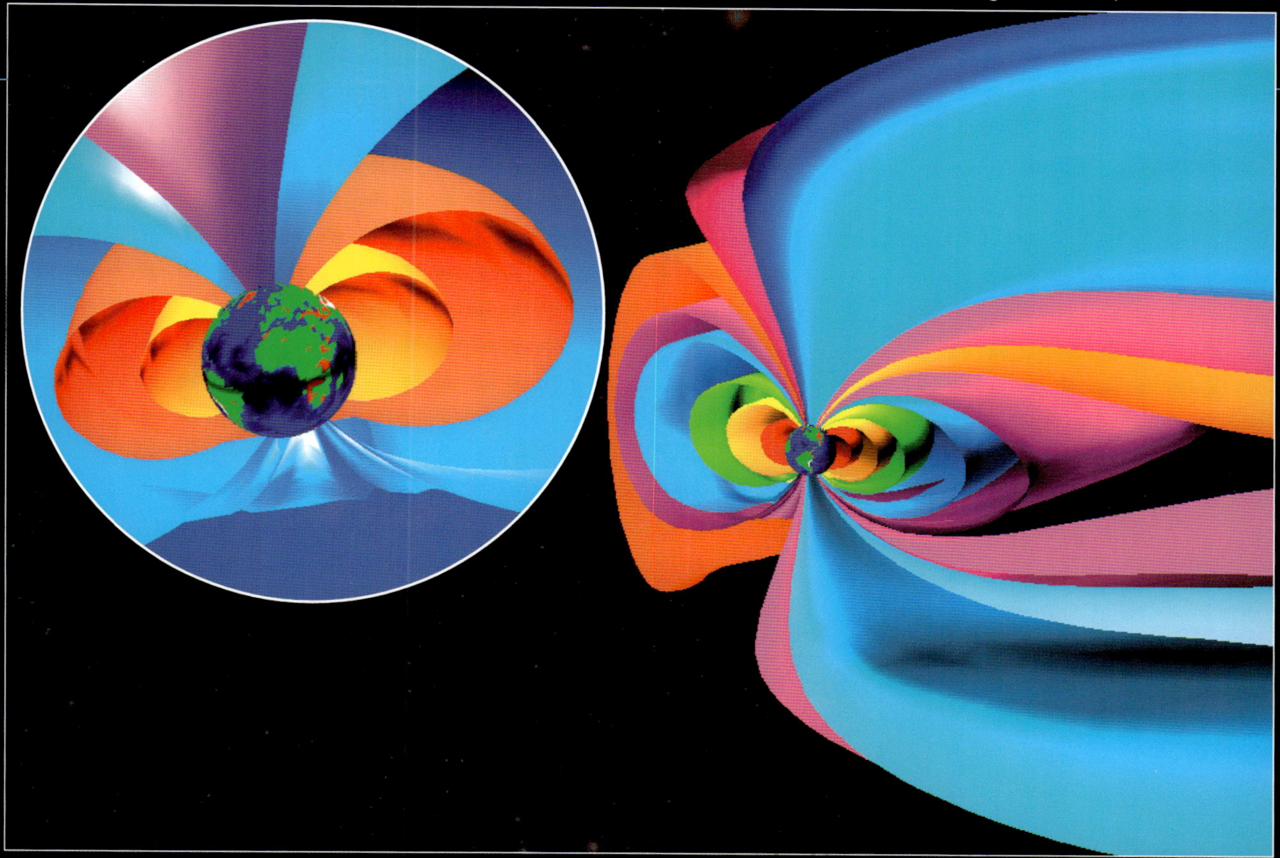

— 42 - 160 - 164 - 166 —

regroupe un ensemble de lignes de forces ayant une propriété commune (et que l'on représente ici avec une couleur particulière).

Le champ magnétique peut être mesuré à l'aide d'instruments appelés *magnétomètres*. Il est connu depuis longtemps grâce à la boussole, un magnétomètre rudimentaire constitué d'un aimant en forme d'aiguille monté sur un pivot. En s'alignant sur le champ magnétique terrestre, l'aiguille indique le nord magnétique, proche du nord géographique, d'où son intérêt pour les navigateurs. Le magnétisme – du nom d'une « pierre » aimantée découverte par les Grecs dans une région qu'ils appelaient *Magnésie* – est connu depuis l'Antiquité, de même que l'existence du champ terrestre. Il fallut néanmoins attendre l'explosion des connaissances sur l'électricité au XIXe siècle pour comprendre la nature du phénomène, et finalement l'avènement de l'ère spatiale pour avoir une vision d'ensemble du champ terrestre. Le premier engin envoyé dans l'espace par les Américains – *Explorer 1* – fournit ainsi les premières indications sur sa structure à haute altitude. Depuis, l'étude des propriétés du géomagnétisme et de ses interactions avec le Soleil ont donné lieu à de nombreuses autres missions qui ont, entre autres, mis en évidence l'existence de points d'entrée ou *cornets polaires* où s'engouffrent les particules du vent solaire, produisant dans la haute atmosphère le phénomène des *aurores boréales* (ou australes dans l'hémisphère sud).

On sait désormais que les interactions du vent de particules émis par notre étoile avec le champ magnétique terrestre et interplanétaire ont des répercutions importantes sur Terre. Pendant la seconde guerre mondiale, les opérateurs radio apprirent ainsi à jouer à cache-cache avec les perturbations de l'ionosphère – sur laquelle ils faisaient rebondir les signaux longue distance – induites par l'activité solaire *via* le champ terrestre. Depuis, nous avons appris que la magnétosphère constitue une protection contre les radiations mortelles émise par le Soleil : sans elle, la surface de la Terre serait stérilisée ! Mieux, il semble qu'en déviant une partie du vent solaire, elle a évité l'érosion rapide de l'atmosphère qui a condamné à mort la planète Mars.

Pour en savoir plus

http://www.cetp.ipsl.fr

http://pro.cetp.ipsl.fr (rubrique « Film Tsyganenko 87 et images »)

Alerte à l'orage magnétique

Dong-Chen Cai, Bertrand Lembège et Wei Li

Centre d'étude des environnements terrestre et planétaires (CETP) - UMR 8639
CNRS-Université de Versailles-Saint-Quentin-en-Yvelines
Institut Pierre Simon Laplace (IPSL)
Université de Tsukuba (Japon)

Le champ magnétique terrestre subit à la fois l'effet du champ ambiant dans le système solaire (celui du Soleil, en fait) et du vent de particules chargées émis en permanence par l'astre du jour. Sous ces deux effets, il est très fortement déformé, adoptant localement des configurations très complexes comme le montre cette simulation numérique. La Terre est représentée par une sphère bleue en haut à gauche de la figure. Nous observons la scène à une centaine de milliers de kilomètres dans l'espace (la flèche rouge indique la direction du Soleil). Les nappes de différentes couleurs représentent les lignes de force du champ magnétique terrestre - comparables aux lignes dessinées par la limaille de fer lorsqu'on la saupoudre autour d'un aimant. Elles apparaissent déformées, regroupées en surfaces agitées de mouvements semblables à ceux d'une flamme dans le vent. Ces mouvements sont susceptibles de produire un phénomène parfois redoutable : l'orage magnétique (en bas à droite).

Le vent solaire, qui arrive au niveau de la Terre avec une vitesse de l'ordre de 300 à 600 kilomètres par seconde, « souffle » sur le champ magnétique terrestre dont la zone d'influence - la magnétosphère - prend alors une forme allongée comparable à celle d'une bougie d'anniversaire récalcitrante. Cette magnétosphère – la limite à l'extérieur de laquelle le champ magnétique terrestre cesse d'être dominant par rapport au champ interplanétaire – est alors comprimée du côté Soleil, et très étirée du côté opposé. Mais à cet effet d'ensemble s'ajoutent des perturbations plus localisées et plus turbulentes, les lignes de champ s'enroulant les unes autour des autres jusqu'à ce que parfois elles « lâchent », un peu à la manière d'un élastique trop sollicité. Il se produit alors une *explosion* accompagnée par l'émission de particules de très forte énergie conduisant à de brusques changements des courants électriques induits dans l'ionosphère. Les possesseurs de vieux vélos savent qu'une dynamo crée un courant en agitant un aimant devant un conducteur : le principe est ici analogue.

Ces orages magnétiques perturbent les appareils électroniques et les communications radio à grande

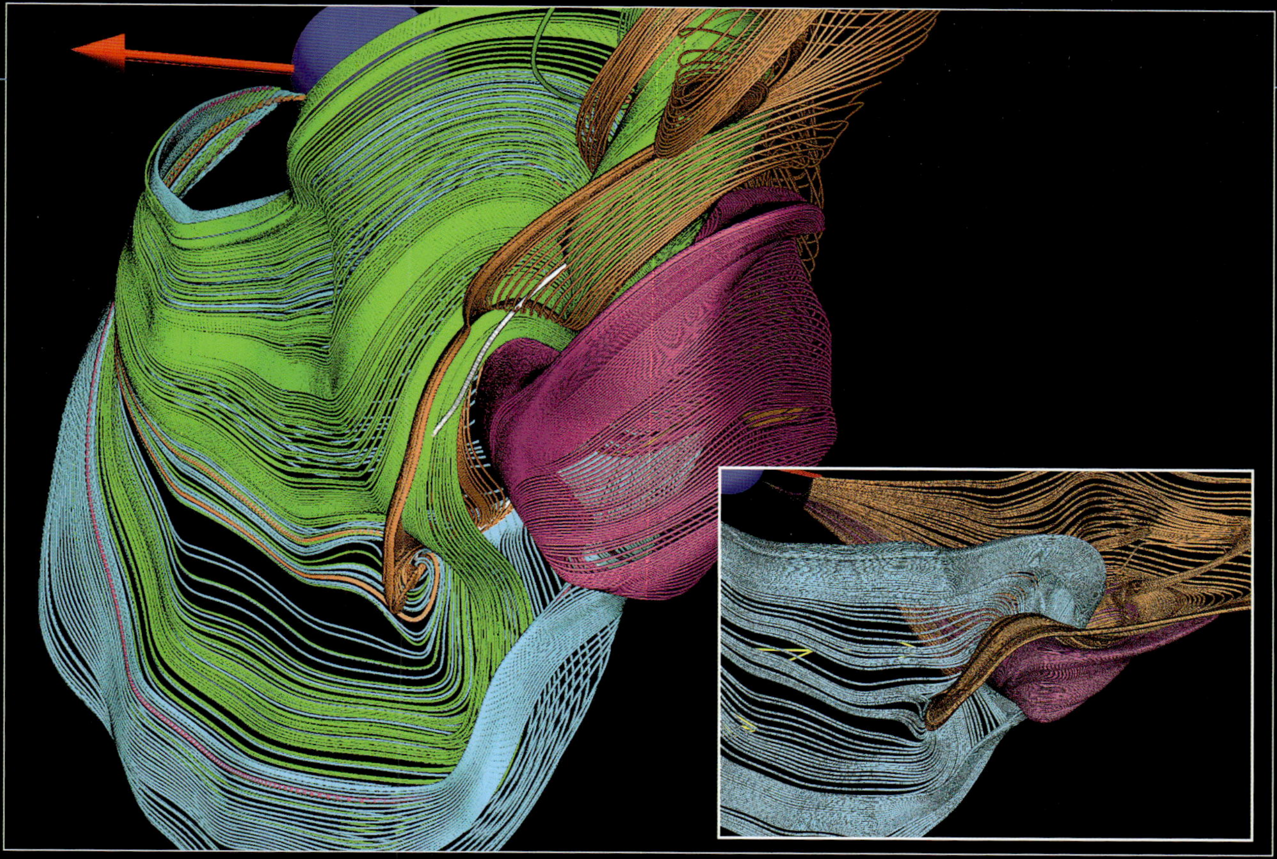

— 160 - 162 - 166 —

distance, et en période de forte activité solaire ils peuvent être très spectaculaires : en 1965 et en 1989, les courants induits ont fait sauter des installations électriques dans le nord de l'Amérique et plongé dans le noir des millions d'usagers. Des aurores *boréales* (comme celle en médaillon, à gauche) ont été visibles très au sud (jusqu'au Texas et en Normandie).

Ces calculs simulant le comportement de plusieurs centaines de millions de particules chargées (bientôt quelques milliards) sont réalisés sur les plus grands ordinateurs disponibles au Japon. Les résultats sont distribués en France et aux États-Unis (NASA) pour y être analysés. La difficulté de la tâche exige une coordination optimisée et la mise au point d'outils graphiques interactifs 3D sophistiqués. Pour êtres validés, ces résultats sont alors comparés avec ceux d'autres modèles numériques développés dans différents laboratoires à travers le monde, ainsi qu'avec des observations issues de diverses missions spatiales.

La compréhension de l'interaction globale entre le Soleil et la Terre est importante car elle a des conséquences sur l'activité humaine au sol et dans l'espace. Les simulations sont utiles pour trois raisons. D'abord, elles nous aident à établir la carte de la magnétosphère en période de « calme » dans l'activité solaire, et mettent en évidence les zones particulières où s'accumulent des particules énergétiques dangereuses pour tout équipement spatial qui les traverse. Ensuite, les satellites artificiels qui tournent autour du Soleil recueillent des informations révélant ses variations d'activité. Ces informations introduites dans des simulations permettent de suivre les conséquences des sautes d'humeur de notre étoile sur notre environnement terrestre. Enfin, les procédés développés peuvent être appliqués à d'autres environnements planétaires similaires et contribuent ainsi à la préparation de nouvelles missions spatiales. Ces différentes stratégies requièrent une collaboration intensive qui est le fondement du projet international *Space Weather* : la météo spatiale, en quelque sorte !

Pour en savoir plus

« Visualisation of tangled vector field topology and global bifurcation of magnetospheric dynamics », D.C. Cai, K.I. Nishikawa et B. Lembège, *in Advanced Methods for Space Simulations*, H. Usui et Y. Omura, Terrapub, 2007, p. 145-166.

Ces courants qui nous entourent

Patrick Robert
Centre d'étude des environnements terrestre et planétaires (CETP) - UMR 8639
CNRS-Université de Versailles-Saint-Quentin-en-Yvelines

Les particules chargées – ions et électrons – en provenance du Soleil interagissent avec le champ magnétique de la Terre, et cette interaction forme une sorte de bulle allongée qu'on nomme *magnétosphère*. Or, le mouvement d'une charge électrique, c'est ce que l'on appelle communément un *courant électrique*. On a modélisé ici ces courants à grande échelle circulant autour de notre planète. On constate notamment la présence d'un vaste anneau dans le plan équatorial qui se raccorde, du coté opposé au Soleil (ce dernier étant situé hors de l'image, vers la droite), à une grande nappe incluse dans la queue de la magnétosphère. Ce courant peut être représenté sous la forme d'un isocontour tridimensionnel (en médaillon en bas à gauche), c'est-à-dire une surface où le courant présente la même intensité en chaque point. Les variations de cette intensité (en médaillon en haut à droite) sont représentées par de fausses couleurs, du bleu (courants faibles) au rouge (courants forts). Connaissant les lois de l'électromagnétisme – et notamment le théorème d'Ampère –, on déduit des variations spatiales du champ magnétique la valeur du courant électrique en chaque point. Pour ce faire, il nous faut partir d'un modèle du champ. Nous avons utilisé ici celui proposé par le physicien d'origine russe Nikolaï Tsyganenko en 1987. Il donne une valeur du champ magnétique terrestre en tout point de l'espace et du temps à partir de formules qui ne sont pas trop lourdes pour nos ordinateurs et grâce auxquelles on calcule facilement le courant correspondant. Il ne reste plus ensuite qu'à le visualiser en trois dimensions avec un logiciel approprié.

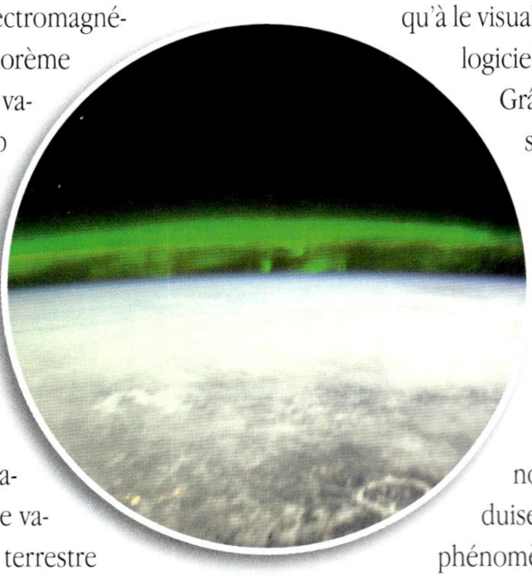

Grâce à ces calculs et à leur représentation sous forme d'images en 3D animées, on comprend mieux la topologie des courants qui entourent la Terre et, après leur confrontation avec des mesures réelles réalisées *in situ* par des satellites, on appréhende nombre de phénomènes physiques qui se produisent dans la magnétosphère. Ces phénomènes sont différents dans la face *avant*, percutée de plein fouet par le vent solaire, et dans la face *arrière* (du côté nuit), où des recon-

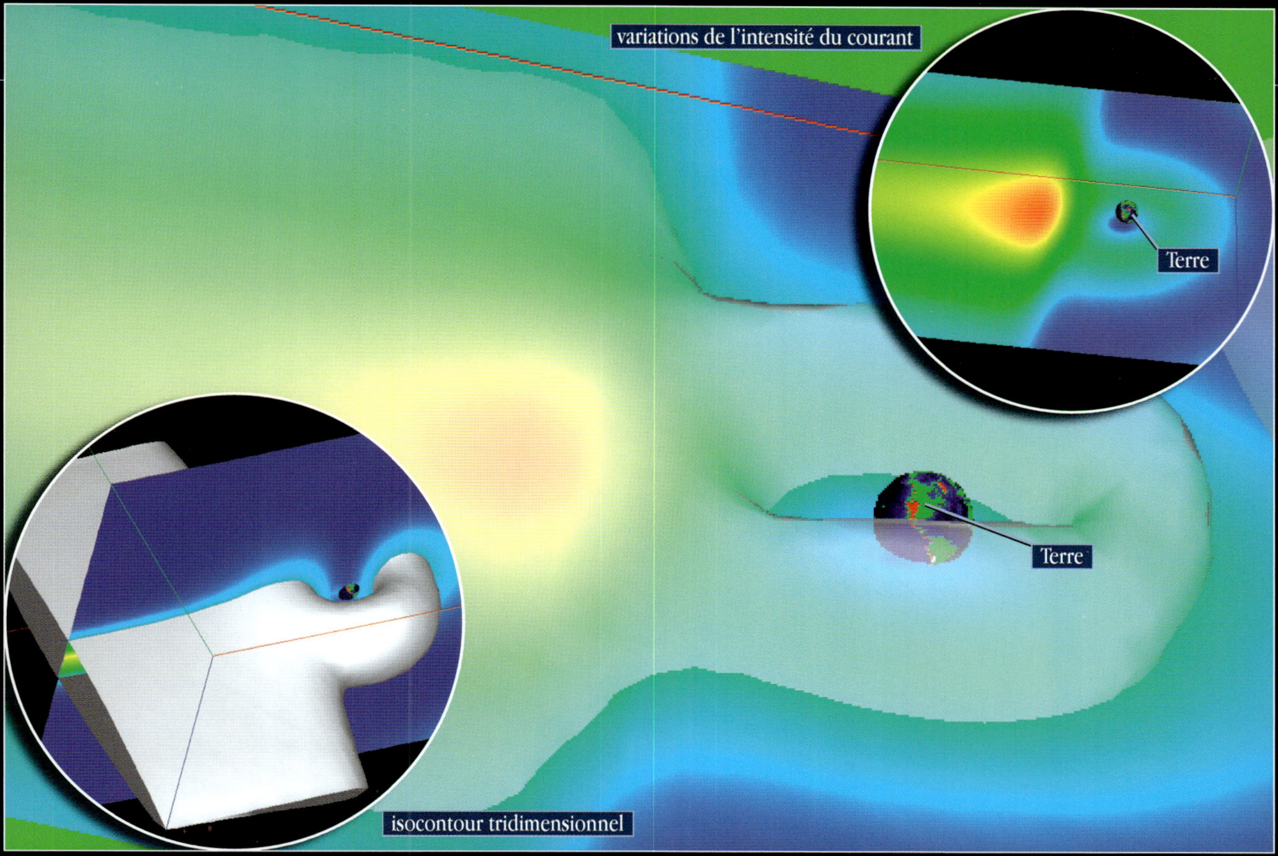

— 160 - 162 - 164 —

figurations brutales du champ magnétique sont associées à de fortes décharge de courants connues sous le nom d'orages ou de sous-orages magnétiques. Les différentes phases de leur développement ne sont d'ailleurs pas encore totalement élucidées.

L'Agence spatiale européenne a ainsi mis en orbite un essaim de quatre satellites – la mission *Cluster* – en l'an 2000, qui effectuent des mesures simultanées du champ magnétique en quatre points de l'espace, grâce auxquelles on peut, pour la première fois, calculer ces fameux courants électriques, non pas à partir d'un simple modèle, mais à partir d'indications réelles. D'autres expériences embarquées sur ces satellites, comme les mesures des ondes électromagnétiques et du flux de particules dans différentes gammes d'énergie, permettent d'affiner nos théories. Une autre mission, nommée *Themis*, constituée d'un essaim de cinq satellites, a été lancée par la NASA le 17 février 2007. Son principal objectif est justement l'étude des sous-orages magnétiques. On espère ainsi mieux comprendre ce milieu complexe qu'est la magnétosphère. Comme pour la météorologie, où beaucoup de paramètres physiques dépendent les uns des autres, de nombreux phénomènes locaux se déclenchent et induisent des réactions à grande distance sans que l'on sache encore vraiment pourquoi. Il a fallu attendre le XXe siècle pour comprendre que les *aurores* (comme celle vue de l'espace le 15 juillet 2007, en médaillon sur la page de gauche), ces vastes draperies lumineuses qui apparaissent la nuit dans les régions polaires, étaient liées à l'arrivée en masse de particules chargées qui se précipitent sur la haute atmosphère *via* les *cornets polaires* du champ magnétique. Les premiers voyageurs de l'Antiquité dans l'Arctique y voyaient la manifestation du bord de Terre et n'osèrent pas aller plus loin. Nous-mêmes ne sommes pas encore au bout du chemin !

Pour en savoir plus

http://www.cetp.ipsl.fr

http://pro.cetp.ipsl.fr/ (rubriques « Images magnétosphères 2D » et « Images magnétosphères 3D »).

Échographie d'une étoile

Annie Baglin

Laboratoire d'études spatiales et d'instrumentation pour l'astrophysique (Lesia)
UMR 8109 CNRS-Observatoire de Paris

Le Soleil résonne comme une peau de tambour… Tandis que certaines parties de sa surface se rapprochent de nous (en rouge) d'autres s'éloignent (en bleu). Comparées aux sons transportés par l'air sur Terre auxquels notre oreille est sensible, les oscillations observées ici sont lentes – leur période est de l'ordre de quelques minutes – mais le principe en est le même. Par le calcul, on reconstitue la façon dont les vibrations se manifestent à l'intérieur du Soleil (partie gauche de la coupe). Dès lors – c'est le principe de l'échographie – la manière dont les ondes acoustiques se propagent dans le Soleil nous renseigne sur sa structure interne (partie droite). Au centre, se trouve une zone très dense et très chaude (plus de 15 millions de degrés) où est produite l'énergie thermonucléaire qui alimente le Soleil. Au-dessus s'étend une zone calme où l'énergie diffuse par rayonnement jusqu'à atteindre la couche extérieure turbulente. Grâce à l'héliosismologie, l'intérieur du Soleil, normalement caché par sa surface aveuglante, devient accessible.

Le Soleil, comme toutes les étoiles, est une boule de gaz ionisé dont le poids, qui tend à le faire s'effondrer vers son centre, est équilibré par la pression interne dirigée vers l'extérieur. Un tel objet vibre en permanence sous l'effet des mouvements turbulents qui agitent certaines de ces régions. Imaginons qu'on lâche un savon dans une baignoire. Une onde se propage à la surface de l'eau à partir du point d'impact. Bien vite, cette onde rebondit sur les bords de la baignoire, se superpose à elle-même, de sorte que l'on n'observe plus aucune propagation, mais ce que l'on appelle une « onde stationnaire ». À certains endroits – les ventres –, l'eau s'élève et s'abaisse alternativement, tandis qu'à d'autre – les nœuds –, elle ne bouge pratiquement pas. Les possibilités de « caser » un nombre entier de ventres et de nœuds dans une baignoire de forme et de taille donnée sont limitées : chacune de ces façons possibles de vibrer s'appelle un *mode propre*. En général, les oscillations que l'on observe à la surface de notre baignoire sont une superposition de tous ces modes propres possibles. Dans le Soleil, les choses se passent un peu de la même façon. Les vibrations que nous observons en surface sont, là aussi, un mélange de tous les modes possibles – l'image présentée ici n'en représente qu'un. Le jeu consiste donc à isoler ces modes, à mesurer leurs fréquences et leurs amplitudes respectives et à se demander *quelle structure interne unique est nécessaire pour obtenir cet éventail précis de modes ?*

Les oscillations solaires ont été découvertes un peu par hasard, il y a une vingtaine d'années. À l'époque, on mesurait les vitesses de déplacement de la matière à la surface du

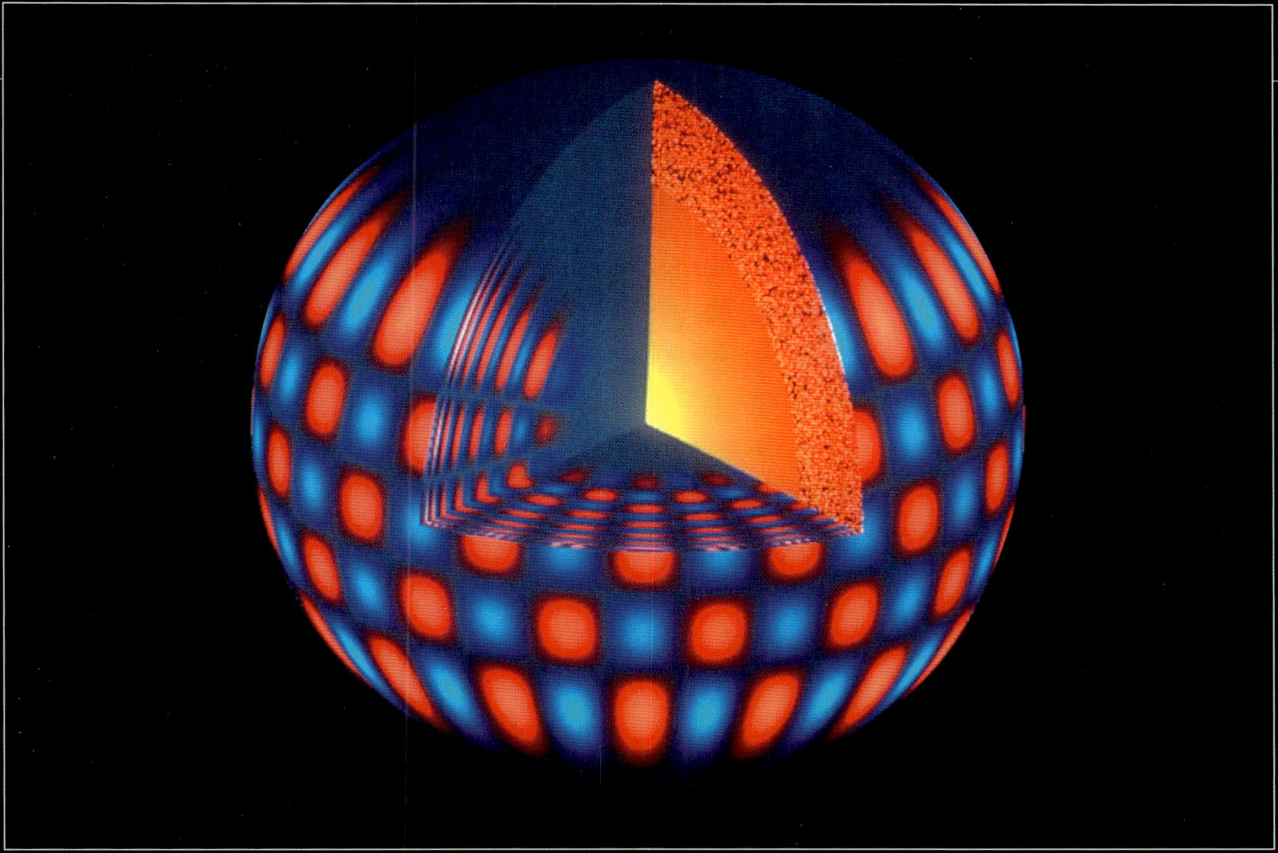

– 42 –

Soleil par effet Doppler : selon que la source lumineuse s'approche ou s'éloigne de nous, la lumière émise est décalée vers le bleu ou vers le rouge. Les variations de vitesse mesurées atteignent alors quelques dizaines de centimètres par seconde sur des périodes de quelques minutes. Depuis, on a observé ces oscillations en photométrie, à travers les variations d'éclat de quelques parties par million qu'elles induisent à la surface du Soleil… mais dans ce cas, il faut opérer de l'espace, loin de l'atmosphère terrestre ! Ces observations sont difficiles. Outre qu'elles nécessitent une extrême précision, il faut les réaliser en continu sur de longues durées. Sur Terre, cela exige un réseau de télescopes disposés tout autour du globe. Dans l'espace, c'est le satellite Soho qui, depuis quelques années, enregistre sans interruption les oscillations du Soleil, aussi bien en spectroscopie Doppler qu'en photométrie. On a désormais identifié plusieurs millions de modes dans le Soleil. Ces résultats ont considérablement affiné l'image que l'on se faisait de sa structure interne, avec des conséquences inattendues. On a ainsi pu fixer la valeur précise de la température de son cœur et commencé à résoudre le *mystère des neutrinos* (des particules impliquées dans les réactions nucléaires qui semblaient émises par le Soleil en nombre anormalement bas). Les astronomes ont alors pu dire aux théoriciens des particules : ce n'est pas notre modèle de Soleil qui est défectueux, c'est votre particule… ce qui a conduit à découvrir que le neutrino a une masse ! Mais il reste des découvertes inexpliquées, comme par exemple le fait que les parties internes, près du centre du Soleil, tournent sur elles-mêmes d'un bloc, comme si elles étaient solides.

Quant aux autres étoiles, les difficultés sont encore plus grandes et les observations ne font que commencer. Au sol, on applique la spectroscopie Doppler à quelques étoiles brillantes, tandis que deux satellites récents, Most et Corot, entreprennent des mesures photométriques systématiques. L'imagerie sismique s'est révélée utile dans de nombreux domaines. C'est elle qui a permis de sonder l'intérieur de la Terre en étudiant la façon dont les ondes sismiques s'y propagent. Son application récente au Soleil a déjà conduit à des découvertes fondamentales. Son extension aux étoiles nous réserve certainement bien des surprises.

Pour en savoir plus

La chanson du Soleil, S. Vauclair, Albin Michel, 2002.

Le bruit des planètes

Alain Lecacheux
Laboratoire d'études spatiales et d'instrumentation en astrophysique (Lesia)
UMR 8109 CNRS-Observatoire de Paris

Le réseau décamétrique de l'Observatoire de Nançay (ci-dessous), à quelques kilomètres de Vierzon dans le Cher, et ses antennes en forme de spirales coniques captent, entre autres, l'activité radio de la planète Jupiter dans le domaine des ondes décamétriques. La représentation graphique (spectrogramme) rend perceptible sous une forme *visuelle* un phénomène naturel dont l'évolution dans le temps est complexe. La période d'activité représentée dans ces spectogrammes s'étend sur plusieurs heures. La quantité en ordonnée est la fréquence radio de réception, comprise ici entre 12 et 38 mégahertz (MHz). L'échelle de couleur représente l'intensité du rayonnement reçu (en rouge, l'intensité est environ 1 000 fois supérieure à celle des signaux bleus). Les bandes horizontales correspondent à des parasites (émetteurs en ondes courtes). Le zoom (en haut à droite) donne une idée de la complexité du phénomène.

La planète Jupiter est, comme la Terre, dotée d'une *dynamo* interne qui engendre une zone d'influence magnétique – la magnétosphère – particulièrement étendue. Le vent solaire constitué d'un flux de particules chargées (protons, électrons et noyaux légers) souffle en permanence sur cette « baudruche » magnétique qui se déforme sous ses rafales. Ces particules qui agissent sur le champ magnétique sont à leur tour déviées par lui et plongent en tournoyant vers les pôles. Là, en entrant en collision avec les atomes de l'atmosphère, elles engendrent des phénomènes lumineux connus sous le nom d'aurores (boréales ou australes) décelables en lumière visible sur Terre et dans les ultraviolets pour Jupiter. De surcroît, il existe dans le voisinage de Jupiter d'autres particules chargées. En effet, sa lune Io est un monde affligé d'un volcanisme des plus virulents qui expulse régulièrement dans l'espace de grandes quantités de gaz électrisés par le rayonnement solaire ultraviolet. Ce champ magnétique variable, dans lequel virevoltent des quantités aléatoires de particules, forme un ensemble de courants électriques oscillants responsables de l'émission radio détectée. On comprend que le signal soit aussi agité ! Loin d'être stationnaires, ces émissions dépendent de nombreux facteurs, variables sur diverses échelles de temps, notamment l'activité solaire et le volcanisme d'Io.

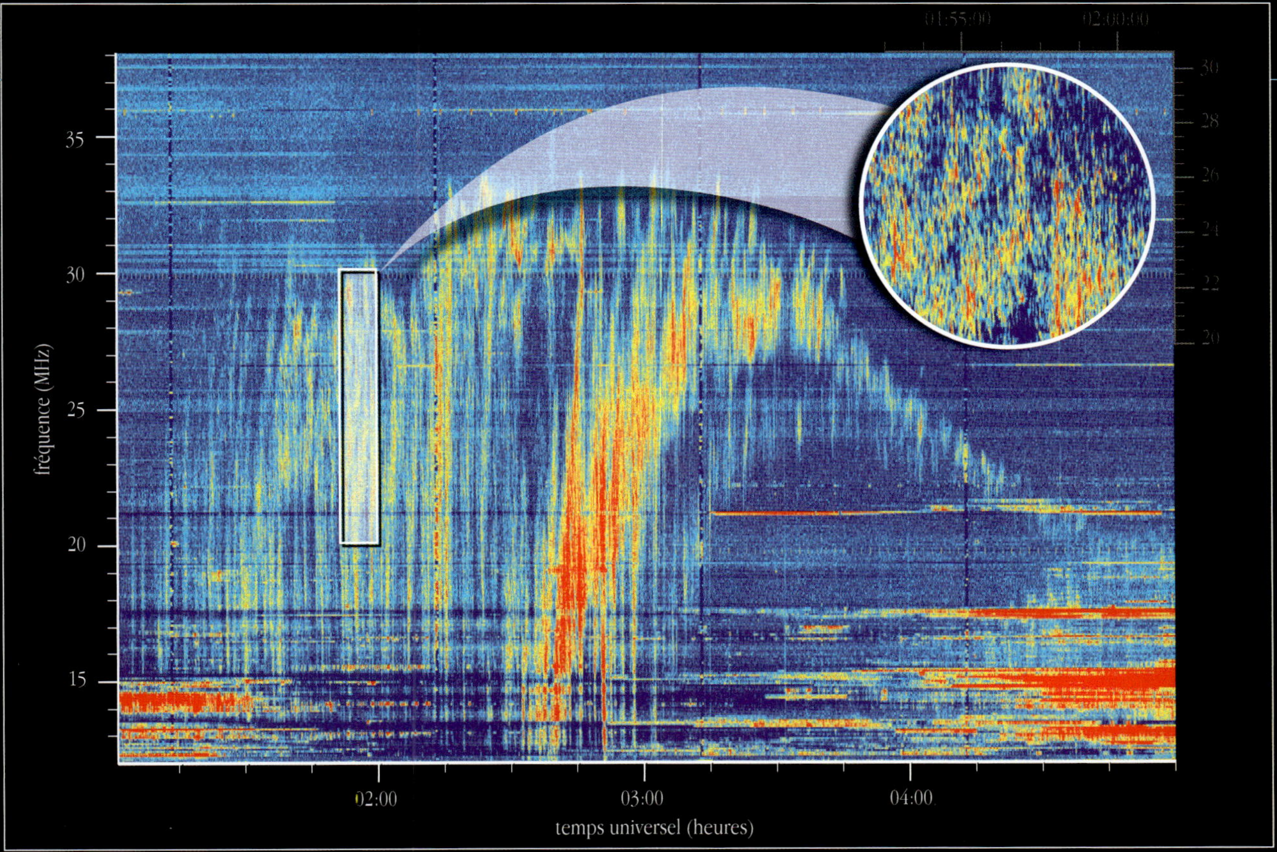

– 184 –

Les émissions radio des planètes, comme d'autres découvertes dans ce domaine, ont été découvertes par hasard alors que deux radioastronomes américains, Bernard F. Burke et Kenneth L. Franklin, testaient un nouveau radiotélescope pour l'étude d'objets lointains dans notre galaxie. Cela se passait en 1955. Par la suite, pour mieux comprendre un phénomène déconcertant à une époque où les magnétosphères planétaires étaient insoupçonnées, plusieurs radiotélescopes spécialisés on été déployés au sol, notamment le réseau décamétrique de Nançay au milieu des années 1970. Puis est venue la grande époque des sondes spatiales interplanétaires qui ont découvert d'autres magnétosphères planétaires dans le système solaire (celles de Mercure, de la Terre, de Jupiter, de Saturne, d'Uranus et de Neptune).

Il n'y a bien sûr aucun objectif directement utilitaire à de telles recherches. Elles n'en sont pas moins fascinantes. D'abord, les conditions physiques des ces radiosources sont impossibles à recréer en laboratoire. Quelle meilleure occasion, pour le physicien de vérifier les lois universelles de la physique ? De surcroît, on s'aperçoit que l'intensité du rayonnement radio des planètes du système solaire concurrence celle du Soleil. Autrement dit, dans ce domaine, chaque planète est aussi brillante que son étoile. Comme la faiblesse de l'éclat visible des planètes gravitant autour d'étoiles autres que le Soleil – les planètes extrasolaires – est précisément la raison pour laquelle on ne les a pas encore détectées directement, ce résultat suggère que, dans le domaine radio, même les plus *petites* planètes sont décelables, pourvu qu'elles aient un champ magnétique.

Pour en savoir plus

« DSP-enabled radio astronomy: towards IIIZW35 reconquest », R. Weber, C. Viou, A. Coffre, L. Denis, P. Zarka et A. Lecacheux, *EURASIP Journal on Advances in Signal Processing*, 2005, **16**, p. 2686-2693.

Osiris, la planète qui s'évapore

Alfred Vidal-Madjar
Institut d'astrophysique de Paris (IAP) - UMR 7095
CNRS-Université Pierre et Marie Curie, Paris 6

Cette vue d'artiste représente une planète extrasolaire – c'est-à-dire gravitant autour d'une étoile autre que le Soleil – cataloguée sous le matricule HD209458b et rebaptisée officieusement *Osiris*. Elle passe régulièrement devant le disque de son étoile (située dans la constellation de Pégase, à 150 années-lumières de la Terre), et ce sont précisément les variations d'éclats provoquées par ces miniéclipses qui ont trahi sa présence : Osiris en elle-même est bien trop peu lumineuse pour être détectée directement. L'artiste qui a créé cette image a donné à l'étoile un aspect proche de celui de notre Soleil parce que, dans la réalité, elle lui ressemble effectivement beaucoup. Mais pourquoi a-t-il affligé Osiris de cette longue queue de gaz qui l'apparente à une comète – ces petits cailloux de quelques kilomètres qui s'évaporent en s'approchant du Soleil – alors que les détails de sa surface la font plutôt ressembler à la planète géante Jupiter, la plus grande de notre système solaire ? Parce qu'Osiris étant excessivement proche de son étoile, son atmosphère s'évapore en effet de cette façon, comme neige au soleil (d'où son surnom, en référence au dieu égyptien qui avait perdu une partie de son corps).

Osiris est une planète du type *Jupiter chaud* : des astres comparables en masse aux géantes gazeuses qui gravitent dans la partie externe de notre système solaire (Jupiter, Saturne, Uranus et Neptune), mais qui contrairement à elles, se trouvent très près de leur étoile. L'intérêt de cette vue d'artiste est qu'elle est à l'échelle ; il est ainsi possible de montrer simultanément la planète, son extrême proximité à l'étoile et son état d'évaporation très spectaculaire (elle perd près de 40 000 tonnes de matière par seconde !) puisqu'il doit se voir sur une étendue au moins trois fois supérieure à celle de la planète elle-même. En fait, le nuage d'hydrogène en évaporation doit quitter la planète puis subir la pression de la lumière et s'étaler, comme soufflé par l'étoile. C'est exactement ce qui se passe chez nous avec les comètes, d'où la ressemblance avec leur queue bien que le nuage ne soit visible que dans l'ultraviolet. Il faut noter que la similitude de la représentation de la planète avec Jupiter est presque certainement fausse car, si proche de son étoile, son extrême température d'environ 1 000 °C est bien évidemment très différente de celle de Jupiter (– 150 °C).

Ce n'est qu'en 1995 que la première planète extrasolaire a été détectée de façon indirecte, autour de l'étoile 51 Pegasi, par le balancement gravitationnel qu'elle imprime à son étoile. En 1999, pour la première fois une

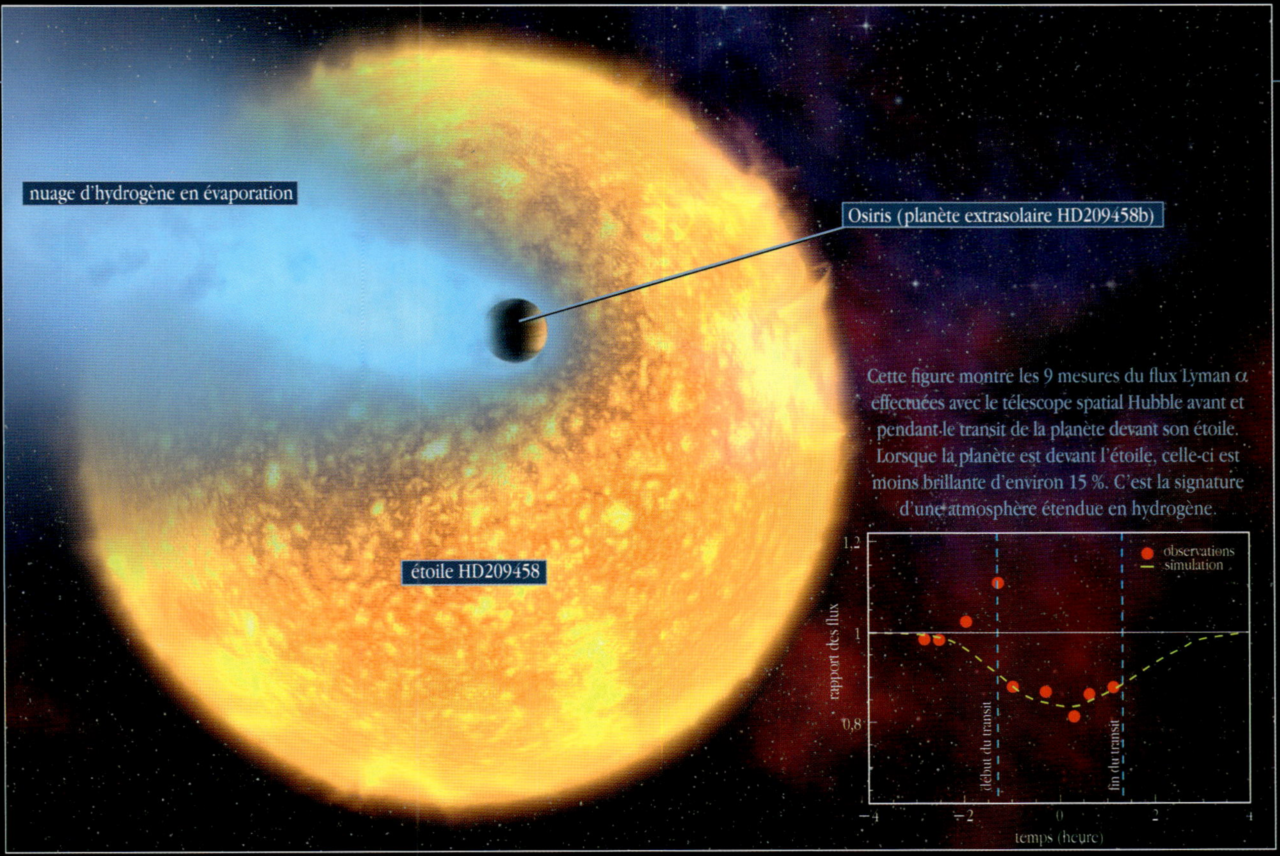

Cette figure montre les 9 mesures du flux Lyman α effectuées avec le télescope spatial Hubble avant et pendant le transit de la planète devant son étoile. Lorsque la planète est devant l'étoile, celle-ci est moins brillante d'environ 15 %. C'est la signature d'une atmosphère étendue en hydrogène.

– 174 –

autre planète découverte elle aussi de façon indirecte autour de l'étoile HD209458 a été vue en train de passer devant son étoile (en transit), l'éclipsant brièvement pendant quelques heures. Dès lors il était devenu indiscutable que les objets ainsi découverts de façon indirecte étaient bien des planètes extrasolaires. Mieux ! En analysant, à l'aide du télescope spatial Hubble, la manière dont la lumière de l'étoile était absorbée, on a détecté cette queue spectaculaire et mis en évidence pour la première fois la présence d'une atmosphère autour de tels astres.

Nous nous interrogeons depuis l'Antiquité sur la pluralité des mondes et même d'autres mondes habités. La quête, cependant, a été longue, puisque la certitude de l'existence d'autres systèmes planétaires ne date que d'une dizaine d'années à peine. La recherche se poursuit maintenant pour trouver d'autres Terres, si possible dans ce que l'on appelle maintenant la *zone d'habitabilité* autour d'autres étoiles, c'est-à-dire à une distance telle que la planète ne soit ni trop chaude ni trop froide, en d'autres termes là où l'eau, source indispensable à toute forme de vie, puisse être liquide. La difficulté tient à ce que, pour le moment, nos techniques de détection privilégient les astres très gros et gravitant près de leur étoile. Aujourd'hui, la plus petite planète découverte est encore cinq fois plus massive que la Terre, mais déjà assez proche de son étoile pour se trouver dans sa *zone habitable*. La chance d'y trouver de l'eau liquide est donc très grande et, qui sait, aussi la vie ! Gageons que dans quelques années à peine, une sœur de notre Terre sera enfin découverte, car nous savons déjà que rien que dans notre galaxie des milliards d'entre elles doivent exister !

Pour en savoir plus

Il pleut des planètes, A. Vidal-Madjar, coll. Pluriel, Hachette, 2005.

Sommes-nous seuls dans l'Univers ?, J. Heidmann, N. Prantzos, H. Reeves et A. Vidal-Madjar, Fayard, 2000.

« A Jupiter-mass companion to a solar-type star », M. Mayor et D. Queloz, *Nature*, 378, 1995, p. 355-359.

« An extended upper atmosphere around the extra-solar planet HD209458b », A. Vidal-Madjar, A. Lecavelier des Étangs, J.-M. Désert, G. Ballester, R. Ferlet, G. Hébrard et M. Mayor, *Nature*, 422, 2003, p. 143-146.

« Detection of planetary transits across a sun-like star », D. Charbonneau, T.M. Brown, D.W. Latham et M. Mayor, *Astrophysical Journal*, 2000, 529, p. 45-48.

Sommes-nous seuls dans l'Univers ?

Marc Ollivier
Institut d'astrophysique spatiale (IAS) - UMR 8617
CNRS-Université Paris-Sud 11, Orsay

Si des extraterrestres vivant sur une planète lointaine, à des dizaines d'années-lumière, tournaient vers le Soleil un instrument spatial comparable à notre futur Darwin, voici ce qu'ils verraient (en haut à gauche). Jusque-là, notre planète et ses proches voisines, Vénus et Mars, leur étaient invisibles : elles n'émettent pas en effet de lumière et se contentent de refléter l'astre du jour, dont l'éclat noie complètement leur propre image. Mais ici, le Soleil (au centre de la simulation numérique) est « éteint » grâce à une technique particulière appelée *nulling*, et les trois planètes sont observées dans l'infrarouge, domaine dans lequel elles sont relativement plus brillantes. La décomposition de la lumière émise par la Terre (en bas à gauche) révèlerait alors que si elle rayonne presque comme un corps réchauffé à environ 27 °C (la courbe en pointillés), ce rayonnement est en partie absorbé par certains des gaz qui enveloppent la planète : la vapeur d'eau, l'ozone et le gaz carbonique. Nos extraterrestres pourraient alors s'exclamer : il y a probablement de la vie sur Terre !

Jusqu'en 1995, nous ne connaissions qu'un seul système de planètes – le système solaire – tournant autour d'une seule étoile : notre Soleil. Lorsque nous cherchions à comprendre son origine, les mécanismes de sa formation et la façon dont il a évolué, nous étions confrontés à une question insoluble : ce que nous voyons est-il le fruit d'un improbable accident ou le résultat du développement normal de la matière autour d'une étoile ? Pour commencer à répondre à ces questions, il fallait que nous puissions observer d'autres systèmes planétaires… un problème récurrent dans toutes les sciences ! La géologie de la Terre a ainsi considérablement progressé lorsque la conquête spatiale nous a permis de la comparer à d'autres planètes voisines. Depuis une dizaine d'années, la découverte des exoplanètes – des planètes qui gravitent autour d'étoiles autres que le Soleil – ouvre une nouvelle ère. Hélas, jusqu'à présent la plupart de ces exoplanètes n'ont été détectées que de façon très indirecte. Tous les instruments actuels – qui décèlent les exoplanètes à partir des infimes perturbations qu'elles impriment au mouvement ou à l'éclat de leur étoile – et même la plupart des instruments en cours de développement sont limités par le fait que les planètes sont en général des milliards de fois moins brillantes que leur étoile. De surcroît, étant donnée l'énormité des distances astronomiques, elles nous en apparaissent toutes proches : de l'ordre d'une seconde d'angle, soit l'équivalent d'une pièce d'un euro vue à quatre kilomètres !

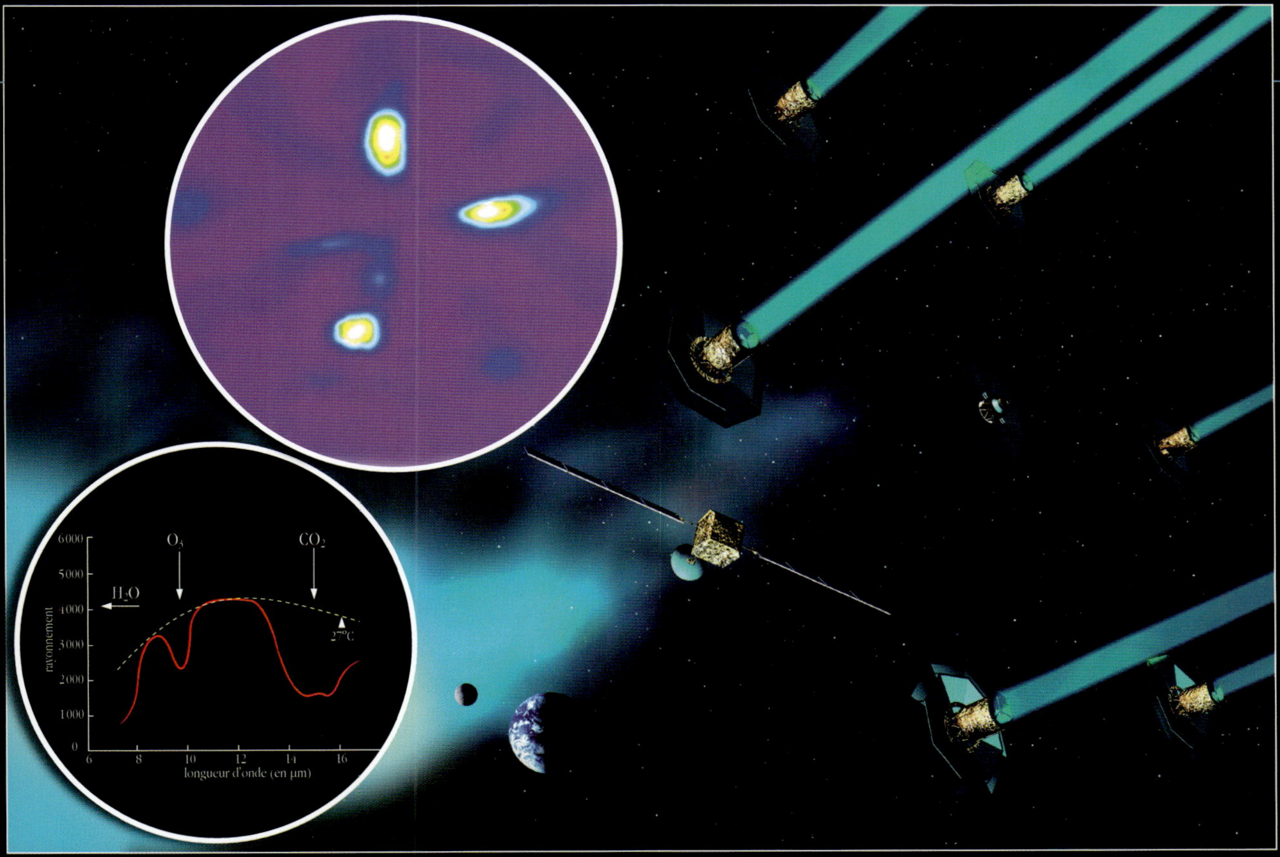

– 172 –

La grande nouveauté de Darwin est qu'il permettra de distinguer la lumière émise par chacune des composantes de ces systèmes planétaires, d'étudier leur spectre systématiquement afin d'en déduire leur taille, leur température et même la composition chimique de leur atmosphère (si atmosphère il y a). Pour cela, Darwin doit opérer depuis l'espace et disposer d'une grande résolution angulaire (la finesse des détails discernables). Dans le vide de l'espace, cette résolution n'est limitée que par le diamètre de l'instrument… qui devrait atteindre près de 50 mètres ! Comme l'envoi d'un tel « monstre » est impossible avec les lanceurs actuels, on a imaginé de combiner les images issues de plusieurs petits télescopes fonctionnant dans un mode dit *interférométrique* afin de reproduire celle que donnerait un télescope géant. On a également développé un dispositif optique grâce auquel, au cours de cette recombinaison, les sources lumineuses situées au centre de l'image sont « éteintes », ce qui permettra de s'affranchir de la lumière de l'étoile centrale. La résolution de tous ces problèmes est complexe et nécessite d'inventer sans cesse de nouveaux concepts, de sorte que Darwin est à l'étude depuis déjà 15 ans…

Lorsqu'il sera opérationnel, nous connaîtrons bien vite la taille ou la composition chimique des planètes sur un vaste échantillon de systèmes. Comme nous savons par ailleurs déterminer l'âge des étoiles en étudiant leur couleur, nous pourrons classer ces systèmes par ordre de *maturité* et obtenir en quelque sorte un « film » du développement des systèmes solaires dans l'univers. Finalement, Darwin sera capable de détecter sur d'autres mondes la présence de gaz que l'on considère comme des *biomarqueurs*, c'est-à-dire qui trahissent la présence de la vie. En l'occurrence, la détection de la vapeur, du dioxyde de carbone, et de l'ozone indique qu'il y a de l'eau et du carbone – éléments essentiels à la vie –, qu'un effet de serre raisonnable y assure une température douillette et que l'oxygène subsiste durablement dans l'atmosphère, ce qui n'est possible, chez nous, que grâce à l'action des végétaux.

Le système solaire et notre planète sont-ils uniques, simplement rares, ou bien banals ? Existe-t-il d'autres mondes habités dans l'univers ? Les progrès de l'instrumentation astronomique permettent maintenant d'aborder ces questions qui dépassent largement le cadre de la physique pour toucher celui de la philosophie !

Pour en savoir plus

Il pleut des planètes, Alfred Vidal-Majar, coll. Sciences, Hachette, 1999.

Les chocs hypersoniques

Chantal Stehlé

Laboratoire d'études du rayonnement et de la matière en astrophysique (Lerma)
UMR 8112 CNRS-Observatoire de Paris

Une chambre expérimentale étanche reçoit avant sa fermeture les dernières attentions d'un physicien. On y place une capsule de quelques millimètres remplie de gaz à faible pression (du xénon) et fermée par un film plastique doré. Un faisceau laser est alors concentré par la lentille que l'on devine à l'arrière plan, projetant sur la cellule une énergie de 300 joules en moins d'un tiers de nanoseconde – soit une puissance de l'ordre de mille milliards de watts !

Le film plastique s'évapore violemment et transmet une onde de choc qui se propage dans le gaz à l'intérieur de la capsule où on l'observe expérimentalement avant de l'étudier à l'aide de simulations numériques. On a représenté ici, en fausses couleurs, la progression d'un tel choc (du bas vers le haut, l'axe vertical correspondant au centre de la cellule) : le gaz comprimé est en rouge, le gaz non encore choqué en bleu. La vague verte qui précède l'onde de choc correspond aux zones où l'intense rayonnement ultraviolet électrise le gaz encore au repos. Une telle onde de choc s'apparente à celles qui sont provoquées dans les jets hypersoniques émis par certaines étoiles jeunes. Ici, on peut voir l'image du jet stellaire HH-47 prise par le télescope Hubble ; ce jet, de quelques 10^{18} km de long, se propage à environ 300 km/s à partir d'une étoile située dans la nébuleuse en bas à gauche.

Aux températures extrêmes, la lumière – en fait, les rayonnements X et ultraviolets – peut agir significativement sur la façon dont les gaz s'écoulent. C'est le cas pour certains chocs hypersoniques où la matière est expulsée à des vitesses bien supérieures à celles du son, provoquant la formation d'un *mur* dense, comparable au « bang » des avions. La différence est qu'alors les vitesses très élevées conduisent à un violent échauffement de la matière. Dans nos expériences, la température s'élève à plusieurs centaines de milliers de degrés au niveau d'un front de choc qui progresse à environ 50 kilomètres par seconde. Le gaz brûlant émet un rayonnement dur qui chauffe et ionise le milieu non encore choqué. Le front d'ionisation précède ainsi le choc lui-même.

De tels phénomènes sont comparables à ceux qui se produisent durant les premiers âges d'une étoile, lorsque des flots de matière se précipitent sur l'astre, que ce soit pendant sa formation ou un peu plus tard, lorsque

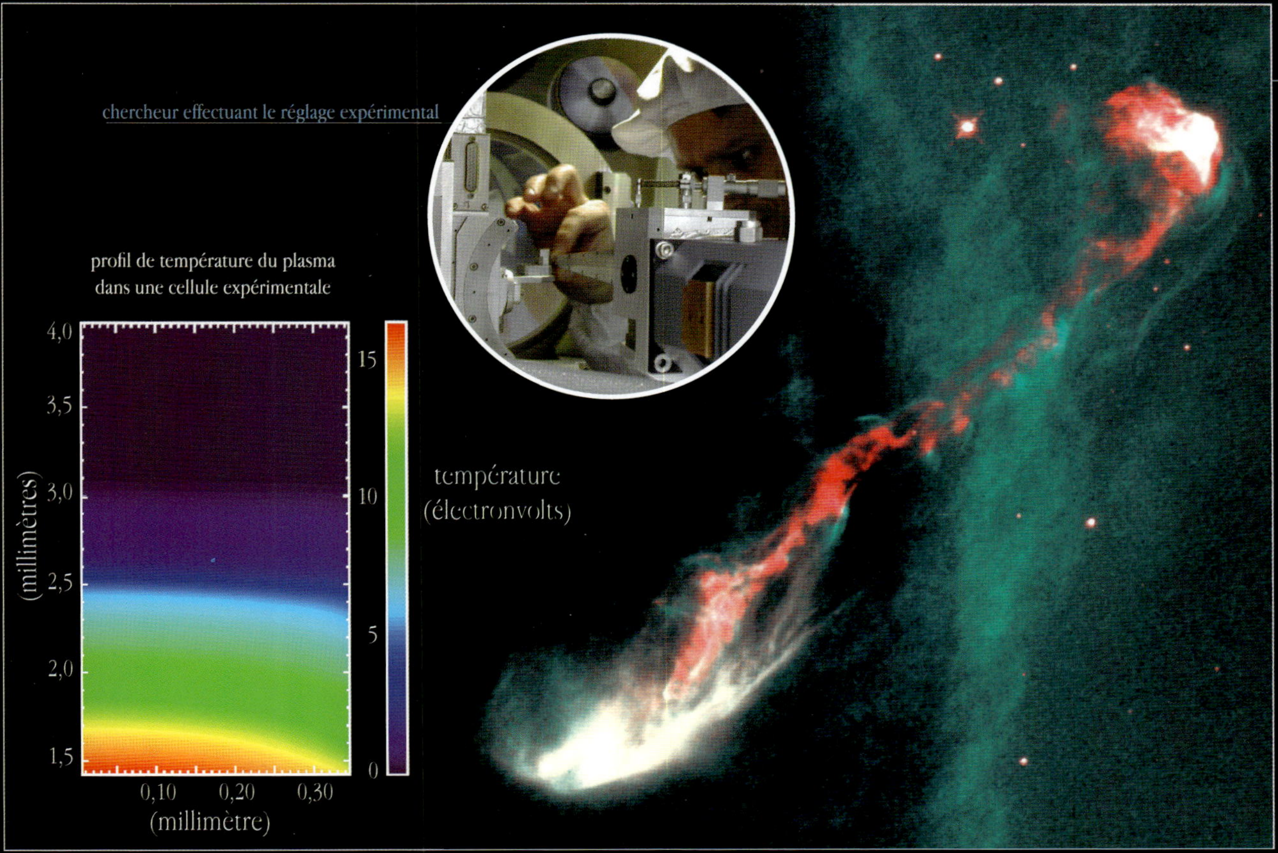

– 32 –

l'étoile fait l'objet d'intenses processus d'éjection de matière sous la forme de jets émis dans l'axe de ses pôles (comme dans l'image du jet stellaire HH-47). La modélisation de ces phénomènes est complexe, car elle doit prendre en compte la contribution de l'énergie fournie par le rayonnement, la pression qu'il exerce, et éventuellement la présence d'un champ magnétique. Les expériences permettent alors de contrôler la justesse de certains aspects de la modélisation.

Bien qu'elle soit souvent considérée comme la mère de toutes les sciences de la nature – et en particulier des sciences physiques – l'astronomie en diffère par un aspect fondamental : ce n'est pas, en principe, une science expérimentale. Les phénomènes étudiés par les astrophysiciens ne sont pas produits et reproduits dans les conditions contrôlées d'un laboratoire : il faut attendre qu'ils veuillent bien se manifester quelque part dans l'univers et espérer avoir la chance de tomber dessus ! Depuis quelques années, cependant, on réalise enfin des *expériences* d'astrophysique. La problématique est alors toujours de reproduire avec des instruments de taille raisonnable, sur des durées courtes, des phénomènes qui s'étendent en réalité sur des centaines de milliers de kilomètres durant des siècles ! Le grand défi est donc de *mettre à l'échelle* les processus étudiés. Par exemple, si une fourmi voulait expérimenter l'effet que cela fait de nager dans une piscine, elle se devrait d'abord de trouver un liquide de viscosité bien moindre que l'eau ! Dans le cas qui nous occupe, cela nécessite une fabrication minutieuse des cibles.

Reproduire en laboratoire des phénomènes astrophysiques extrêmes nécessite des installations de haute énergie, telles le laser Mégajoule (LMJ) du CEA ou le laser PALS de Prague. Une chaîne complète de compétences est alors indispensable : des astronomes qui observent l'univers dans différentes longueurs d'onde aux spécialistes des simulations numériques et des modèles théoriques, en passant par les expérimentateurs familiers de la technologie laser utilisée, par les physiciens chargés de diagnostiquer les résultats ou par les ingénieurs qui conçoivent les cibles. Les retombées de cette recherche fondamentale se traduisent d'une part par le développement d'équipements innovants et d'autre part par des avancées scientifiques concernant les phénomènes qui ont lieu dans les expériences de fusion thermonucléaire contrôlée.

Pour en savoir plus

http://www.jetsets.org/home.html
http://www.pals.cas.cz/pals/
http://amrel.obspm.fr/stapl/

Le chercheur d'ondes

Alain Brillet
Artémis - UMR 6162 CNRS-Observatoire de la Côte d'Azur

À la croisée de ces deux tubes de trois kilomètres de long installés dans la plaine de l'Arno, près de Pise, des rayons laser se rencontrent, après avoir fait une cinquantaine d'aller-retour entre des miroirs, ce qui porte leurs trajets respectifs à 150 kilomètres. L'ensemble est réglé pour que les deux ondes s'annulent par interférence. Dès lors, la plus infime variation de la longueur d'un tube par rapport à l'autre fait réapparaître un signal lumineux. Une variation de quelque dix milliardièmes de milliardièmes de mètre est susceptible d'être décelée ! La sortie des voitures à l'heure de pointe dans la ville voisine, le bombement minuscule de la croûte terrestre dû aux forces de marée, le ronronnement des appareils électriques alimentés par le courant alternatif, toute déformation infime est détectée par cette « oreille géante ». Le spectrogramme (en haut) indique l'intensité du signal (du bleu au rouge) en fonction du temps (du 23 au 26 mai 2007) et de la fréquence. Les lignes horizontales correspondent à un bruit de fréquence constante : le réseau électrique à 50 Hz et ses harmoniques (100, 150, etc.) et les résonances mécaniques de la machine (167 Hz, 241 Hz, 379 Hz). L'agrandissement montre ce que serait le signal produit par deux étoiles à neutrons spiralant l'une vers l'autre avant de s'effondrer en un unique trou noir : un *sifflement* montant brusquement dans les aigus avant de disparaître...

En 1916, peu de temps après avoir publié la théorie de la relativité générale selon laquelle l'espace-temps lui-même peut être comparé à une sorte de gélatine déformée par la présence de matière, Albert Einstein prédit l'existence des ondes gravitationnelles, d'infimes tremblements de la matrice de l'espace lui-même, des rides se propageant à la vitesse de la lumière et qui se traduiraient par des variations minuscules de longueur lors de leur passage. Ces ondes n'ont jamais été détectées, mais on pense que les astres de densité extrême, les étoiles à neutrons et les trous noirs, sont susceptibles de « secouer » l'espace-temps au point d'émettre de tels signaux. Ce sont ces derniers que l'interféromètre franco-italien Virgo doit pouvoir détecter. L'effet de ces ondes est proportionnel à la longueur de l'objet affecté – d'où les dimensions des bras de l'interféromètre – mais reste néanmoins très faible. Il faudrait pouvoir déceler des variations inférieures à 10^{-19} mètre afin d'être sensibles à des signaux émis depuis des distances de l'ordre de quelques millions d'années-lumière, et ainsi avoir une chance de surprendre l'un de ces événements.

En période de fonctionnement, l'instrument compare les longueurs des deux bras 10 000 fois par seconde et analyse simultanément les fluctuations observées dans le but de se maintenir en état de sensibilité optimale

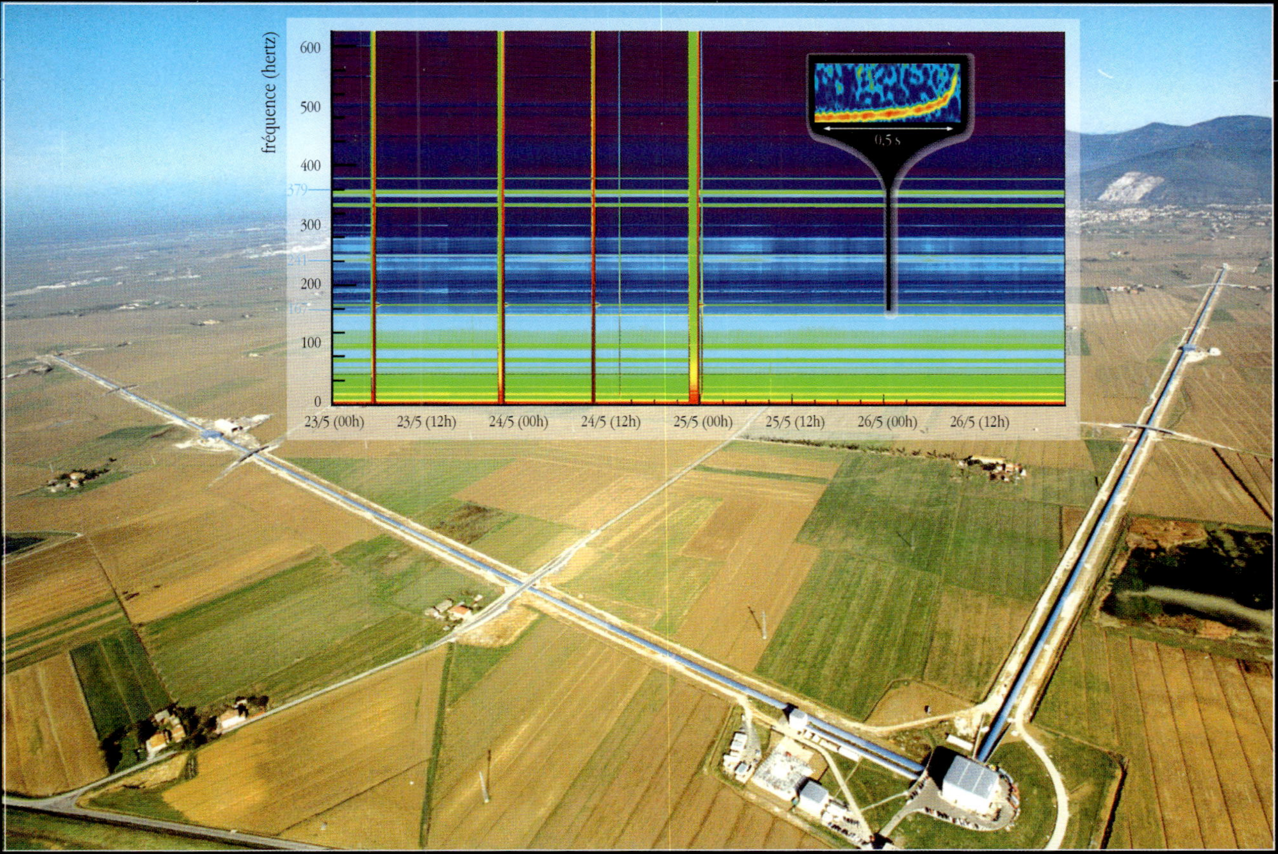

— 180 - 182 - 190 —

et de rechercher les signaux gravitationnels en temps réel. La gamme de fréquences étudiée varie de 10 à 10 000 Hz. Au-dessus de 379 Hz, le spectrogramme révèle une zone bleu sombre où l'instrument est relativement peu gêné par les bruits parasites de son environnement, et où la sensibilité atteint le chiffre prometteur de $3 \cdot 10^{-19}$ mètre.

Les premières tentatives de détections des ondes gravitationnelles reposaient sur des résonateurs acoustiques (on espérait détecter la mise en vibration d'une barre métallique par la légère contraction que lui aurait imprimée le passage d'une onde gravitationnelle). Après quelques fausses alertes, il est devenu clair au milieu des années 1970 que l'interférométrie serait la technique la plus efficace. Plusieurs équipes en Europe et aux États-Unis ont alors entamé des études théoriques et construit des prototypes, en attendant que les technologies optiques (des lasers stables et puissants, et des miroirs presque parfaits), mécaniques (pour l'ultravide des tubes et les systèmes d'isolation sismique), et informatiques (pour le contrôle et le traitement de données en temps réel) permettent de concevoir un instrument en taille réelle. Virgo et LIGO (un ensemble de deux interféromètres comparables à Virgo construits aux États-unis) ont ainsi vu le jour dans les années 1990-2000. Ces instruments de première génération se rapprochent d'une sensibilité qui permettra de détecter un ou quelques signaux gravitationnels par année d'observation. Il faudra probablement cinq à dix années d'améliorations pour gagner encore un ordre de grandeur en sensibilité et atteindre un statut d'*observatoire*, avec plusieurs détections par jour.

En astrophysique, l'ouverture de *nouvelles fenêtres* – par exemple le passage de l'observation dans le seul visible à la panoplie de satellites qui étudient désormais le ciel de l'infrarouge aux rayons X – a toujours apporté des découvertes inattendues, remettant en question notre vision de l'univers. L'astronomie gravitationnelle promet de nous révéler l'intimité d'objets condensés très mal connus – et pour la plupart jamais détectés directement parce qu'ils ne sont pas lumineux et que leur taille est très petite. Mieux, la grande transparence de la matière au rayonnement gravitationnel permettra de remonter l'histoire de l'univers jusqu'aux premières fractions de seconde après le Big Bang !

Pour en savoir plus

http://wwwcascina.virgo.infn.it/

http://sci.esa.int/science-e/www/area/index.cfm?fareaid=27

Un ogre dans la Voie lactée

Guy Perrin et René Cuillierier
Laboratoire d'études spatiales et d'instrumentation en astrophysique (Lesia)
UMR 8109 CNRS-Observatoire de Paris

Le centre de notre galaxie abrite un trou noir, un astre si compact et si lourd que rien n'échappe à sa gravité. Tel un ogre, il *absorbe* tout, même la lumière. Un tel objet est par définition parfaitement sombre et devrait être invisible, mais on peut observer la façon dont il modifie son environnement. Le trou noir du centre galactique est vraisemblablement entouré d'un disque de matière gravitant à des vitesses phénoménales et porté à des températures très élevées. Si nous étions assez près pour le voir, l'image d'un tel disque nous apparaîtrait déformée par la masse même du trou noir central qui dévie les rayons lumineux. Nous espérons bientôt mesurer les dimensions de la limite interne de ce disque, nommée *dernière orbite stable*. Sur une simulation numérique des résultats attendus, on note qu'au lieu d'apparaître circulaire, cette orbite ressemblerait à un cœur déformé : un mirage gravitationnel typique du voisinage d'un trou noir.

Théoriquement, la masse d'un trou noir est entièrement *tassée* en un point unique de densité infinie : la *singularité*. Cette monstruosité nous est cachée par une enveloppe immatérielle nommée *horizon* : rien, pas même la lumière, ne peut s'élever au-dessus de cette limite qui forme donc en quelque sorte une boule d'obscurité absolue entourant la singularité. Finalement, un peu au-dessus de l'horizon se trouve la dernière orbite stable : tout satellite gravitant en dessous devrait voyager plus vite que la lumière pour maintenir son altitude sans être happé par notre ogre, ce qui est impossible ! Un objet qui passe sous la dernière orbite stable est condamné à tomber sur l'horizon derrière lequel il disparaît irrémédiablement. Par conséquent, le disque de matière brûlante qui entoure un trou noir devrait être *évidé* au milieu : un trou dont le diamètre correspondrait à la dernière orbite stable.

Le monstre tapi au centre de notre Voie lactée s'appelle Sgr A* : cette source radio apparemment ponctuelle (d'où le *) est la plus puissante (A) de sa région du ciel (Sgr, la constellation du Sagittaire). Lors de sa découverte, il y a une trentaine d'années, les astronomes calculèrent qu'elle émettait une quantité phénoménale d'énergie à partir d'un très petit volume

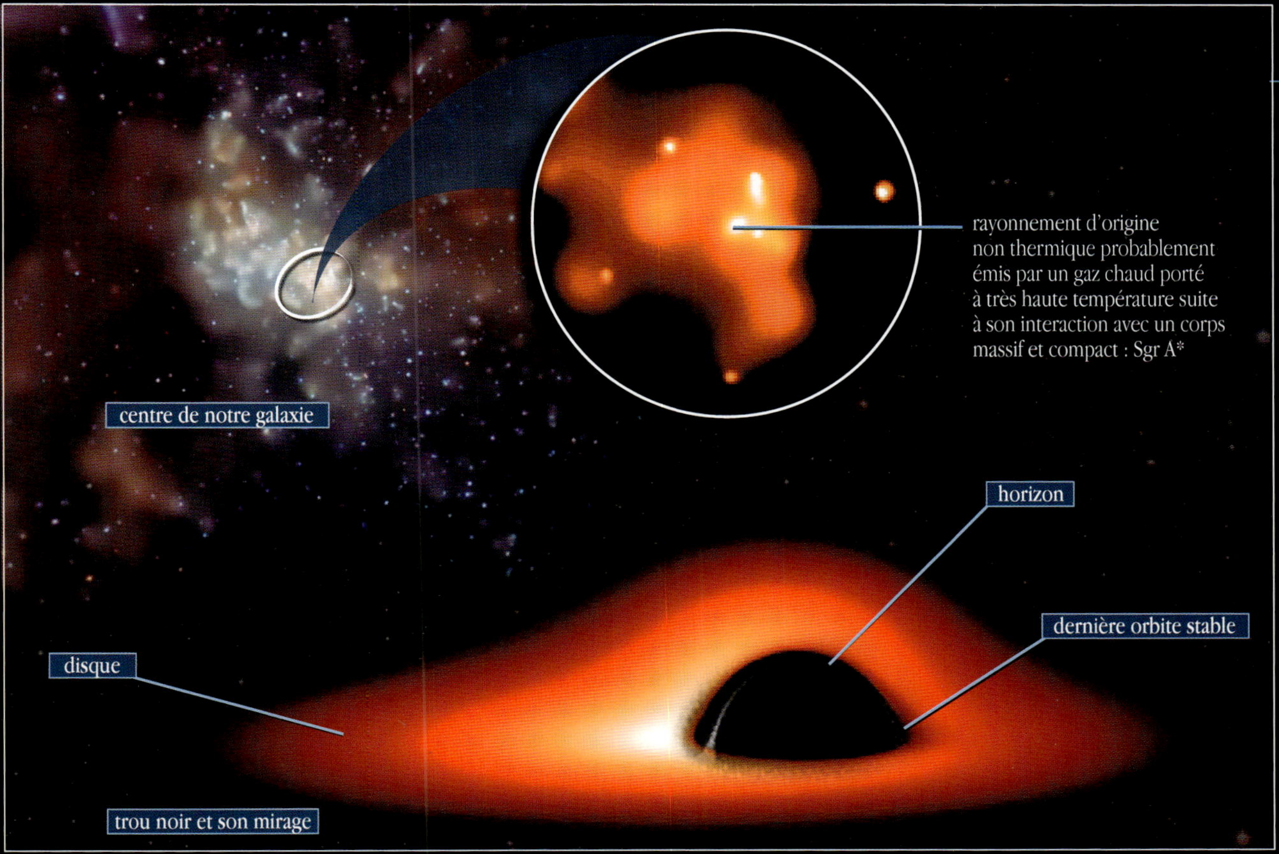

— 178 - 182 —

et soupçonnèrent bien vite la présence d'un trou noir. Depuis, la mesure des vitesses des étoiles qui gravitent à proximité a montré que l'objet central est 3 millions de fois plus massif que le Soleil et qu'il est contenu dans un volume comparable à l'orbite de Pluton. C'est donc désormais une quasi-certitude : il s'agit bel et bien d'un trou noir, et même d'un trou noir supermassif du même type que les géants que l'on soupçonne de se cacher au cœur d'autres galaxies. Malheureusement, à 30 000 années-lumières de distance, même un tel monstre est trop petit pour être discernable par nos télescopes les plus puissants. Son horizon a une taille angulaire équivalente à celle d'un cheveu vu à 2 000 km de distance ! À titre de comparaison, les orbites des étoiles relativement lointaines qui ont permis une estimation de sa masse ont, quant à elles, des dimensions équivalentes à celle d'un homme vu à 2 000 km…

Imaginés en 1784 par un disciple de Newton, John Michell, les trous noirs sont longtemps restés une prédiction purement théorique de la relativité générale d'Einstein. On a même pensé, initialement, qu'ils n'étaient le fruit que d'une aberration de calcul. Aujourd'hui, nous savons que ces objets existent réellement et l'étau se resserre sur le plus proche de nous. Nos calculs montrent que la technique dite de l'*interférométrie* devrait permettre de mesurer les dimensions de la dernière orbite stable de notre trou noir. Le principe consiste à combiner les faisceaux de plusieurs télescopes géants – comme ceux du VLT européen au Chili, ou ceux de l'Observatoire américain Keck à Hawaï – en les faisant interférer : cette opération a pour effet de démultiplier la finesse de l'image par rapport à celle d'un simple télescope. En 1920, cette technique fut déjà utilisée pour mesurer le diamètre de l'étoile géante Bételgeuse, dans la constellation d'Orion : un astre 650 fois plus grand que le Soleil situé à 450 années-lumières. L'ogre Sgr A* devrait subir le même sort vers 2012.

Pour en savoir plus

Qu'est-ce qu'un trou noir ?, P. Bordé et N. Bordé, Le Pommier, 2005.

Les trous noirs, J.-P. Luminet, Seuil, 1992.

La preuve de la matière noire

François Hammer
Laboratoire Galaxies, étoiles, physique, instrumentation (Gepi) - UMR 8111
CNRS-Université Paris Diderot Paris 7-Observatoire de Paris

Le cœur de l'amas MS 2137-2353 (représenté en fausses couleurs à gauche) est dominé par une galaxie géante entourée de congénères plus petites. À 3,8 milliards d'années-lumières de distance (leur lumière a mis 3,8 milliards d'années pour nous parvenir), ces archipels de milliards d'étoiles, comparables à la galaxie NGC 1232 (à droite), nous apparaissent comme de simples taches floues plus ou moins oblongues. Mais, à quoi correspondent les arcs lumineux qui s'étirent entre elles ? Il s'agit d'un mirage. Les rayons lumineux issus d'une galaxie située en arrière plan, à 5,6 milliards d'années-lumière derrière la galaxie centrale – et donc normalement cachée –, ont été courbés par la masse de l'amas et rabattus vers nous. La présence de ce *mirage gravitationnel* suggère que l'amas est environ dix fois plus lourd qu'on ne le pensait. Outre les innombrables soleils qui brillent serrés les uns contre les autres dans cette image, on y trouverait donc 90 % de matière invisible.

La présence dans l'univers d'une part importante et même prépondérante de matière complètement invisible – on parle de *matière noire* – est une des plus grandes énigmes de l'astronomie moderne. Une galaxie spirale comme NGC 1232 contient plus de 50 milliards d'étoiles qui se répartissent le long de ses bras spiraux. Ces étoiles tournent autour du centre à une vitesse de l'ordre de 210 kilomètres par seconde. En mesurant la luminosité totale de la galaxie, on peut calculer la masse totale des étoiles, du gaz et de la poussière qu'elles contiennent. La valeur trouvée pose un problème majeur : elle est en gros dix fois trop faible pour assurer la stabilité de l'ensemble… et c'est la même chose pour toutes les autres galaxies semblables, y compris notre propre Voie lactée ! En d'autres termes, les galaxies spirales tournent tellement vite sur elles-mêmes que leurs étoiles devraient se disperser après quelques tours, comme éjectées d'un manège qui tournerait trop vite. Mais tel n'est pas le cas. Nous savons que les galaxies sont stables, car elles contiennent de nombreuses étoiles âgées. Nous savons aussi que notre Soleil a déjà fait près de 20 tours autour du centre galactique et que nous sommes pourtant toujours dans la Voie lactée. La conclusion qui s'impose est que seule une petite fraction de la matière qui constitue les galaxies spirale brille ; le reste est sombre. Depuis quelques années, l'observation de mirages gravitationnels tels celui qui est présenté ici apporte une nouvelle preuve spectaculaire de l'existence de cette matière noire et permet d'en élargir la portée. Les estimations les plus précises montrent que seuls 10 % de la matière qui constitue l'univers *tout entier* est *visible*. Le reste, c'est-à-dire 90 %, est invisible.

— 178 - 180 —

Cette conclusion s'est progressivement imposée aux astronomes au cours de la seconde moitié du XXe siècle. Depuis, nous avons appris à faire beaucoup de choses. L'analyse de l'ensemble des arcs lumineux dans l'amas MS 2137-2353 montre par exemple que la matière invisible et la matière visible se distribuent de façons étonnamment similaires. L'image montre évidemment que la matière visible a tendance à former des *grumeaux*, de forte concentration, séparés par des espaces presque vides. L'analyse révèle que la matière noire se comporte de la même façon. De surcroît, les nouvelles techniques observationnelles offrent aux astronomes la possibilité d'étudier le comportement de la matière noire lorsque l'univers était bien plus jeune qu'aujourd'hui et la façon dont elle a influencé la formation des premières étoiles et des galaxies. Grâce à ces études, les astrophysiciens ont déjà éliminé plusieurs hypothèses comme, par exemple, la possibilité que la masse invisible soit simplement constituée de matière ordinaire, des myriades d'astres trop petits pour que des réactions thermonucléaires s'allument en leur sein errant, sombres, entre les étoiles.

Hélas, si nous savons ce que la matière noire *n'est pas*, force est d'admettre que nous n'avons pratiquement aucune idée de ce qu'elle *est*. Actuellement les hypothèses les plus en vogue supposent l'existence de particules exotiques, massives mais interagissant très peu avec la matière ordinaire, même si pour le moment, rien de tel ne figure dans le bestiaire des physiciens des particules. D'autres imaginent que la matière noire n'existe pas et que ce sont les lois de la gravitation qui, à grande échelle, doivent être modifiées.

La nature de la matière noire est l'une des questions les plus fondamentales de l'astronomie du XXIe siècle et même de l'ensemble de la physique. Sa résolution représente un enjeu comparable à celui de la révolution copernicienne. Au cours des quatre derniers siècles, nous avons appris que l'homme n'est pas le centre de l'univers, ni même sa planète, pas plus que le Soleil modeste autour duquel elle tourne. La Voie lactée, dont on pensait qu'elle représentait le cosmos tout entier jusque dans les années 1920, a été détrônée à son tour. Aujourd'hui, nous découvrons que la matière qui nous constitue n'est pas – et de loin – la substance prépondérante dans l'univers.

Pour en savoir plus

« 3D spectroscopy with VLT/GIRAFFE – I. The true Tully Fisher relationship at z ~ 0.6 », H. Flores, F. Hammer, M. Puech, P. Amram et C. Balkowski, *Astronomy & Astrophysics*, 2006, 455, p. 107-118.

« Detailed Lensing Properties of the MS 2137-2353 Core and Reconstruction of Sources from Hubble Space Telescope Imagery », F. Hammer, I.M. Gioia, E.J. Shaya, P. Teyssandier, O. Le Fèvre et G.A. Luppino, *The Astrophysical Journal*, 1997, 491, p. 477-482.

La musique de l'espace

Patrick Robert
Centre d'étude des environnements terrestre et planétaires (CETP) - UMR 8639
CNRS-Université de Versailles-Saint-Quentin-en-Yvelines

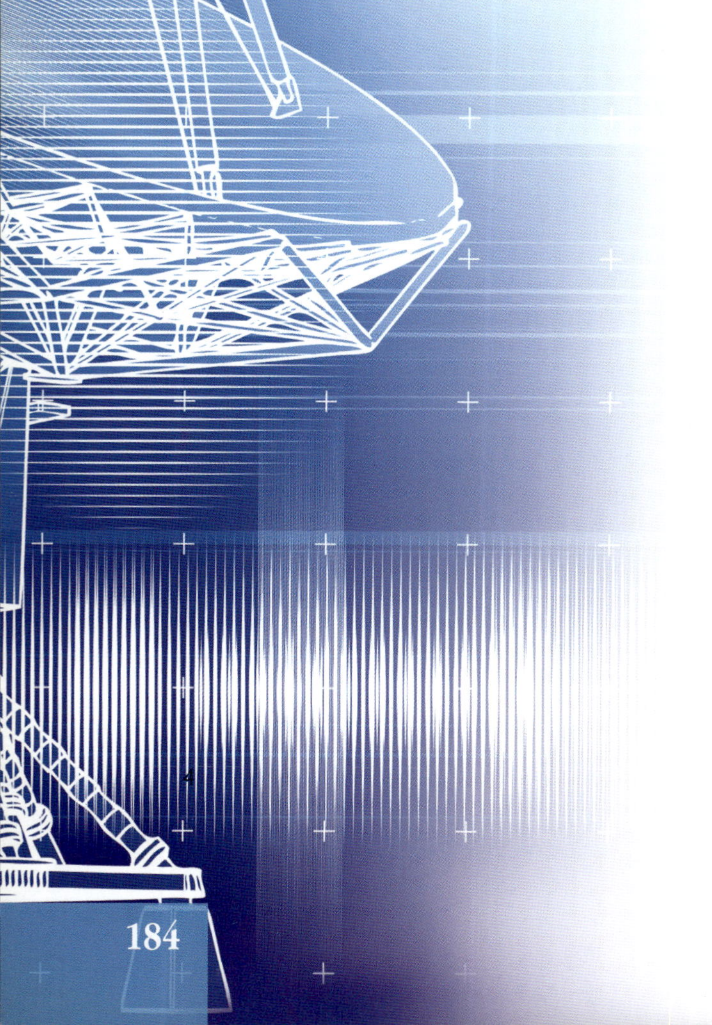

L'interaction brutale entre les particules chargées du vent solaire et le champ magnétique de la Terre génère toutes sortes d'ondes électromagnétiques dont l'équivalent sonore varie du crachotement intermittent au souffle continu en passant par des sortes de sifflements. On a représenté ces émissions sous la forme de spectrogrammes. Les fausses couleurs indiquent l'intensité du signal (du bleu au rouge), sa fréquence étant portée le long de l'axe vertical et sa durée le long de l'axe horizontal. Les mesures ont été réalisées à différents moments par les quatre satellites de la mission européenne *Cluster* destinée à l'étude de l'environnement de la Terre de 3 à 19 rayons terrestres dans l'espace, c'est-à-dire de 20 000 à 120 000 kilomètres d'altitude.

Un spectrogramme se lit un peu comme une partition musicale où l'on dessine une portée dont chaque ligne correspond à une note pure, c'est-à-dire à un signal de fréquence donnée. Les notes se suivent dans le temps, de la gauche vers la droite. Dans la notation musicale, la durée de chaque note est représentée par un signe (une ronde, une blanche, une noire et une croche), tandis qu'ici elle l'est par son étendue sur l'axe horizontal. Une autre différence est que l'on a représenté également l'intensité du signal (par sa couleur et non à l'aide d'indications comme *fortissimo* !).

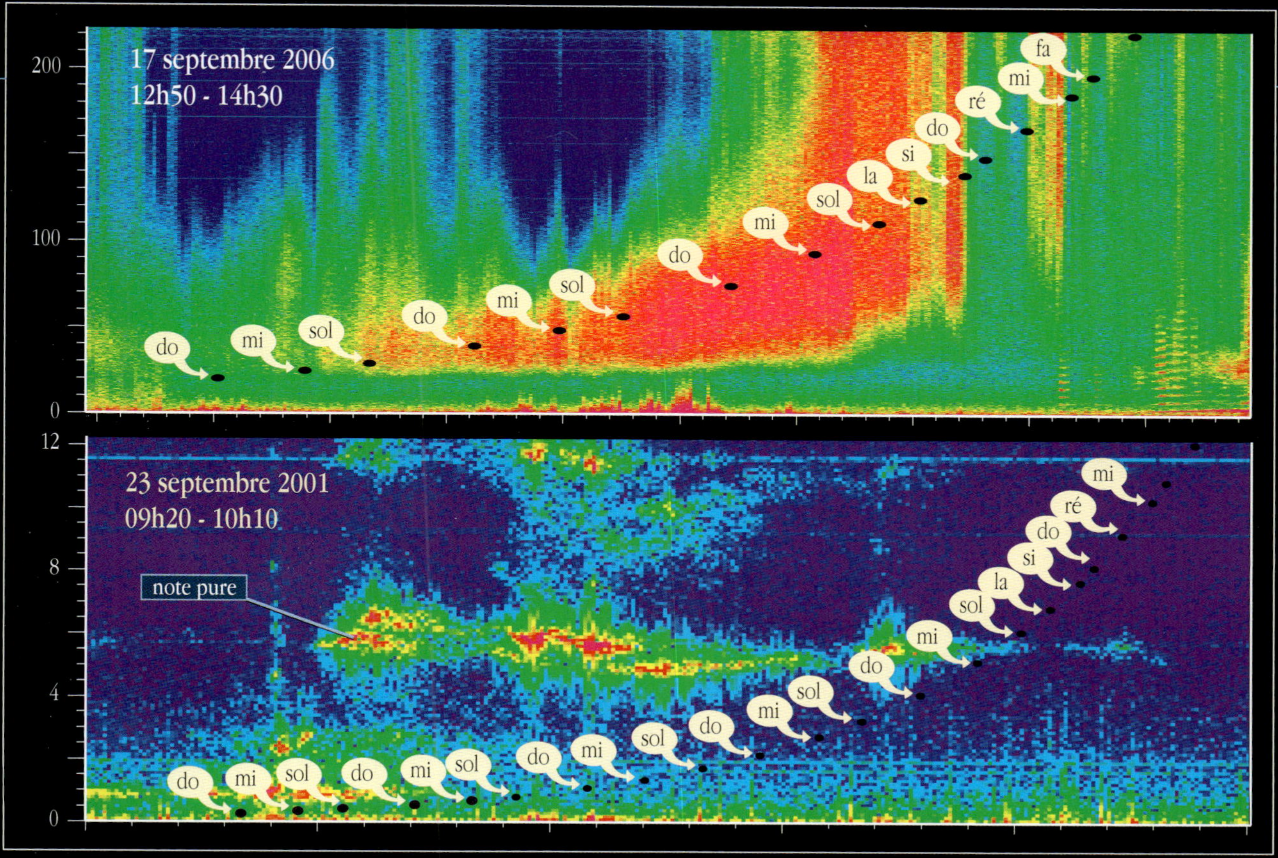

— 170 —

L'ultime différence est, bien sûr, qu'il s'agit d'ondes radio et non d'ondes sonores : il faudrait brancher un haut-parleur pour traduire ces émissions en sons.

Ces partitions permettent de reconnaître différents types d'émissions radio et, grâce à d'autres données sur la magnétosphère, de comprendre les mécanismes qui leur ont donné naissance, la façon dont elles se propagent dans différentes régions particulières de l'environnement terrestre, etc. Les exemples donnés ici montrent déjà la grande variété de ces phénomènes. Sur le panel du haut, le signal contient un mélange de toutes les fréquences correspondant à un *souffle* continu, mais qui deviendrait de plus en plus aigu avant de s'arrêter brutalement. Les signaux qui se manifestent sous la forme de raies horizontales ont des fréquences constantes et correspondent à des notes relativement pures

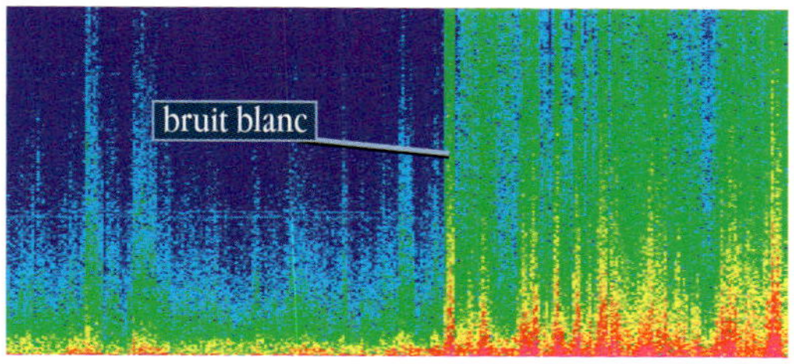

et cristallines (comme dans le panel du bas) plus ou moins longues. Les raies verticales (panel ci-dessus) manifestent l'apparition d'un « bruit blanc » comparable au souffle mais apparaissant brutalement : ce sont des rafales de *crachotements* perçus par le satellite au moment où il franchit certaines frontières magnétiques très marquées. Cette typologie des ondes, analysée depuis 30 ans avec les premiers satellites d'exploration de la magnétosphère, est devenue une science à part entière. Elle a révélé un milieu bien plus hostile et perturbé qu'on ne le croyait auparavant.

L'esprit humain distingue instinctivement la *musique*, c'est-à-dire l'existence de règles et de relations bien définies entre les signaux qui parviennent simultanément à l'oreille, du *bruit*. Il est remarquable que cette distinction reste pertinente dans un domaine aussi « exotique » que la physique des plasmas dans la magnétosphère de la Terre !

Pour en savoir plus

http://www.cetp.ipsl.fr

voir
imperceptiblement

De Muybridge aux caméras intelligentes

Michel Paindavoine

Laboratoire d'électronique, informatique et image (Le2i) - UMR 5158
CNRS-Université de Bourgogne, Dijon

Une séquence d'images rapides représente un rat qui se déplace à vitesse élevée sur un tapis roulant. Le but est d'étudier sa locomotion qui, dans le cadre de la recherche fondamentale en neurologie, constitue un paramètre essentiel, notamment lorsqu'il s'agit d'évaluer les potentialités thérapeutiques de futurs médicaments. On peut ainsi détecter les premiers signes d'une pathologie, quantifier l'ampleur d'un déficit et finalement mesurer un niveau de récupération. Dans ce contexte, l'utilisation de systèmes d'analyse d'images rapides donne accès aux différents paramètres de la locomotion chez le rongeur, tels que la cadence de la marche, la longueur et la durée du pas, la durée relative des deux phases du cycle (appui et oscillation), les variations angulaires des différents segments anatomiques de l'appareil locomoteur pendant la marche, etc.

L'étude de phénomènes présentant des mouvements rapides ou des temps d'apparition très brefs nécessite la mise en œuvre de systèmes d'imagerie particuliers : des optiques spécifiques, des caméras rapides à base de capteurs CCD – aussi utilisés dans nos actuels appareils photos numériques – ou de capteurs CMOS (ci-contre), des processeurs embarqués, et des moyens d'enregistrement, de transfert et de compression des images très performants, capables d'opérer en temps réel. En général, les fréquences de fonctionnement de ces systèmes peuvent aller de quelques centaines d'images par seconde en plein format (par exemple 1 024×1 024 pixels) à 50 millions d'images par seconde en format réduit. Dans le cas présenté ici, l'acquisition des images doit s'opérer à un rythme supérieur à 200 images par seconde afin de pallier le flou engendré par le mouvement de l'animal. Afin de mesurer en temps réel les paramètres de la locomotion, des marqueurs sont placés sur les articulations caractéristiques des membres locomoteurs. Un processeur embarqué au plus près du capteur calcule, à la vitesse de l'image, les positions des centres de gravité des marqueurs et les transmet vers un ordinateur qui enregistre ces données.

– 21 –

La cinématographie rapide débute en 1872 avec les travaux célèbres du photographe américain Eadweard Muybridge, pionnier de la photographie en instantané, qui obtint dès 1878 une séquence d'images d'un cheval au galop à l'aide d'une série de douze appareils. Avant 1980, des caméras mécaniques à miroirs tournants répondaient à la plupart des besoins scientifiques. Les cadences d'acquisition étaient de l'ordre de 20 000 images par seconde. Néanmoins, le nombre d'images acquises se réduisait à une centaine et le développement du film photographique imposait une manipulation en chambre noire. Au cours des 30 dernières années, ces deux inconvénients ont été éliminés par l'apparition des caméras à matrice CCD. La lecture séquentielle des pixels (les uns après les autres) de cette matrice limitait la cadence des caméras rapides, mais de nouveaux capteurs d'images CCD à sorties multiples ont été proposés par les constructeurs. Ces dernières années, des capteurs CMOS à sorties multiples sont apparus et présentent l'avantage d'intégrer sur la même *puce* la fonction de prise d'image et de prétraitement de l'information.

Actuellement, les analyses de mouvements rapides sont basées principalement sur la mesure de position de marqueurs placés sur les sujets étudiés. En général, le placement des marqueurs est délicat, par exemple dans le cas des petits animaux. Pour pallier cette difficulté, de nouveaux dispositifs d'analyse de mouvements rapides sans marqueurs sont en cours d'étude dans les laboratoires et utilisent des algorithmes performants de reconnaissance de forme en temps réel. Ces recherches nous permettent d'imaginer que, dans quelques années, nous disposerons de vraies *caméras intelligentes* et rapides.

L'imagerie rapide s'est développée dans de très nombreux domaines, de la métrologie au contrôle de qualité dans l'industrie, en passant par la surveillance, l'environnement, l'analyse des phénomènes brefs en génie biologique et médical, la physique des hautes énergies, la pyrométrie rapide, l'astronomie et l'industrie spatiale.

Pour en savoir plus

http://www.expo-marey.com

Le microscopique à l'œil nu

Paul Smigielski

Rhenaphotonics Alsace, Mulhouse

Si un expérimentateur frappe un cylindre métallique de trois mètres de haut et de cinq mètres de long avec un marteau, inutile de dire que cela fera un bruit parfaitement audible ! En revanche, les vibrations du cylindre entraînent des déformations de la surface qui sont invisibles à l'œil nu. Pourtant, si le cylindre est éclairé à l'aide d'un laser et que l'on réalise un *interférogramme holographique*, on observe sur sa surface un réseau de franges alternativement brillantes et sombres qui caractérise les déformations du cylindre (photo en noir et blanc). Leur analyse permet de reconstituer rapidement la carte des déplacements à l'échelle de la fraction de micromètre (image en fausse couleur) : les vibrations du cylindre deviennent alors visibles.

Le principe général de l'holographie est relativement simple : l'objet éclairé par un laser diffuse une onde lumineuse qui permet de le voir. L'holographie consiste à enregistrer cette *onde objet* sur un support photosensible (comme une plaque photographique) par *interférométrie* – superposition de l'onde objet et d'une *onde de référence* venant du même laser. Après développement photographique, il suffit d'éclairer l'hologramme ainsi réalisé avec l'onde de référence. L'hologramme restitue alors l'onde objet et l'on voit ainsi une image en trois dimensions de l'objet comme dans la réalité, sans lunettes stéréoscopiques !

Les détails techniques de notre expérience sont un peu différents, mais le principe est le même : on enregistre un hologramme du cylindre en vibration à deux instants différents sur la même plaque photographique. Lorsque l'on éclaire cet hologramme après son développement photographique, il restitue au même instant les deux ondes diffusées par l'objet aux deux instants différents de la prise de vue. Ces deux ondes *interfèrent* et donnent des **franges** d'interférences macroscopiques qui caractérisent les déformations microscopiques du cylindre survenues entre les deux instants de la prise de vue ! C'est le principe de l'interférométrie holographique *par double exposition*. On peut aussi appliquer la technique du cinéma holographique – réalisation de n hologrammes interférométriques à n instants différents – pour filmer l'évolution des franges macroscopiques et donc connaître l'évolution des déformations en fonction du temps. Dès lors, un phénomène, qui, comme notre cylindre métallique, a l'apparence d'une simple surface à deux dimensions par photographie classique, peut être restitué en quatre dimensions : trois dimensions spatiales et une dimension temporelle avec, en plus, la carte des déformations visible à l'œil nu sur la surface ! C'est la seule technique qui permet cela.

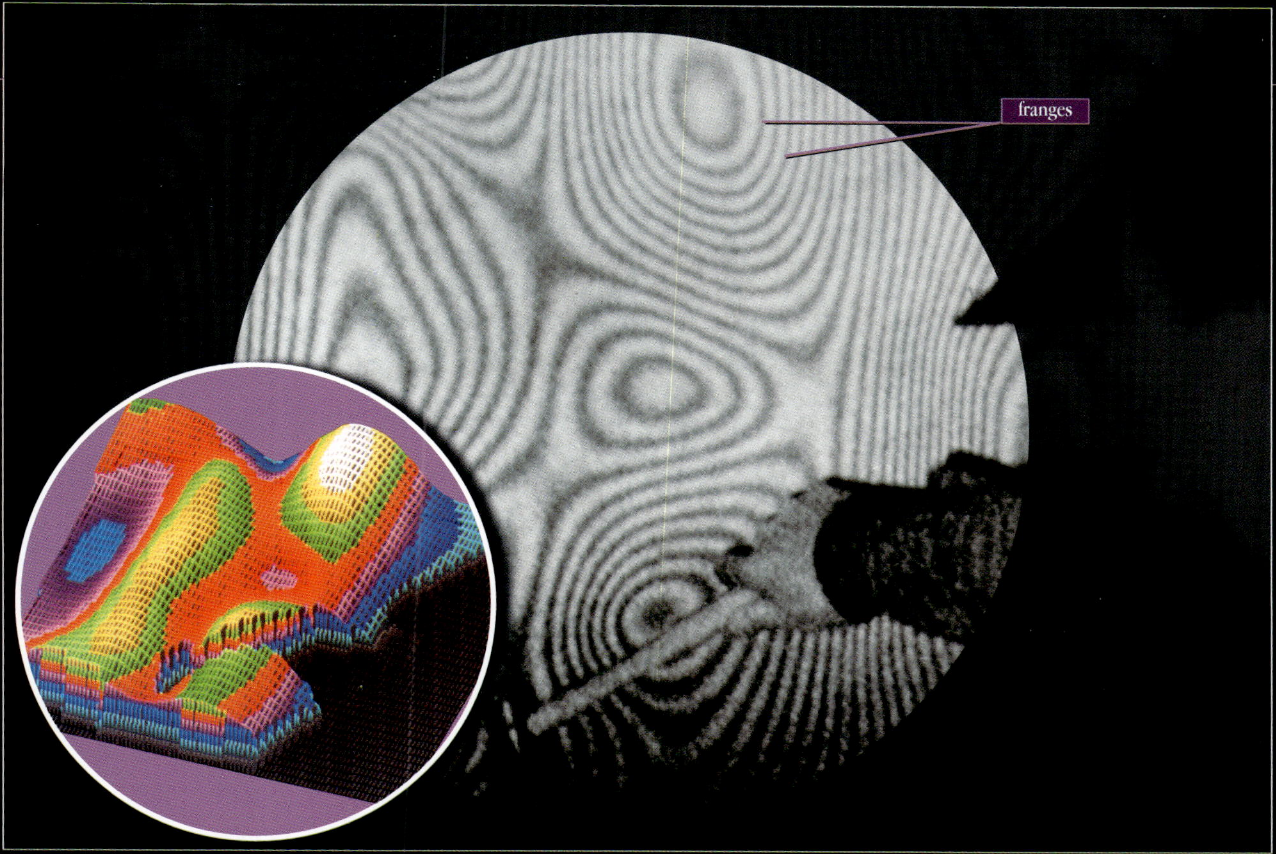

– 60 - 178 –

Le principe de l'holographie a été découvert en 1947 par l'Anglais Dennis Gabor qui souhaitait observer la structure atomique dans ses trois dimensions. La microscopie électronique ne lui permettant pas cette observation, il a eu l'idée de l'holographie qui lui a valu le prix Nobel en 1971. Il a réalisé son premier hologramme à l'aide de la lumière d'une lampe à mercure ! Mais il a fallu attendre 1962, soit deux ans après le fonctionnement du premier laser par l'Américain Theodore Maiman, pour qu'apparaissent les premiers hologrammes d'objets 3D grâce à l'utilisation des premiers lasers à gaz (hélium-néon) à émission continue.

Quelques années plus tard, en 1965, plusieurs laboratoires ont été à l'origine de l'interférométrie holographique et de son introduction dans l'industrie. Cette méthode de mesure bouleverse nos conceptions habituelles. Elle permet d'observer de façon globale les déformations d'un objet sans le toucher et donc sans perturber les phénomènes mécaniques en cours !

Des expériences comme celle que nous avons présentée ici sont désormais mises en œuvre pour comprendre et modéliser la manière dont un objet génère un son sous l'effet de diverses excitations, et pour construire des structures moins bruyantes. De façon générale, tout ce qui se déforme dans la nature est susceptible d'être analysé par interférométrie holographique : un tympan sous l'effet du « bang » supersonique d'un avion, les éléments d'un moteur en fonctionnement, un blindage frappé par un projectile, un cristal qui croît, une pile de pont qui vibre, etc. Les variations de densité de l'air autour d'un profil d'aile d'avion peuvent aussi être observées de cette façon. Mais les applications pratiques de l'holographie sont désormais légion en dehors de la métrologie. Les hologrammes sont utilisés depuis des années pour rendre infalsifiables les cartes bancaires, les cartes grises ou les billets de banque. On développe désormais des hologrammes qui servent de composants optiques (miroirs, lentilles, séparateurs), des outils de visualisation pour observer les phénomènes physiques et biologiques en 3D réelle (sans lunettes stéréoscopiques) et des matériaux optiques pour le stockage de données à très haute densité, susceptibles d'offrir des performances bien supérieures à tout ce qui existe aujourd'hui en la matière.

Pour en savoir plus

Holographie industrielle, P. Smigielski, Teknea, 1994.

« On the reproduction of the properties of an object in the wave field of the radiation scattered by it », Y. Denisyuk, *Doklady Akademii nauk SSSR*, 1962, **144**, p. 1275-1276.

« New techniques in wavefront reconstruction », E. Leith et J. Upatnieks, *Journal of the Optical Society of America*, 1961, **51**, p. 1469.

« A new microscopic principle », D. Gabor, *Nature*, 1948, **161**, p. 777-778.

La préhistoire en un clic

Jean-Pierre Jessel, Gérard Subsol et Bertrand Mafart
Institut de recherche en informatique de Toulouse (Irit) - UMR 5505
Laboratoire d'informatique, de robotique et de microélectronique de Montpellier (Lirmm) - UMR 5506
Institut de paléontologie humaine - UMR 5198

Le site de la Caune de l'Arago à Tautavel (Pyrénées-Orientales), connu depuis le XIXe siècle, est fouillé systématiquement depuis 1964. La réalité virtuelle nous permet aujourd'hui de replacer dans une reconstitution informatique de la grotte (en bas à droite) l'ensemble des pièces qui y ont été découvertes, dans leur position d'origine. Chaque objet coloré, aux formes géométriques simplifiées, représente ainsi l'un des milliers d'objets – ossements fossiles, outils de pierre taillée (comme ci-contre), etc. – qui ont été progressivement extraits du terrain. Les chercheurs disposent dès lors d'une reconstitution intuitive du site tel que l'on ne pouvait pas le voir avant les fouilles, et tel qu'il n'existe plus depuis…

Le gisement préhistorique de la Caune de l'Arago a été occupé il y a 450 000 ans par une version européenne d'*homo erectus*, antérieure au célèbre homme de Néandertal dont elle est – peut-être ! – l'ancêtre. Les premiers outils de pierre y ont été découverts en 1948, avant que des fouilles systématiques ne soient entreprises il y a une quarantaine d'années. Depuis, on a retrouvé les restes de plus de 35 individus aux côtés de 500 000 objets soigneusement répertoriés et géoréférencés (c'est-à-dire repérés dans l'espace). Les archéologues savent en effet depuis longtemps que les informations importantes ne sont pas simplement contenues dans les objets eux-mêmes, mais aussi dans leur position, leur orientation les uns par rapport aux autres, toutes choses qui sont susceptibles d'aiguiller les scientifiques sur le mode de vie des gens auxquels ils sont attribués. Cependant, dans le cas d'un site aussi riche, une telle base de données devient vite insurmontable ! C'est la raison pour laquelle nous avons créé le modèle de visualisation présenté ici.

Notre modèle permet de choisir la forme et la couleur attribuée à chaque type d'objet, de découvrir d'un coup d'œil leur position et leur orientation spatiale, et d'accéder d'un simple clic à des informations sur leur nature (en médaillon, en haut à droite). La navigation dans la grotte virtuelle a été rendue intuitive en utilisant des déplacements similaires aux manœuvres possibles dans les jeux vidéo en 3D. Le chercheur peut également trier les informations en choisissant de zoomer sur un objet

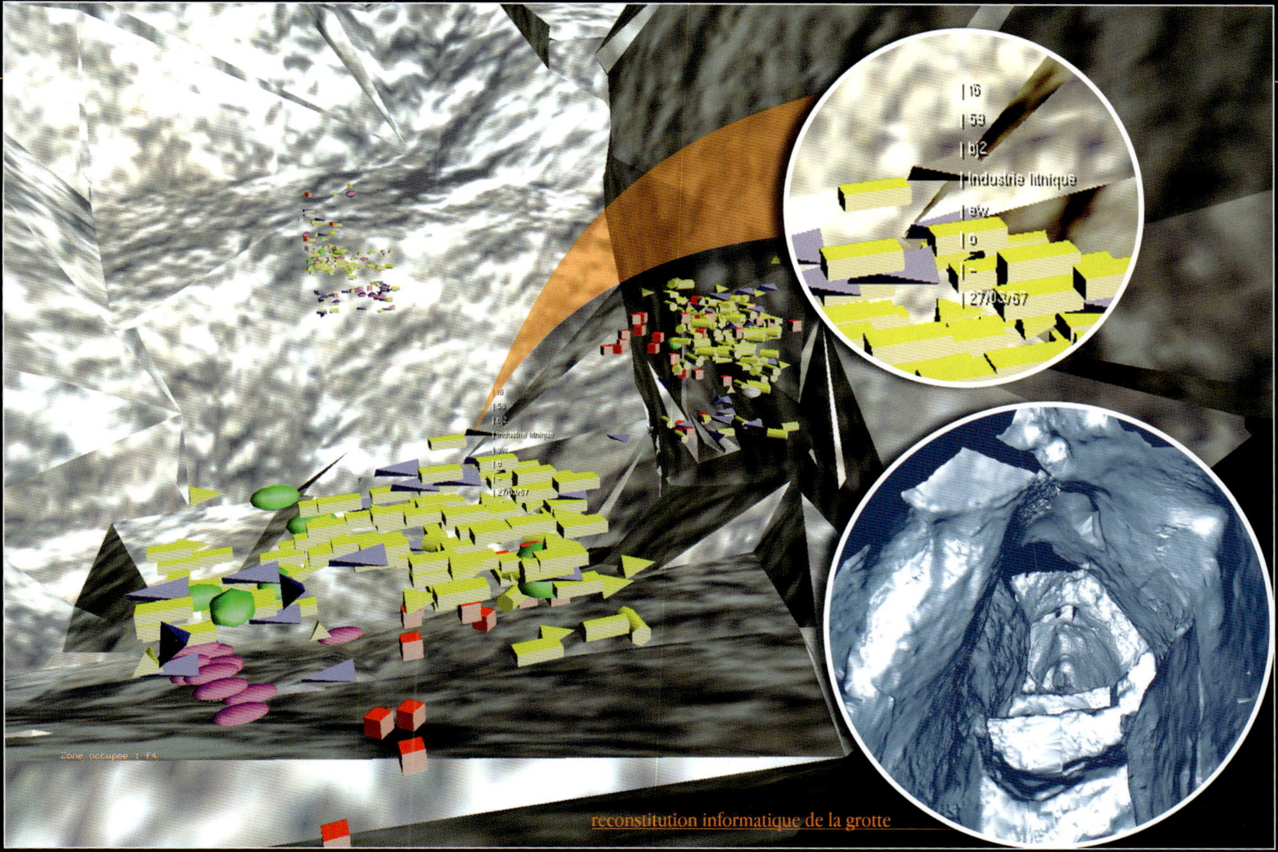

reconstitution informatique de la grotte

— 194 —

donné afin de tourner autour ou de n'afficher que certains d'entre eux à la demande. Si la modélisation tridimensionnelle du sous-sol, de l'environnement et des fossiles a d'abord pour objectif de développer une méthode d'archivage des résultats de fouille plus conviviale, elle aboutit à la création de plates-formes de simulation des sites qui améliorent grandement les études ultérieures et les échanges d'informations, ouvrant ainsi la voie à une véritable *paléoanthropologie virtuelle*. Un véritable effort pluridisciplinaire est nécessaire pour la mise au point des outils informatiques. C'est le sens de notre projet FOVEA, dont le travail a d'ores et déjà abouti à ce prototype de site virtuel. Sa réalisation nous a permis de mieux comprendre les outils de navigation et d'interaction qui sont pertinents pour les archéologues. Elle a avancé notre réflexion sur les moyens d'étendre ce type de modèle à des bases de données plus volumineuses, dont l'organisation est plus complexe, sans pour autant perdre les fonctions très détaillées que nous avons pu mettre en place ici (comme l'affichage des informations associées aux objets). Le prochain défi est d'intégrer la dimension temporelle pour aboutir à une reconstitution virtuelle non seulement de l'ensemble d'un gisement, mais aussi de son évolution au cours du temps.

En principe, ces outils informatiques devraient maintenant être applicables à d'autres sites préhistoriques ou archéologiques… à condition que les fouilles aient été réalisées en archivant de façon exhaustive les objets trouvés. Un tel environnement de fouille virtuelle constituera un instrument de simulation précieux sur lequel on vérifiera les conséquences de telle ou telle théorie. On pourra envisager de reconstituer l'évolution du gisement et, par ricochet, du milieu environnant et du comportement des hommes qui l'ont occupé. Il sera aussi possible de refouiller virtuellement un site, pour tester des hypothèses, confronter des théories, voire pour former des étudiants ou simplement pour mieux informer le public pendant la visite du site réel.

Pour en savoir plus

http://foveaproject.free.fr/

L'Homme premier : préhistoire, évolution, culture, H. de Lumley, Odile Jacob, 1998.

« Traitement informatique en archéologie. Mise en évidence du niveau archéologique I/J de la Caune de l'Arago à Tautavel (Pyrénées Orientales) », V. Pois, *Comptes-rendus de l'Académie des Sciences, Sciences de la terre et des planètes*, 1999, **329**, p. 533-536.

« Three dimensional computer imaging of hominid fossils: a new step in human evolution studies », B. Mafart, G. Guipert, M.-A. de Lumley et G. Subsol, *Canadian Association of Radiologists Journal*, octobre 2004, **55-4**, p. 264-270.

http://www.tautavel.culture.gouv.fr/

L'Antiquité revisitée

Robert Vergnieux

Institut Ausonius - UMR 5607

CNRS-Université Michel de Montaigne Bordeaux 3

Le *Circus Maximus* de Rome est toujours un haut lieu des manifestations populaires, capable d'accueillir une foule importante. C'est un large espace où les romains ont l'habitude de venir flâner à la tombée du jour. Mais à quoi ressemblait-il il y a 1 700 ans ? Reconstituées (en blanc) sur cette photo de l'esplanade, on découvre sur la droite une partie des gradins et, s'avançant vers nous, la barrière centrale du cirque, avec les édifices qui la décoraient au IVe siècle de notre ère. Une reconstitution virtuelle que l'on peut comparer à une mosaïque romaine (en dessous) figurant une course de char qui eût lieu ici même : à gauche sont représentés les gradins où s'installaient les spectateurs, au centre la *spina* (l'espace central autour duquel les chars tournaient pendant les courses), à droite enfin, on distingue les *Carceres*, d'où les chars s'élançaient sur la piste lors du départ de la course.

Ces images réunissent trois regards portés sur le même espace. Le premier est celui de l'image *brute*, sans interprétation, du lieu tel qu'il se présente aujourd'hui. On devine, dans le fond, les vestiges du Palatin, qui domine le secteur. Le second regard est celui du passé – du Ier au IVe siècle – à l'époque où se déroulaient les grandes courses de char. Les artistes romains firent d'innombrables représentations graphiques de cet espace et des courses qui s'y déroulaient. La mosaïque de *Piazza Armerina* est l'une d'entre elles. Nous assistons à l'épreuve pour ainsi dire en *direct* : en haut à gauche, les chars s'élancent ; dans le virage situé en bas à gauche, deux chars sont entrés en collision et les cochers sont renversés au sol ; au centre, en haut, deux personnages congratulent le vainqueur, encore dressé sur son char, après qu'il a franchi la ligne d'arrivée… Le troisième regard, enfin, est un regard renouvelé : le *Circus Maximus* de Rome, le plus grand édifice de

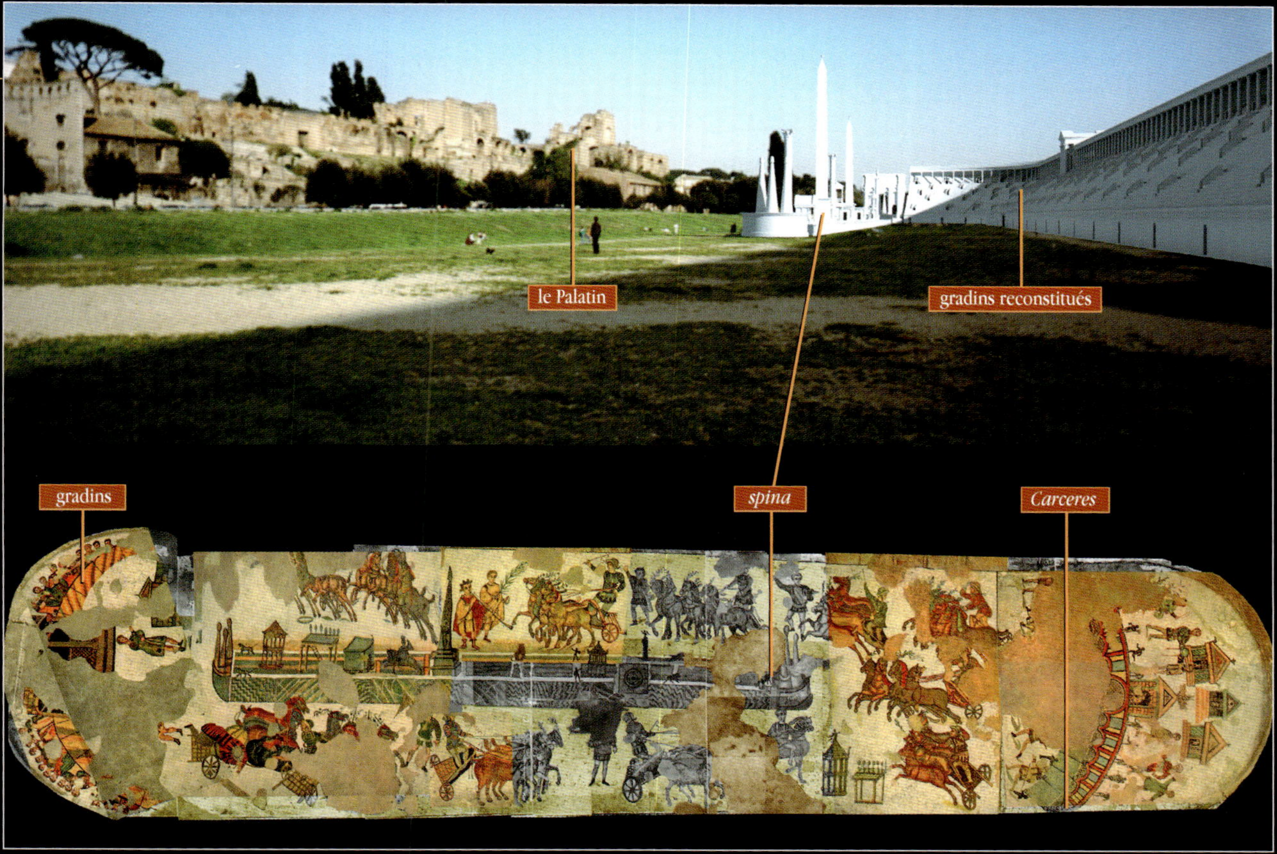

– 192 –

spectacle jamais construit dans l'Empire romain, se dressait à cet emplacement. Tout à la gloire des empereurs, il fut sans cesse agrandi et embelli. La recherche associant réalité virtuelle et archéologie permet de retrouver, parfois avec une grande précision, ces volumes disparus.

Le *Circus Maximus* a été reconstitué en réalité virtuelle et à l'échelle 1:1 par une équipe pluridisciplinaire, à partir de l'ensemble des vestiges archéologiques connus et par l'analyse des représentations iconographiques anciennes du secteur. Le travail est passé par l'élaboration d'un premier modèle électronique qui a servi de point de départ. Puis, lors de réunions successives entre les membres du projet, les moindres détails du modèle virtuel ont été discutés. Chaque hypothèse a été confrontée aux sources antiques. Entre deux réunions, le modèle a été modifié en fonction des résultats de la recherche. Les discussions scientifiques nécessitent parfois des vérifications sur place et parfois même la réalisation de sondages importants sur le site pour confirmer ou infirmer certaines hypothèses. Toutes ces étapes intermédiaires ont été archivées. L'objectif est d'arriver à produire un modèle numérique 3D, synthèse optimale, élaborée à partir de l'ensemble des données scientifiques. Une fois le modèle obtenu dans sa forme définitive, il peut être exploité scientifiquement.

Il est possible aujourd'hui, grâce aux outils de la réalité virtuelle, de visiter à nouveau ce qui était devenu invisible, parfois depuis plusieurs millénaires. On imagine bien que chaque spécialiste qui étudie un site archéologique porte en lui une image mentale de ce que ce site était peut-être autrefois, lorsque les hommes de l'Antiquité l'habitaient. La reconstitution virtuelle permet de discuter et de confronter ces visions personnelles avec toute la rigueur requise. Une collaboration active s'instaure entre archéologues, historiens, historiens de l'art, architectes, archéomètres et épigraphistes – collaboration qui n'est pas la moindre des retombées d'un tel projet. Comme d'autres reconstitutions comparables, celle-ci est aussi, outre sa valeur scientifique, un formidable outil de diffusion des connaissances auprès du grand public. De telles synthèses visuelles de l'état d'avancement de la recherche présentent en effet l'intérêt d'être immédiatement compréhensibles par des non-spécialistes. Plus les édifices reconstitués sont proches dans les détails de ce qu'ils ont été, plus il est facile d'en comprendre le fonctionnement et les sociétés qui les ont conçus. La restitution des édifices disparus, en plus d'être un plaisir de la recherche, permet une meilleure compréhension des civilisations du passé qui nous aide à réfléchir sur le monde contemporain.

Pour en savoir plus
http://archeovision.cnrs.fr

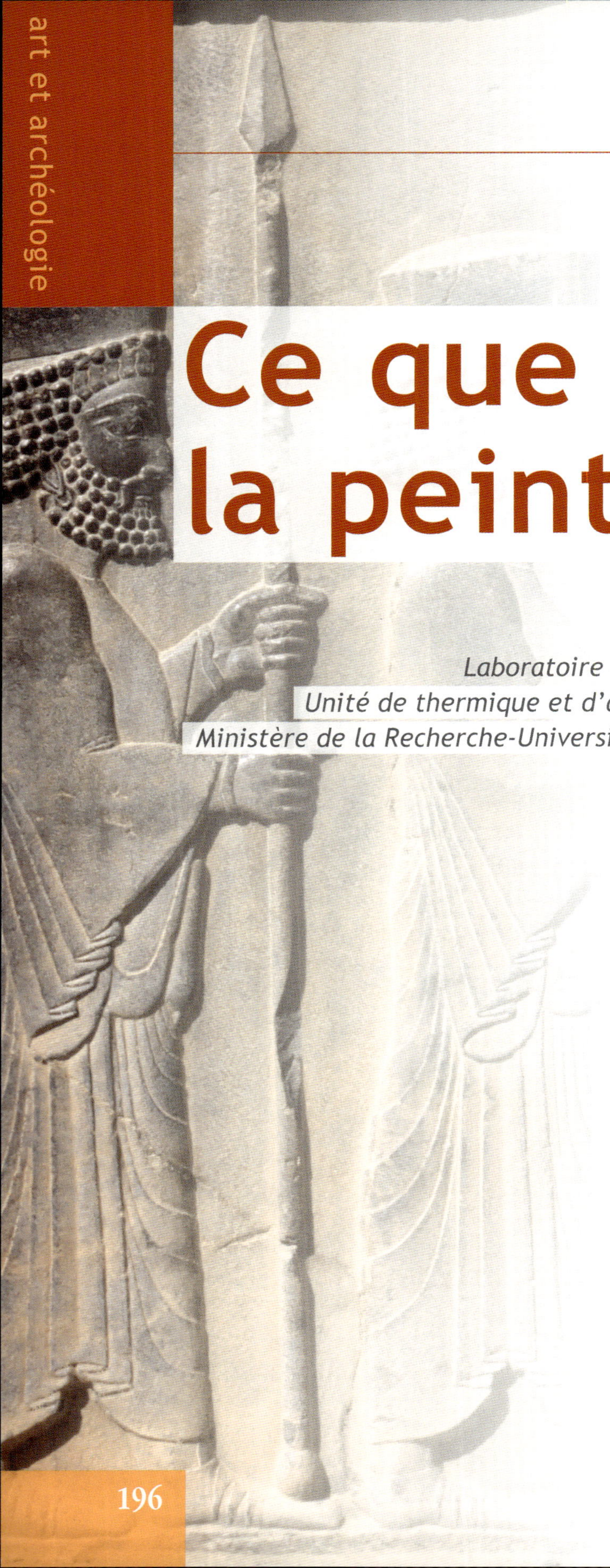

Ce que nous cache la peinture

Jean-Luc Bodnar

Laboratoire d'énergétique et d'optique (LEO)

Unité de thermique et d'analyse physique (Utap) - EA 1233

Ministère de la Recherche-Université de Reims-Champagne-Ardenne

Cette fresque murale, réalisée selon la technique des primitifs italiens, représente l'enfant Jésus. Si elle semble à première vue en bon état de conservation, elle contient en réalité des défauts : quatre inclusions de plastazote (une mousse plastique synthétique) sont présentes dans le mélange de plâtre et de chaux qui constitue le support de la fresque. Invisibles à l'œil nu, ces inclusions sont révélées dans l'infrarouge (tâches bleues de l'image en fausses couleurs et bosses sur la surface de l'image en trois dimensions). Pour obtenir ces images, on a brièvement éclairé en lumière visible la surface de l'œuvre qui s'est alors échauffée. Cette élévation locale de température s'est ensuite propagée par conduction thermique de la surface vers l'intérieur de la fresque. Comme l'air présent dans le plastazote est un isolant thermique efficace, il a ralenti le refroidissement au niveau des défauts… qui apparaissent donc plus brillants dans l'infrarouge, pendant plus longtemps. (On remarque toutefois que l'intensité du rayonnement infrarouge ne dépend pas que de la présence des défauts, mais aussi, entre autres, de la nature des pigments colorés utilisés dans la peinture, puisque l'on reconnaît encore le visage de l'enfant sur l'image en fausses couleurs.)

Cette technique d'analyse s'appelle la *radiométrie photothermique infrarouge*. Elle consiste à étudier, par rayonnement infrarouge, la façon dont une élévation de température localisée dans un solide se *dissipe*, en se propageant par conduction. On peut alors mesures, par cette méthode, les propriétés thermophysiques de l'objet étudié et répondre, par exemple, aux questions suivantes : le matériau est-il un bon conducteur thermique ou, au contraire, un isolant ? est-il, comme l'eau par exemple, un bon « réservoir » de chaleur ? quelles sont ses capacités d'émission et d'absorption de la lumière ?

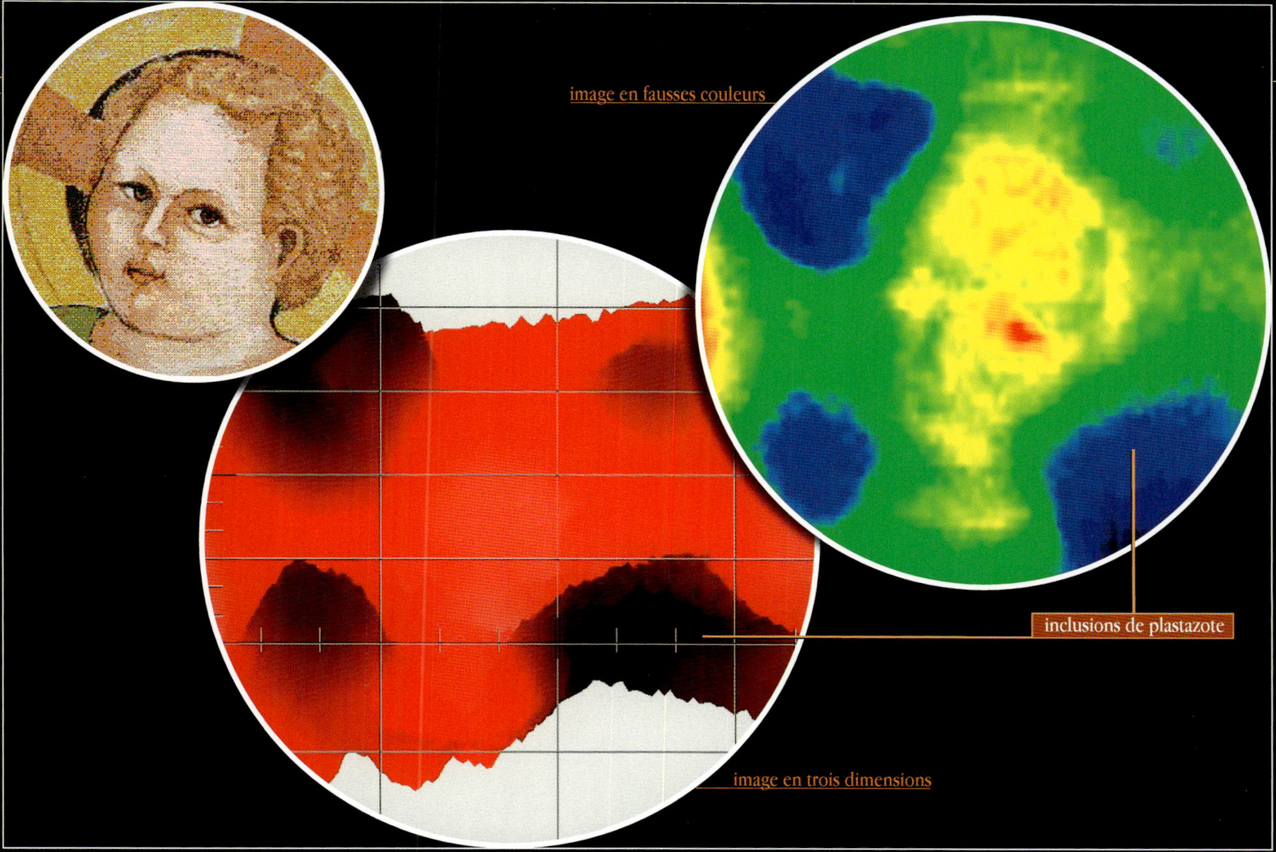

— 68 - 78 - 158 - 198 —

On peut aussi, à l'aide de cette méthode, caractériser l'état de sa structure interne : la présence, comme ici, de ce que l'on appelle un *délaminage* (un décollement entre deux couches), l'épaisseur d'une couche de revêtement ou encore l'avancement de certaines transformations physicochimiques. L'immense avantage de cette technique est qu'elle autorise un examen détaillé de l'état des matériaux sans avoir à prélever d'échantillons, et donc sans dégrader les objets étudiés. Une exigence particulièrement importante dans le cas d'une œuvre d'art ou d'un objet archéologique !

En fait, le problème du contrôle non destructif des matériaux est un sujet qui intéresse très largement aussi bien les scientifiques que les industriels, et ceci depuis bien longtemps. Il n'y a, pour s'en convaincre, qu'à constater le nombre d'études réalisées dans ce domaine et la diversité des techniques existantes. Le *ressuage*, par exemple, date du XIXe siècle. Il consiste à regarder la façon dont un liquide – autrefois de l'huile révélée par de la craie, aujourd'hui, des produits fluorescents – s'insinue dans les microfissures d'une pièce métallique. L'analyse par voie optique (loupe, microscopie), l'analyse pas rayons X ou gamma (radiographie, scanner), l'analyse par courants de Foucault, l'analyse par voie sonore (échographie marine ou médicale) sont autant d'exemples de techniques de contrôle non destructif.

Aujourd'hui, c'est au tour des techniques utilisant les *ondes thermiques* – l'étalement d'une anomalie de température localisée – de sortir des laboratoires. La radiométrie photothermique en est une, mais il en existe d'autres (l'effet mirage, la photodéformation, la photoréflexion, etc.). Son principal avantage est qu'elle opère absolument sans aucun contact physique. Elle est de surcroît simple d'utilisation, modulable en fonction des besoins et, finalement, aisément automatisable. Une telle souplesse ouvre un très vaste champ d'applications pour l'industrie et la recherche : la détection et la caractérisation de fissures dans les matériaux métalliques, de défauts d'isolation dans le bâtiment – un sujet « brûlant » dans le contexte de la lutte contre le réchauffement climatique ! –, la mesure de l'épaisseur d'un revêtement, le suivi *en temps réel* du séchage de matériaux, l'aide à la restauration d'œuvres d'arts, l'analyse de matériaux sensibles tels que les matériaux biologiques dans le domaine médical… impossible de toutes les citer !

Pour en savoir plus

« Imagerie thermique, le contrôle non destructif des matériaux », J.-L. Bodnar, *Actes du congrès Thermogram'2001*, 18 octobre 2001, p. 103-112.

« Contrôle d'œuvres d'art par thermographie », G. Szatanick et J.-L. Bodnar, *Actes du congrès Thermogram'2005*, 20-21 octobre 2005, p. 163-174.

Les repentirs du peintre

Élisabeth Ravaud

Centre de recherche et de restauration des musées de France (C2RMF)
UMR 171 CNRS-Ministère de la Culture et de la Communication, Paris

Ce tableau issu d'une école bolonaise du XVIe siècle, *La sainte Famille et sainte Anne* (à gauche), a été apporté par le musée des Beaux-Arts de Lyon au Centre de recherche et de restauration. Là, une radiographie de l'œuvre a été réalisée, qui a révélé les différentes couches peintes par l'artiste, et a montré que celui-ci avait réalisé de multiples *repentirs*, c'est-à-dire des modifications de la composition en cours d'exécution. Ces modifications ont été soulignées en rouge sur l'image principale. Ainsi, le fond, actuellement uniformément noir, était à l'origine constitué d'une draperie nouée en haut de la composition, à droite de la tête de Joseph, formant peut-être un dais au-dessus de la tête de la Vierge. Sous cette draperie, le peintre avait laissé entrevoir un ciel apparaissant légèrement dégradé. Cette draperie se poursuit vers la droite, à l'emplacement de la tête de sainte Anne qui n'était sans doute pas prévue à l'origine. Joseph tenait son bras droit le long du corps avec une manche plus grande. Sa main gauche n'était pas visible. L'avant-bras et la main gauches de la Vierge étaient allongés sur la cuisse de l'Enfant, tandis que son bras droit et sa main droite n'étaient pas visibles. Un espace séparait alors la Vierge de Joseph.

Dans ce tableau, au-delà de la simple énumération des repentirs, qui trahit la recherche créatrice du peintre, il est intéressant de comprendre la signification des modifications opérées dans une perspective d'histoire de l'art. On découvre ainsi que le peintre a modifié sa composition afin d'en accentuer le caractère *maniériste*. Le fond de draperie sur un paysage, en vigueur depuis le XVe siècle, a en effet été abandonné, et l'espace a été fermé et confiné par l'introduction du fond noir. La disparition de l'espace existant à l'origine entre Joseph et la Vierge et l'introduction du personnage de sainte Anne vont dans le même sens. La torsion du corps de Joseph, appartenant déjà au registre maniériste, a été dramatisée par la nouvelle position des deux bras aux raccourcis marqués, seuls indicateurs de profondeur de ce tableau.

Ces repentirs changent donc radicalement le style du tableau en le *modernisant* résolument pour l'époque. La radiographie ne nous dit pas, cependant, si cette évolution relève de la seule initiative du peintre ou d'une volonté du commanditaire.

— 196 - 204 —

La radiographie est une technique d'imagerie par transmission. Le faisceau de rayons X est en partie absorbé par les divers éléments constitutifs du tableau : le support de toile tendu sur son châssis, la préparation et, enfin, les couches peintes. Un film radiographique situé derrière le tableau et à son contact enregistre ces absorptions sous la forme d'une image en niveaux de gris. Plus l'absorption par la matière est importante, plus l'image est blanche. Parmi les pigments connus depuis l'Antiquité, le blanc de plomb est largement employé par les peintres, notamment pour réaliser les carnations des personnages, mais aussi les ciels et les rehauts de lumière. En raison de son fort pouvoir d'absorption des rayons X, il permet de reconstituer de manière lisible les compositions peintes. D'autres pigments, comme le jaune de plomb et d'étain ou le vermillon, présentent une opacité notable sur les radiographies.

Lorsque le peintre modifie sa composition en repeignant de nouvelles plages colorées, la radiographie restitue toutes les couches peintes superposées, donc les différentes phases de la création de l'œuvre.

L'examen radiographique fait partie des techniques d'imagerie largement appliquées à l'étude des peintures. Il donne accès non seulement aux modifications qui ont eu lieu en cours d'exécution, mais aussi à l'état de conservation de l'œuvre et à la présence éventuelles de restaurations anciennes. Cette technique s'intègre dans une démarche multidisciplinaire, toute interprétation radiologique étant indissociable d'un examen attentif de l'œuvre étudiée et des données obtenues par d'autres méthodes telles la photographie en lumière rasante, en infrarouge, en fluorescence d'ultraviolets, ou les analyses ponctuelles (microfluorescence X et, parfois, coupes stratigraphiques sur prélèvements).

Pour en savoir plus

Radiography of Cultural Material, 2nd edition, J. Lang et A. Middleton, Butterworth-Heinemann, 2005.

« La radiographie des peintures de chevalet », E. Martin et E. Ravaud, *Techné*, 1995, 2, p. 158-164.

Mannerism, J. Shearman, Penguin, 1991.

Génies de la Renaissance italienne, D. Arasse, Famot, 1980.

Le secret du potier

Philippe Colomban
Laboratoire de dynamique, interactions et réactivité (Ladir) - UMR 7075
CNRS-Université Pierre et Marie Curie, Paris 6

La principale propriété d'un « beau » lustre, tel celui de cette céramique fatimide du XIIe siècle, était, aux yeux des potiers islamiques, de présenter, pour une orientation particulière de la pièce, une iridescence intense – le *lustre métallique*. Cette iridescence pouvait être de couleur bleue, verte, rouge, or ou argent, selon les objets. L'origine du lustre, technique inventée par les Abbassides à la fin du VIIIe siècle, est restée longtemps incomprise. On sait désormais qu'il s'agit d'un phénomène analogue à celui qui se produit dans les opales du fait de leur texture microscopique – un empilement régulier de microbilles de silice (SiO_2) formant un réseau diffractant la lumière. On retrouve le même phénomène sur les ailes de certains papillons ou sur les CD et les DVD – à cause des microgravures de leur surface. Ici, le réseau est constitué de nanoprécipités d'argent ou de cuivre. C'est la combinaison de la formation d'un réseau (imparfait) par les particules de métal et de la succession impaire de couches de particules qui provoque les interférences lumineuses responsables du reflet coloré. Ces couches successives de particules sont clairement mises en évidence grâce à l'analyse au microscope électronique (cliché en noir et blanc). Le lustre était réalisé sur des céramiques déjà cuites, revêtues d'une couche d'émail à base notamment d'oxyde de plomb, au cours d'un ultime cycle de cuisson : on déposait selon le décor voulu une pâte nourricière contenant les réactifs nécessaires (du jus et de la lie de raisin, des sels d'argent ou de cuivre, de l'argile, etc.) et on plaçait la pièce dans un four. Que se passait-il alors ? En réagissant avec l'émail au plomb, les sels métalliques pénétraient dans l'émail rendu presque liquide par la cuisson, où ils étaient réduits : les ions métalliques – c'est-à-dire des atomes auxquels il « manque » des électrons – dissous dans l'émail fondu redevenaient des atomes de métal « complets » et précipitaient sous forme de particules, grains solides de métal de quelques nanomètres. Dans le même temps, la combustion *flash* des résidus riches en carbone en surface fixait l'organisation particulière de ces précipités. Le nombre de couches, la taille des grains de métal, leur espacement et leur régularité déterminait lacouleur du reflet métallique.

microscopie électronique en transmission (MET)

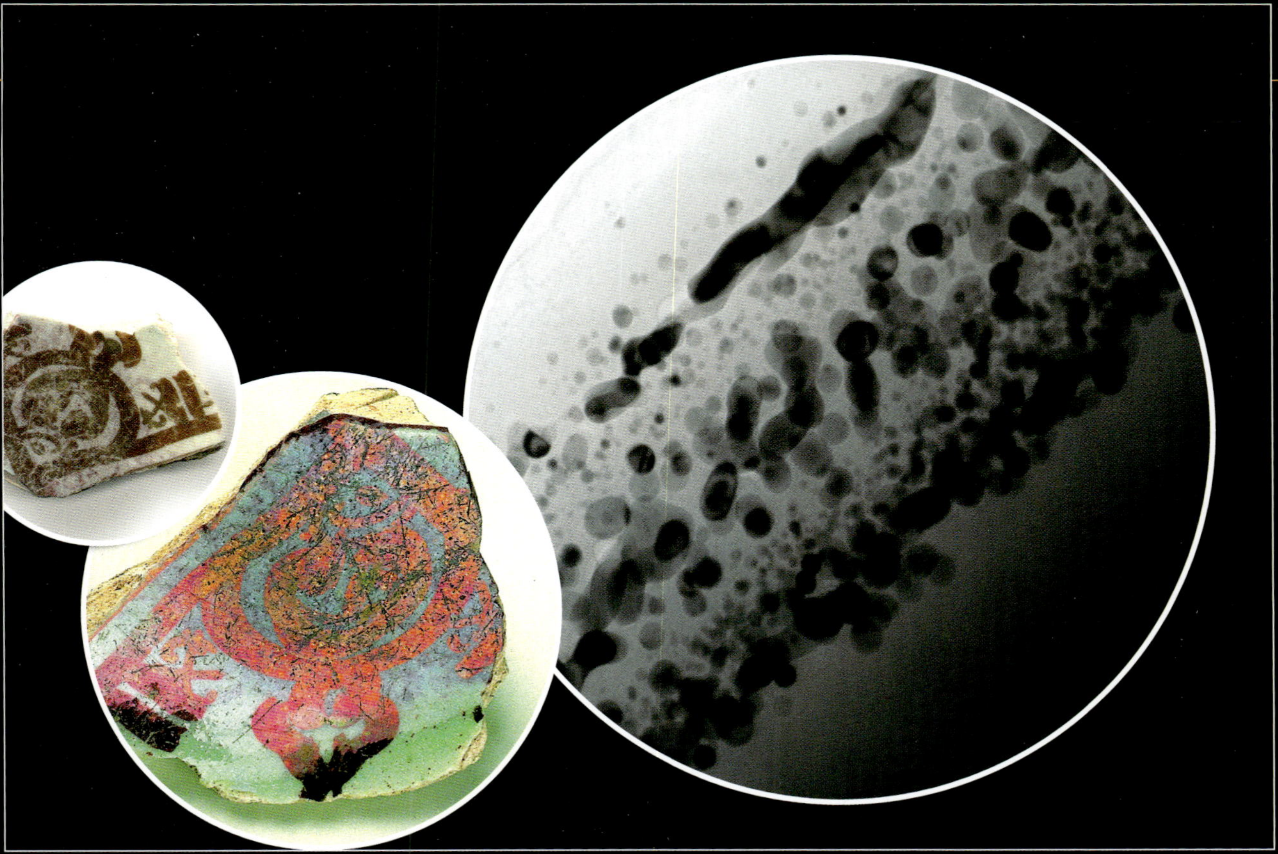

— 72 - 80 - 140 - 202 —

Cette recette est cependant longtemps restée un mystère pour les céramistes. Les potiers abbassides furent pendant environ 50 ans les seuls à savoir fabriquer des pièces où, pour une même orientation, différents reflets (lustre polychrome) étaient obtenus. Nous savons désormais que ces objets sont en fait les premiers dispositifs nano-optiques crées par l'homme, quasiment identiques à certains des matériaux préparés aujourd'hui pour les télécommunications optiques du futur. Cette découverte a été réalisée grâce à l'analyse Raman – une forme d'analyse spectrale où les substances chimiques sont reconnues grâce à la façon dont leurs états de vibrations pompent leur énergie dans un faisceau laser incident ou, au contraire, la restituent sous forme de rayonnement. Elle doit également beaucoup aux derniers types de microscopes électroniques en transmission (MET), qui permettent de continuer à amincir l'échantillon jusqu'à l'épaisseur nécessaire (quelques dizaines à quelques centaines de nanomètres) alors qu'il est déjà en place dans le microscope, et d'en optimiser l'observation malgré sa grande fragilité.

Les potiers abbassides ont développé leur technique en réponse à un dilemme posé par leur clientèle : comment disposer d'objets ayant l'aspect de l'or sans contrevenir aux préceptes de l'Islam qui interdisait l'usage profane des métaux précieux ? Ils durent pour cela mettre à profit une conjugaison complexe de différents principes de l'optique et une remarquable maîtrise à la fois de ce que l'on appelle aujourd'hui la synthèse chimique hybride (le mariage de la chimie organique et minérale), de l'électrochimie du solide et des arts du feu. La prouesse technologique des lustres polychromes fut ensuite perdue, et seul le lustre monochrome perdura. Si la démarche fut certainement empirique, il faut noter que l'établissement des premiers concepts et théorèmes de l'optique datent précisément de cette époque… Une « coïncidence » qui illustre parfaitement ce que les historiens savent bien, à savoir que les époques de progrès techniques, de recherche tous azimuts et de grandes découvertes théoriques d'une civilisation sont indissociablement liées !

Pour en savoir plus

http://www.ladir.cnrs.fr

« Innovations aux premiers temps de l'Islam », P. Colomban, *Les dossiers de l'archéologie*, juin 2005, 304, p. 82-86.

« Secrets retrouvés du Lustre abbasside », P. Colomban, *La revue de la céramique et du verre*, novembre-décembre 2004, 139, p. 13-21.

« Origin of the self organization of Cu/Ag nanoparticles in ancient lustre pottery : a TEM study », C. Mirguet, P. Fredericks, P. Sciau et P. Colomban, *Phase Transition*, 2007.

« Chimie : les couleurs du passé… ne passent pas », InterEst, octobre 2005, 07, http://www.dr3.cnrs.fr/interest/numeros/n07/4-couleurs.htm.

Les vitraux ont une histoire

Philippe Colomban

Laboratoire de dynamique, interactions et réactivité (Ladir) - UMR 7075

CNRS-Université Pierre et Marie Curie, Paris 6

Les vitraux de la Sainte-Chapelle, édifiée par saint Louis en 1248 dans l'enceinte du château royal de l'île de la Cité (aujourd'hui, le Palais de Justice), ont été restaurés au XIXe siècle sans qu'il soit toujours facile de distinguer les éléments qui furent ajoutés à cette époque de ceux qui sont d'origine. Pour déterminer la composition chimique du verre et sa nanostructure, on a installé un système Raman composé d'un laser, d'un spectromètre qui analyse la façon dont le verre diffuse la lumière, et d'un ordinateur portable où sont affichés les résultats (tous trois sont photographiés ici sur le piédestal où étaient autrefois présentées les reliques de la Passion du Christ). Une tête mobile équipée d'objectifs de microscope est placée à proximité du vitrail. Elle y amène la lumière laser et recueille la lumière diffusée *via* plusieurs mètres de fibre optique. Le résultat permet presque immédiatement de distinguer les parties anciennes des parties modernes du vitrail.

À l'époque romaine, le verre était le plus souvent préparé à partir de sable et de sels ou de cendres végétales riches en sodium provenant des lacs salés du Proche-Orient. Ces *impuretés* avaient pour fonction d'abaisser le point de fusion de la silice (le sable)... tout comme le salage des routes est utilisé pour abaisser celui du verglas en hiver ! Au Moyen Âge, cependant, l'effondrement des voies commerciales vers l'Orient interrompit l'approvisionnement. Les sels habituels furent remplacés par des cendres de plantes forestières riches, elles, en potassium. Après le Moyen Âge, les compositions au sodium réapparurent, et furent utilisées quasi exclusivement. La signature Raman des verres différencie ainsi les éléments du Moyen Âge au potassium des restaurations ultérieures au sodium. En outre, les effets de la pollution sur la surface du verre modifie l'intensité de la lumière diffusée et offre un second outil de datation relative.

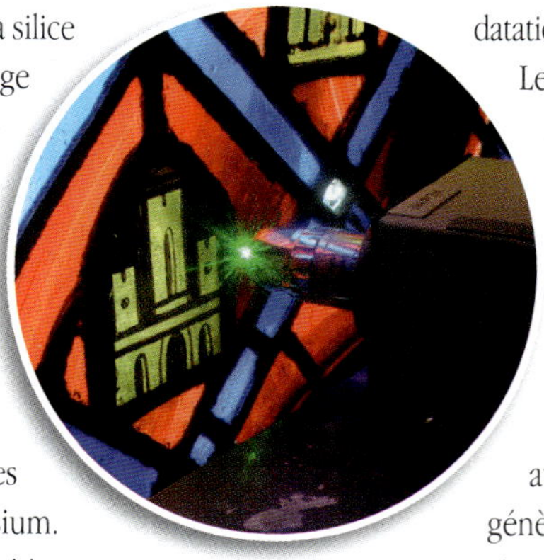

Le verre est généralement amorphe : les tétraèdres de silice – un atome de silicium relié à quatre atomes d'oxygène – y sont assemblés dans le désordre. Cependant, certaines techniques de fabrication favorisent l'apparition de phases cristallisées (semblables au quartz) dont la diffusion Raman génère des pics fins qui se superposent aux pics larges du verre, comme dans le spectre présenté ici. Ces données contribuent elles aussi à la certification, chaque filière technologique

— 200 —

imprimant sa marque dans la structure des matériaux à l'échelle microscopique.

L'accès aux vitraux est souvent difficile dans les édifices sans échafaudage. Dans le cas de la Sainte-Chapelle, les vitraux du chœur (XIIIe siècle) et de la rosace (XVe siècle) sont accessibles… à condition de pouvoir passer par des escaliers à vis de 60 centimètres de large !

L'analyse *in situ* nécessite donc des instruments robustes et portables. C'est le cas de notre laser vert dont la source – solide – est un cristal YAG (*ytrium aluminium garnet*). C'est aussi celui du spectromètre, compact et sans parties mobiles. L'ensemble, piloté par un microordinateur, ne nécessite qu'une prise de courant ordinaire. De surcroît, une partie des conclusions – la discrimination entre silicates de sodium et de potassium – peut être obtenue immédiatement par simple examen visuel des spectres, même si l'exploitation complète des résultats nécessite de les analyser de façon plus poussée. L'identification des objets d'art est restée longtemps – et reste encore dans une large mesure – fondée sur l'intime conviction d'un expert qui utilise principalement ses sens pour établir son diagnostic. Dans un grand nombre de cas, cependant, les méthodes d'analyse non destructives développées pour l'optimisation des matériaux sont susceptibles de contribuer de façon efficace et objective à l'identification des matériaux et objets anciens et à leur datation aussi bien absolue que relative. La miniaturisation des instruments et les nouveaux logiciels rendent de surcroît leur utilisation par des non spécialistes plus conviviale. Les méthodes optiques comme la diffusion Raman présentent l'avantage de prolonger l'expertise visuelle de l'homme de l'art et de combiner à son savoir personnel, empirique, subjectif mais rapide, les critères de la chimie et de la physique plus objectifs, mais plus lourds à mettre en œuvre. Dans le cas des vitraux de la Sainte-Chapelle, en confrontant à nos mesures les conclusions des historiens basées sur un examen visuel (publiées dans le *Corpus Vitrearum Medii Aevi*), nous avons découvert que dans les zones analysées, une proportion significative des attributions sur critères visuels est erronée !

Pour en savoir plus

http://www.ladir.cnrs.fr

« La Sainte-Chapelle : déchiffrer *in situ* l'histoire et la technique des vitraux », P. Colomban, *La Revue de la céramique et du verre*, mai-juin 2006, 148, p. 18-21.

« La Sainte-Chapelle au laser », P. Colomban, *La Recherche*, juin 2006, 398.

« Les vitraux » et « La spectrométrie Raman », *Les dossiers Art et Sciences*, collection Sagascience, CNRS, 2006, http://www.cnrs.fr/cw/dossiers/dosart/decouv/indexFLASH.html

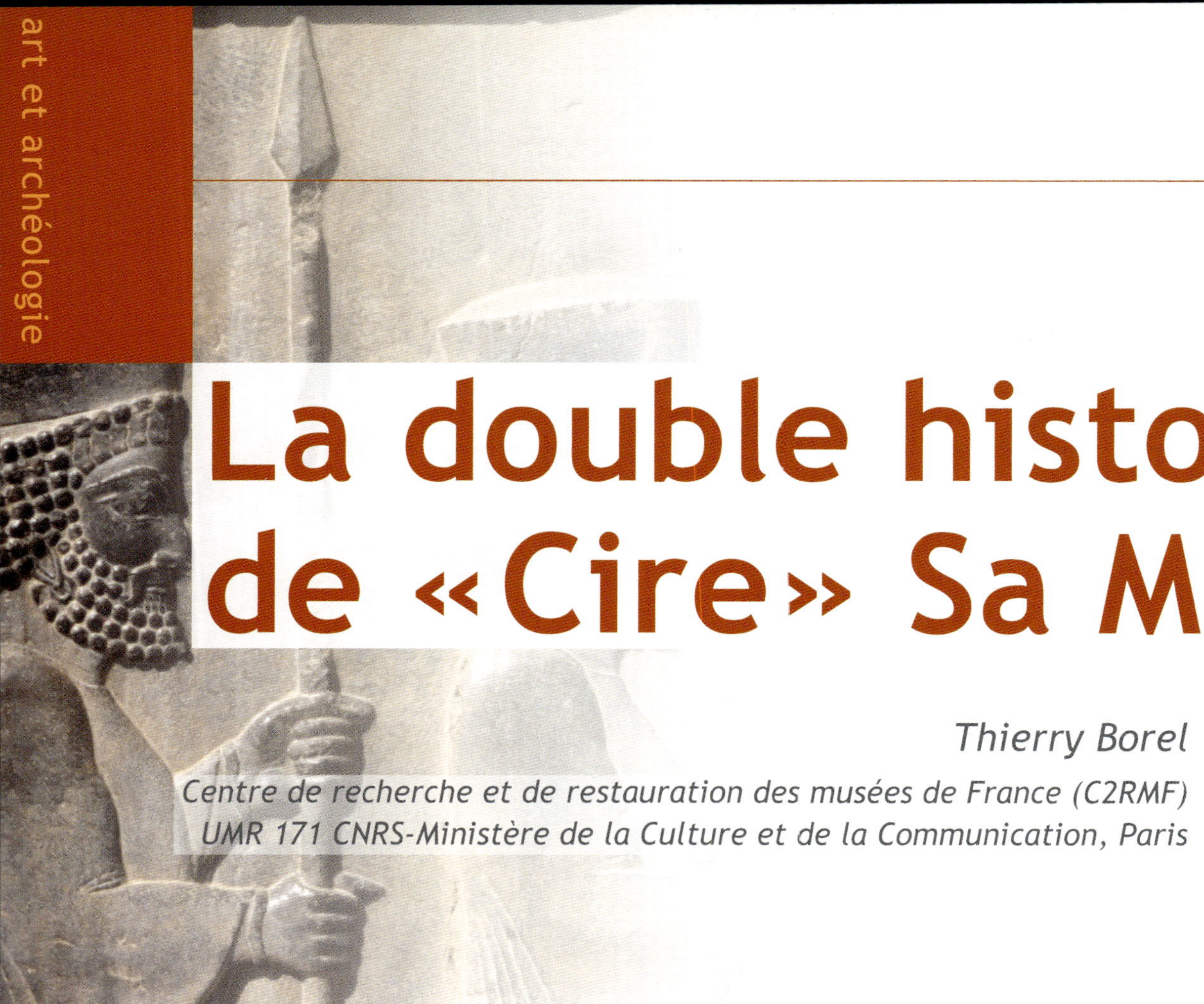

La double histoire de « Cire » Sa Majesté

Thierry Borel
Centre de recherche et de restauration des musées de France (C2RMF)
UMR 171 CNRS-Ministère de la Culture et de la Communication, Paris

La statue en bronze de Louis XIV à cheval par Girardon exposée au musée du Louvre a été radiographiée afin d'en identifier la technique de fabrication. Sur cette image, les différents niveaux de gris représentent la nature du matériau traversé et son épaisseur (plus les rayons X sont arrêtés, plus l'image est claire). Le réseau de lignes claires épaisses est une structure complexe d'armatures en fer carrées qui subsiste à l'intérieur de la statue : un axe vertical relie la tête du roi à la panse de son cheval et soutient, au moyen d'un épaulement, une barre horizontale. Cette barre horizontale sert elle-même d'appui aux armatures des membres, de la tête et de la queue du cheval. Des pelotes de fils métalliques visibles dans le corps du cavalier sont les restes d'une mixture initialement liquide utilisée pour garnir l'intérieur du moule. Dans le corps du roi et du cheval, la zone centrale sombre indique que cette « garniture » – le noyau – a été partiellement retirée par l'artiste alors qu'elle subsiste encore dans l'encolure, le poitrail, le bas et l'arrière du corps. Finalement, la radiographie indique la présence de bulles de gaz piégées lors de la coulée dans le métal (surtout dans les jambes du cheval).

Les sculptures métalliques utilisent de nombreux procédés *indirects* grâce auxquels on coule le métal fondu sur une *copie* du modèle original donné par le sculpteur. Cela facilite les inévitables retouches sur la version métallique, puisqu'on dispose encore du modèle. On évite aussi qu'une mauvaise manipulation lors de la coulée ne détruise l'œuvre originale. Finalement, on est en mesure d'en réaliser plusieurs copies identiques. Cette statue a été réalisée par l'une de ces techniques dite *à la cire perdue*. Le sculpteur crée d'abord un modèle temporaire dans un matériau plus ou moins durable (terre, bois ou plâtre), sur lequel un moule en plusieurs parties (*à pièces*) est réalisé. L'intérieur du moule est tapissé d'une couche de cire. Cette coquille creuse de cire est ensuite équipée d'armatures métalliques (ici des fers carrés), avant que l'on y coule un noyau plus ou moins liquide, constitué de terre et de divers ingrédients comme le plâtre, la paille, etc. Une fois ce noyau durci, le fondeur fabrique le moule externe de coulée autour de la cire. Cette dernière est évacuée par chauffage, et le noyau reste suspendu dans le moule externe grâce aux armatures. On peut alors couler le métal fondu pour qu'il prenne l'emplacement de la cire. L'armature métallique complexe de barres de fer doit soutenir efficacement le lourd noyau à l'intérieur du moule avant la coulée du métal : d'autres radiographies de cette œuvre montrent que l'armature initiale comprenait des soutiens latéraux obliques traversant à la fois la panse du cheval et le socle. De petites plaques carrées de métal ont été ajustées dans les ouvertures laissées

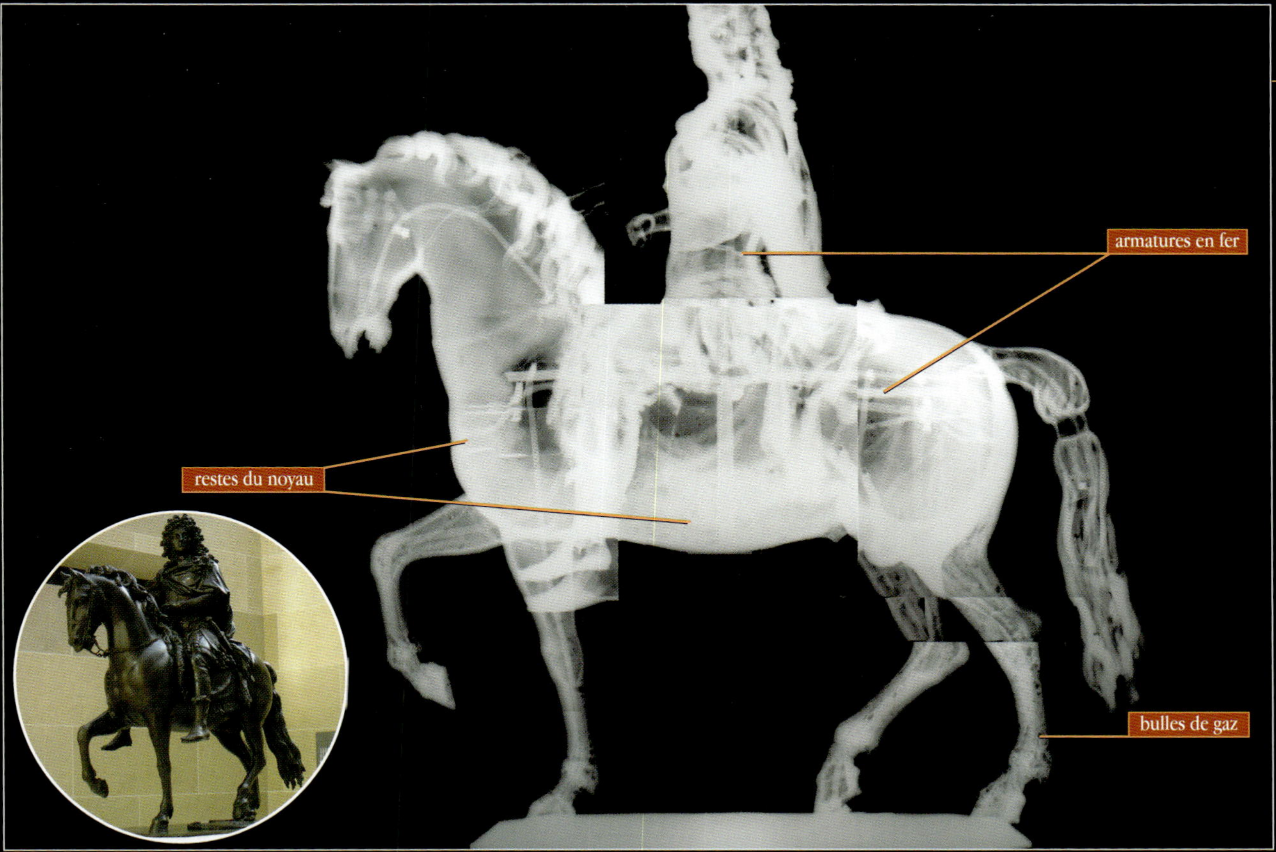

— 110 - 198 —

par le retrait de ces tiges d'armature. Ces trous ont par ailleurs permis le passage des outils utilisés pour retirer partiellement le noyau.

Nous avons étudié cette œuvre en urgence pour comprendre l'origine des altérations de sa surface (des taches de corrosion et un aspect décoloré). Il fallait pour cela connaître le nombre de pièces assemblées pour déterminer l'emplacement des analyses ou des prélèvements à effectuer. L'utilisation de rayons énergétiques et la multiplication des angles de prise de vue avec des temps d'exposition de plusieurs dizaines de minutes ont permis de relever ce défi. Il s'avère que la cire employée au XIXe siècle joue un rôle néfaste sur la protection de la surface de l'œuvre contre les agressions extérieures. L'altération causée par l'acidité de cette cire à base de stéarine a entraîné la formation de ce que l'on appelle un *chanci* – une microfissuration qui, lorsqu'elle se produit sur un verni, par exemple, tend à le rendre opaque – et l'apparition de plaques vert sombre de carboxylate de cuivre en réaction avec les composants de la patine de surface et des caresses des visiteurs.

La radiographie X est actuellement la technique la plus appropriée à l'étude globale des œuvres d'art : sans contact, non destructive, elle donne accès aussi bien à l'intérieur de l'objet qu'aux variations de son « épiderme ». Une évolution de la radiographie X donne maintenant accès à une vision par tranches : la tomographie. Elle permettra des études complémentaires sur la régularité des parois de métal, sur la nature du noyau, etc. Puisque les rayons X révèlent la globalité de l'œuvre, un des intérêts majeurs de la radiographie est sa capacité à fédérer les énergies et les connaissances d'intervenants de tous horizons. L'application présentée ici a, par exemple, rapidement évolué en discussions techniques sur les étapes de fabrication de l'œuvre, réunissant aussi bien les conservateurs, des fondeurs, des restaurateurs, que des physiciens et des chimistes.

Pour en savoir plus

« Principes d'analyse scientifique : la sculpture, vocabulaire et méthode », *Inventaire général des monuments et des richesses artistiques de la France*, Imprimerie Nationale, 1990.

http://www.culture.gouv.fr/public/mistral/joconde_fr (option « Recherche simple » puis taper « MR 3229 »).

http://www.c2rmf.fr

« Application de la radiographie X et γ à l'étude des objets métalliques d'art et d'archéologie » et « Émissiographie », T. Borel, in *À la recherche du métal perdu – Les nouvelles technologies dans la restauration des métaux archéologiques*, Errance, 1999, p. 54-58 et p. 59-60.

« La radiographie des objets d'art », T. Borel, *Techne*, 1995, **2**, p. 146-157.

« Les caractéristiques des techniques de fonderie, leur correspondance sur les images radiographiques », C. Bourgoin, S. Barker et M.-C. de Perricot, *Monographie de l'École du Louvre*, LRMF, 1989-1990.

Les cristaux de l'invisible

Didier Lippens

Institut d'électronique, de microélectronique et de nanotechnologie (IEMN)
UMR 8520 CNRS-Université des sciences et technologies de Lille (USTL)

Vu au microscope électronique à balayage, un cristal photonique artificiel apparaît couvert d'un réseau périodique de minuscules trous dont le diamètre est de l'ordre de 200 nanomètres. Son flanc de gravure est très escarpé, à l'image d'une falaise au pays de Lilliput (ci-contre). L'intérêt de cette structure est de modifier les propriétés optiques du matériau devant lequel elle se trouve. Une simulation numérique en couleur montre la façon dont une onde infrarouge d'une longueur d'onde de 1,5 micromètres (celle des impulsions qui parcourent les fibres optiques des télécommunications) se propage au travers d'un tel réseau nano-usiné, à différents instants. On observe alors que le cristal photonique focalise la lumière comme s'il était taillé en forme de lentille !

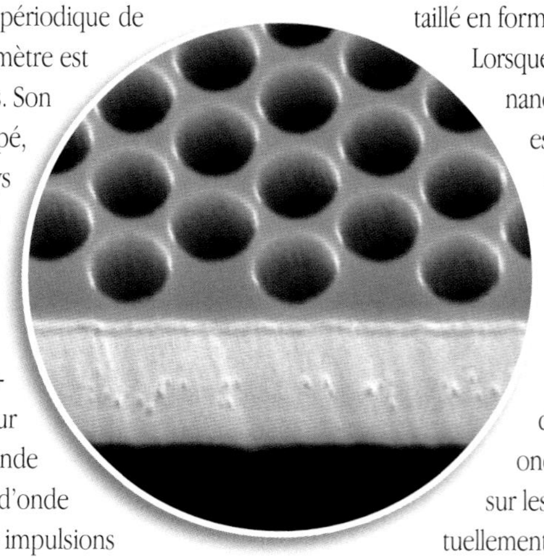

Lorsque la lumière traverse un matériau nanostructuré, l'onde résultante est la somme des ondes réémises par chacun des motifs du réseau. C'est le phénomène général de la diffraction. On peut alors se débrouiller pour que cette somme soit nulle dans un intervalle de longueur d'onde donné (les creux d'une onde tombant systématiquement sur les crêtes d'une autre), sauf éventuellement dans certaines directions (où la lumière est alors déviée). On modifie ainsi l'indice de réfraction du milieu. Qu'est-ce que cela signifie ?

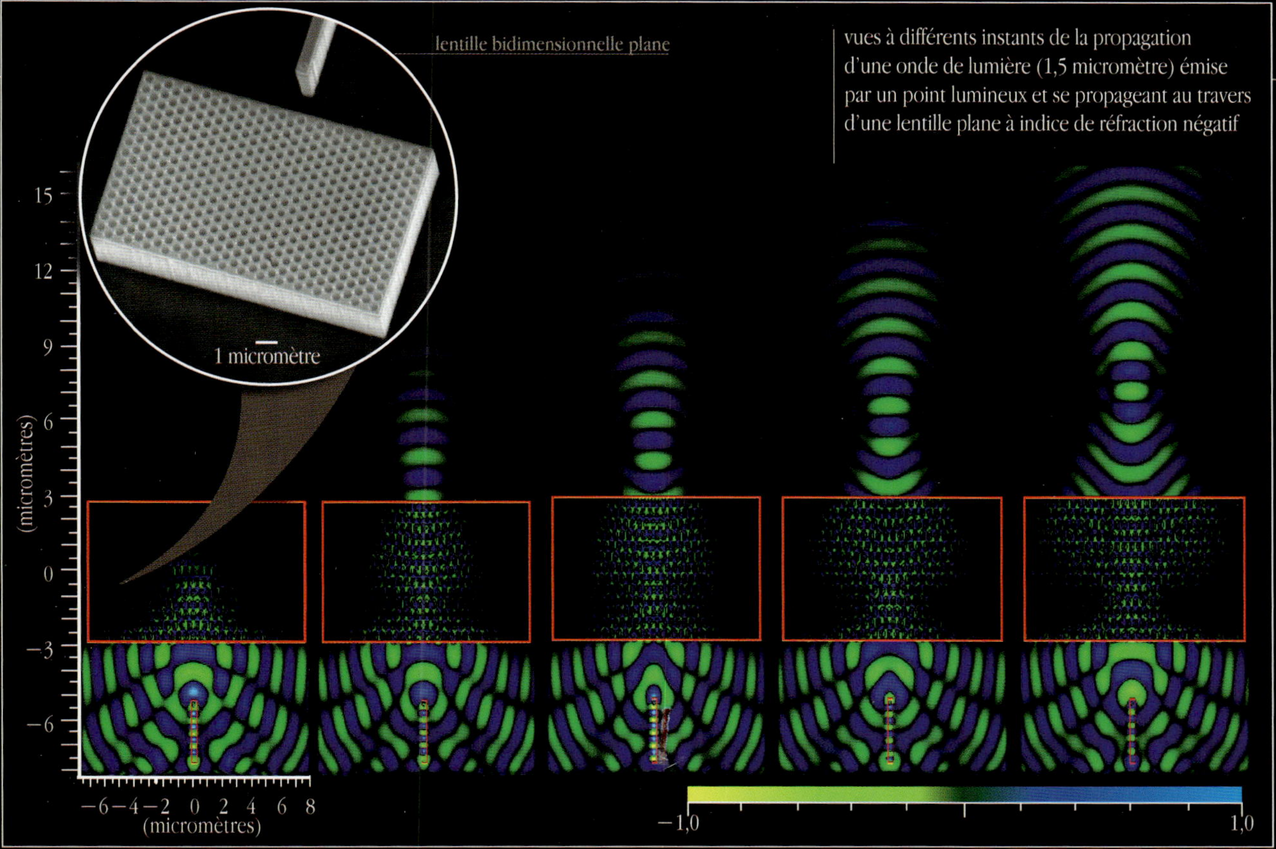

– 32 - 70 - 72 –

En général, la lumière progresse à une vitesse égale à sa vitesse dans le vide, divisée par l'indice de réfraction du matériau qu'elle traverse. Celui de l'eau par exemple vaut 1,33, ce qui signifie que la lumière y voyage 1,33 fois plus lentement que dans le vide. Comme les rayons lumineux suivent toujours le chemin qui leur prend le moins de temps (le plus court en *durée* et non en *longueur*), ils sont déviés lorsqu'ils passent d'un milieu d'indice donné à un autre d'indice différent. Grâce aux minuscules gravures que les nanotechnologies permettent désormais d'usiner, on sait produire des matériaux artificiels qui n'existent pas dans la nature et moduler presque à volonté leur indice de réfraction. On obtient même ainsi des indices négatifs, voire compris entre 0 et 1 : tout se passe alors comme si la lumière voyageait *plus vite* que dans le vide, bien qu'en réalité, seule la phase de l'onde se déplace ainsi, la relativité d'Einstein interdisant aux impulsions elles-mêmes de se propager aussi rapidement.

Pourquoi de tels objets ? L'exemple présenté ici montre la réalisation d'une lentille microscopique plane, présentant non seulement l'avantage d'être simple à usiner, mais aussi celui de ne pas avoir d'axe optique (peu importe que les rayons lumineux ne tombent pas au centre de la *lentille*, cela n'altère pas la focalisation). Les chercheurs espèrent à présent fabriquer des lentilles *idéales*, susceptibles de réaliser des images dont la résolution serait inférieure à la limite dite *de diffraction*, imposant habituellement que les plus petits détails visibles soient de l'ordre de grandeur de la longueur d'onde utilisée pour éclairer l'objet observé. Cette limite de diffraction est la raison pour laquelle les très petits objets – comme les trous présentés ici – sont gravés et observés non plus à l'aide de lumière (les photons), mais à l'aide de faisceaux d'électrons (utilisés par la gravure *plasma* et le microscope électronique à balayage). Ces outils sont désormais indispensables aux *nanotechnologues* qui, non contents de fabriquer des objets artificiels de plus en plus petits, se doivent bien sûr d'être capables de les observer ! Paradoxalement, la lentille *idéale* fabriquée par lithographie électronique permettra bientôt de voir et d'usiner des nanostructures… à l'aide de lumière (photolithographie) ! De telles *superlentilles* seront très utiles dans tous les domaines de l'imagerie. À terme, la synthèse des matériaux à indice de réfraction inférieur à l'unité, voire négatif ou nul, permettra d'envisager des applications spectaculaires comme l'invisibilité, en faisant *contourner* l'objet à cacher par les rayons lumineux ! Il faut toutefois tempérer un trop grand optimisme : la *cape de Harry Potter* est encore très loin devant nous !

Pour en savoir plus

« Réfracter la lumière à l'envers », D. Lippens, *Pour la Science*, 2006, **345**, p. 68-74.

Le passe-muraille

Alain Gaugue

Laboratoire informatique, image, interaction (L3i) - EA 2118
Ministère de la Recherche-Université de La Rochelle

Derrière un mur en béton de 15 centimètres d'épaisseur, se trouve une pièce (en arrière-plan), dont la porte du fond est ouverte et où une femme vient d'entrer. Comment le savons-nous ? De notre côté du mur, un radar dit *à bande ultralarge* (en médaillon) a effectué un balayage dont l'écho révèle les éléments-clés de la scène. Chaque écho, dont l'intensité est représentée par un gradient de couleur, atteste de la présence d'un obstacle sur lequel les ondes se sont réfléchies. L'écho isolé (à gauche, en jaune et rouge) est dû à la présence de la personne, tandis que l'écho continu (au fond, en jaune et orange) est celui qui est renvoyé par le mur situé en arrière-plan. La discontinuité dans cet écho atteste de la présence d'une ouverture. Ces échos se différencient par le moment exact où ils parviennent au détecteur de l'instrument, ce qui permet de retrouver la distance à laquelle ils se trouvent de la source. La forme curviligne du *mur,* au fond, est due au balayage angulaire opéré par le radar.

La « vision » à travers les murs se heurte à un dilemme. Pour traverser les matériaux qui constituent le mur sans être trop atténués, les impulsions radar émises par la source doivent avoir une longueur d'onde aussi grande que possible. En même temps, la longueur d'onde doit être assez petite pour avoir une résolution spatiale suffisante afin de retranscrire les détails de la scène... comme un peintre choisit un pinceau assez fin pour dessiner les détails de son tableau. L'image présentée ici a été acquise avec un radar à bande ultralarge (*ultra-wideband* ou UWB). Il émet des impulsions temporelles ultracourtes (de l'ordre de quelques centaines de picosecondes, c'est-à-dire du dixième de milliardième de seconde) et qui, du coup, contiennent une gamme de fréquences (et donc de longueurs d'ondes) très étendue, pouvant atteindre plusieurs gigahertz. C'est cette *largeur de bande* qui résout pour nous le compromis dont nous parlions. La partie réceptrice du radar est, quant à elle, constituée d'un système directif à balayage angulaire. Un tel dispositif ne permet pas de visualiser la scène comme si nous y étions, mais donne accès aux informations les plus pertinentes. La richesse des informations temporelles acquises avec ce type de radar, couplées aux techniques de traitement du signal, permet de revenir à l'origine de chaque réflexion de l'onde... et, à terme, de reconstruire symboliquement l'image de la scène.

Les principales applications de tels systèmes, à ce jour, se trouvent dans le domaine militaire (lors des assauts, des prises d'otages, etc.) ou dans le secteur de la sécurité civile (recherche de personnes dans des décombres, par

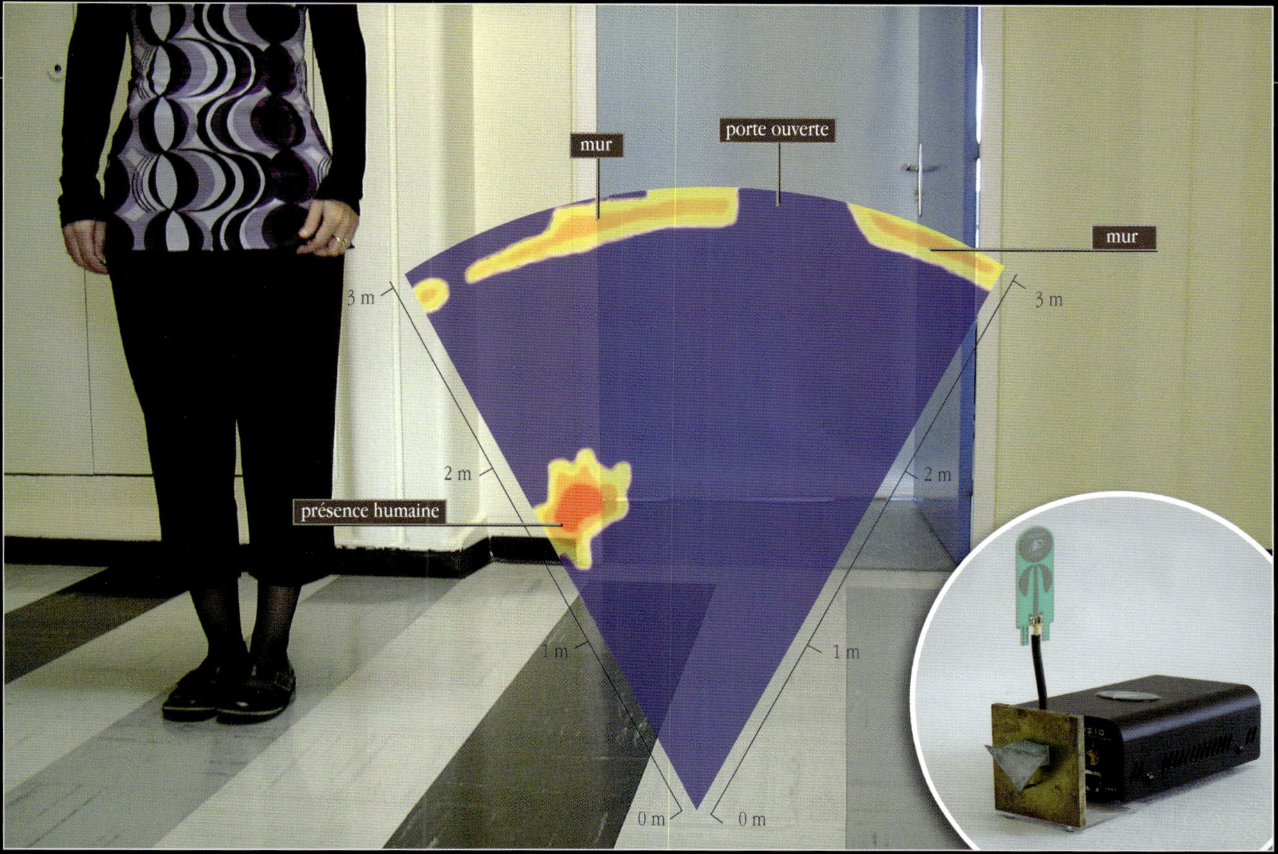

– 76-212 –

exemple). Pour ces utilisations, une image *réaliste* de la scène observée n'est pas nécessaire, seules certaines informations sont importantes : le nombre de personnes, leur position, leur vitesse de déplacement, etc. Cette image a été réalisée pour montrer la capacité des ondes ultralarge bande à traverser un mur, tout en se réfléchissant sur l'environnement situé derrière ce mur. Les informations contenues dans ces ondes réfléchies permettent non seulement de détecter et de localiser une personne, mais aussi d'extraire certaines informations sur son environnement (présence de portes, de fenêtres, etc.). Nos recherches visent principalement à extraire et à classifier ces différents échos pour reconstituer sous forme symbolique la scène située derrière le mur, et donc pour obtenir un affichage plus *convivial* que celui présenté ici, facilitant l'utilisation du dispositif en temps réel.

La vision à travers les milieux opaques, au sens optique traditionnel, va constituer dans les années à venir un enjeu stratégique dans des domaines d'applications aussi divers que la sécurité, le biomédical, l'agroalimentaire, etc. Chaque milieu possède une ou plusieurs fenêtres spectrales de transparence, mais dans bien des cas les dispositifs permettant d'observer à travers ces fenêtres ont un faible contraste ou une résolution spatiale médiocre. Seuls les imageurs X allient les deux qualités, mais présentent l'inconvénient majeur d'être dangereux pour les tissus vivants, ce qui limite leur champ d'application. Pour contourner ces limitations, les images acquises à travers un milieu opaque, passent en général par une phase de reconstruction sémantique (la représentation symbolique dont nous avons parlé) à partir d'informations provenant de plusieurs sources ou, comme ici, d'une seule source à très large bande.

Pour en savoir plus

« Overview of current technologies for through-the-wall-surveillance », A. Gaugue et J.-L. Politano, *SPIE*, septembre 2005, **5989**, p. 1H1–1H11.

Ultra-wideband radar technology, J.D. Taylor, CRC Press, 2001.

Quand les robots nous regardent

Pierre Andry et Philippe Gaussier

Équipes Traitement des images et du signal (Etis) – UMR 8051
CNRS-Université de Cergy-Pontoise
École nationale de l'électronique et de ses applications (Ensea)

Deux enfants jouent avec les robots de notre équipe de recherche. Les jeux sont simples : imiter les gestes d'un robot chien, suivre ou empêcher les déplacement d'un robot mobile qui retourne vers sa pièce favorite, ou encore échanger des expression variées (comme des grimaces) avec une tête de robot qui les suit du regard (sur la photo). Chaque jeu teste les capacités de coordination, de mémorisation, de reconnaissance et d'interaction qui constituent l'*intelligence* des robots autonomes. Les images contenues sur l'écran d'ordinateur représentent l'activité des réseaux de neurones artificiels contrôlant l'un des robots. Ces réseaux nécessitent la puissance de calcul de plusieurs ordinateurs en parallèle.

En sciences, la modélisation est un processus à double sens. D'un côté, on introduit dans un modèle les mécanismes fondamentaux tels qu'on pense qu'ils se produisent dans la réalité et on vérifie que la simulation donne les mêmes résultats que l'observation. De l'autre, on essaie de construire un modèle qui colle aux observations et on espère que les recettes utilisées pour ce faire ont leur pendant dans le monde réel. Les robots auxquels on demande d'exhiber les mêmes capacités que certains animaux ou que l'homme (reconnaître son environnement ou une situation, apprendre, choisir son action en fonction de ses perceptions et de son affect, interagir avec autrui, etc.) ne font pas exception. Ils sont devenus des outils indispensables à la compréhension des mécanismes cognitifs. Comprendre la cognition, de l'analyse perceptive de son environnement à la commande motrice, c'est être capable de la construire et d'en tester les principaux mécanismes sur des systèmes autonomes.

L'*architecture du cerveau* qui contrôle les robots utilisés en neurocybernétique est constituée de boucles dites sensorimotrices qui lient la perception et l'action. Dans notre cerveau de telles boucles existent à plusieurs niveau : au niveau élémentaire des réflexes, lorsque la perception de la chaleur nous fait retirer la main du feu par exemple, ou à un niveau plus complexe impliquant nos souvenirs et notre apprentissage, lorsque notre corps nous prépare à l'action en sécrétant de l'adrénaline ou en accélérant les battements du cœur à la vue d'une scène menaçante par exemple. Chez les robots, l'imbrication de telles boucles permet aussi l'apprentissage, c'est-à-dire l'association des informations sensorielles avec des actions qui exhiberont un comportement adapté : éviter des obstacles, associer la vue d'un panneau avec une action à effectuer, ou corréler une expérience (un geste, un déplacement) avec une récompense. En multipliant le nombre de ces boucles sensorimotrices, les chercheurs testent des comportements de plus en plus complexes au cours d'expériences où les

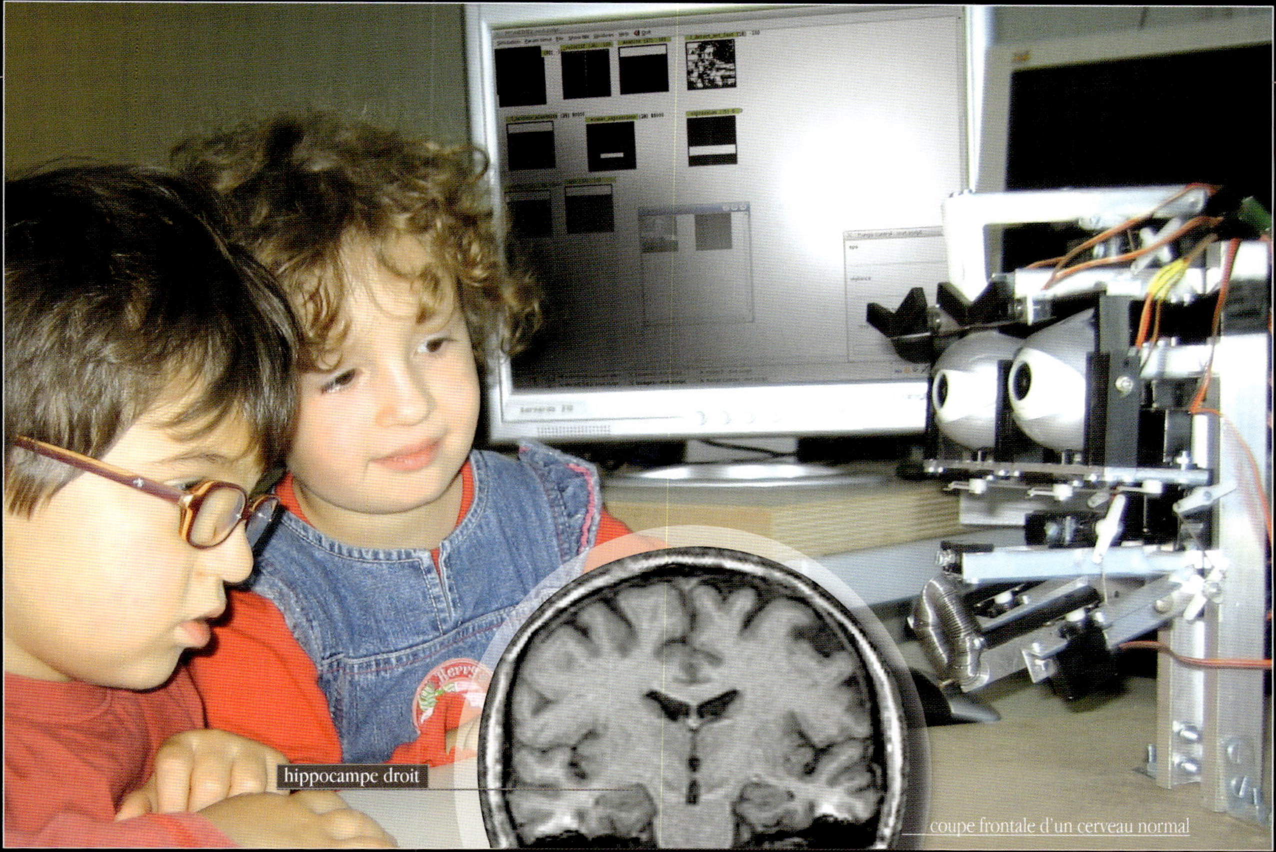

coupe frontale d'un cerveau normal

— 34 - 116 - 118 —

robots tirent profit de leurs expériences passées et en construisent de nouvelles en temps réel.

La compréhension de l'*intelligence* est un défi pluridisciplinaire. Les modèles testés sur les robots sont issus de collaborations entre des chercheurs en sciences de l'ingénieur, des neurobiologistes et des psychologues. L'architecture du cerveau des robots utilise des réseaux de neurones issus de la modélisation de certaines structures du cerveau réel. Ainsi, nos robots comportent le modèle neuronal de l'hippocampe, une partie du cerveau impliquée dans les fonctions de mémorisation chez l'homme. Sur les robots, ce réseau se modifie afin d'encoder une carte cognitive de l'environnement ainsi que l'apprentissage de séquences de gestes par imitation. Ces architectures sont pensées avec des psychologues du développement : le robot est alors vu comme un agent en développement, dont les comportements peuvent être comparés, dans une tâche donnée, avec ceux des jeunes enfants d'âge développemental similaire. Le bon fonctionnement ainsi que le dysfonctionnement de l'architecture du robot permettent de valider ou d'invalider les hypothèses qui ont servi à concevoir l'*architecture de contrôle*, c'est-à-dire le programme qui assure l'*intelligence* et l'autonomie du robot.

Ces recherches répondent au besoin pratique de disposer de systèmes complexes autonomes, capables dans une certaine mesure de remplacer l'homme et d'agir sans supervision : évoluer dans un environnement difficile, assister l'homme dans son quotidien comme compagnon ou comme assistant médical, etc. Mais elles s'insèrent aussi dans une démarche plus large où les robots sont un outil supplémentaire aidant les psychologues à comprendre le fonctionnement du cerveau humain. Par exemple, certaines de nos architectures correspondent à des systèmes *pathologiques,* proches de certaines formes d'autisme de très bas niveau.

Pour en savoir plus

http://www-etis.ensea.fr/

http://www.etis.ensea.fr/~neurocyber/Videos/index_videos.html

La verte demoiselle se fait nanodrone

Patrice Minotti
SilMach SA

Cette libellule artificielle à quatre ailes battantes ressemble beaucoup à son modèle biologique. Ce petit robot volant (ou drone) possède des ailes en silicium animées par un réseau de 200 000 nanomuscles taillés dans le même matériau et distribués intégralement sur la surface des ailes. Chaque nanomuscle (les lamelles de l'image en microscopie électronique, en médaillon) a une taille comparable à celle d'une cellule biologique : sa masse est de 9 nanogrammes, sa longueur est égale au double de l'épaisseur d'un cheveu, et son épaisseur est de 1 micromètre. À cette échelle, seules la microscopie électronique à balayage et la profilométrie optique (une technique en lumière blanche) permettent leur visualisation et leur contrôle. C'est leur contraction synchronisée qui fait battre les ailes de notre libellule (ci-contre).

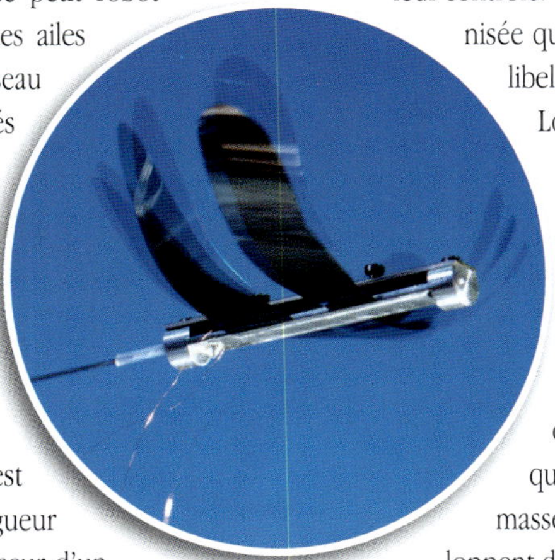

Lorsque ce drone sera autonome, sa masse sera similaire à celle d'une vraie libellule, soit 120 milligrammes environ, dont 100 seront consacrés aux batteries et aux capteurs embarqués. Les nanomuscles artificiels ne représentent qu'approximativement 2 % de la masse totale de l'insecte. Ils développent déjà en laboratoire des densités de puissance mécanique pouvant atteindre 100 à 1 000 watts par gramme (soit au moins deux ordres de grandeur au-delà des performances actuelles des meilleurs micromoteurs électromagnétiques). Une telle densité de puissance, inconcevable à l'échelle macroscopique, n'est atteinte qu'en raison de l'évacuation très efficace des échauffements induits à la surface des ailes. Les 200 000 nanomuscles sont issus de la technologie des MEMS (*microelectromechanical systems*), des microsystèmes électromécaniques gravés sur un bloc de silicium par un procédé dit de lithographie optique. En l'occurrence, il s'agit de lames élastiques soudées à l'aile à leurs deux extrémités, et légèrement « bombées » pour se maintenir à quelques micromètres au-dessus de la surface des ailes. Par ailleurs, les ailes sont entièrement recouvertes d'électrodes isolées au moyen d'un film d'environ 300 nanomètres d'épaisseur. Les connexions électriques qui les commandent sont également réalisées sur le substrat de l'aile. L'application d'une tension

— 60 - 66 - 208 —

électrique entre un nanomuscle et les électrodes provoque sa contraction. La coordination *massive* des muscles – la synchronisation en temps réel de 200 000 éléments ! – permet d'atteindre des amplitudes de battement d'ailes conformes au modèle biologique (environ 40 degrés dans l'air ambiant).

La libellule artificielle présentée ici est la première machine volante inspirée d'un modèle biologique et construite par l'auto-assemblage chimique de plusieurs centaines de milliers de briques élémentaires à l'échelle microscopique. Cette réalisation prouve que les nanotechnologies, qui commencent à manipuler la matière à l'échelle des atomes et des molécules, ne sont pas systématiquement cantonnées à l'échelle invisible du nanomonde. Après tout, l'être humain lui-même est une machine biologique macroscopique construite par l'enchevêtrement d'innombrables particules nanométriques. La nature démontre ainsi qu'il n'existe pas de frontière stricte entre le monde de l'infiniment petit et le monde macroscopique dans lequel nous évoluons. L'objectif de nos recherches est d'explorer une nouvelle méthodologie de conception des machines faisant coexister ces deux mondes.

L'émergence de nouvelles techniques grâce auxquelles on structure la matière à l'échelle du milliardième de mètre, nous laisse espérer l'avènement d'une nouvelle génération de machines macroscopiques construites au moyen de l'empilement d'un très grand nombre de cellules électromécaniques élémentaires s'apparentant aux cellules biologiques. La diffusion progressive de ces technologies révolutionnaires dans le secteur de la mécanique autorise la conception d'engins qui, prenant leurs distances avec l'engrenage, la roue et les pistons, s'inspireront toujours plus des constructions biologiques qui nous entourent. Dans un futur encore indéterminé, la médecine sera en mesure d'exploiter ces recherches pour le développement de prothèses avancées telles l'oreille, l'œil ou la peau artificielle.

Pour en savoir plus

http://www.silmach.com

Quand l'œil d'Oscar frétille

Nicolas Franceschini et Stéphane Viollet
Mouvement et perception - UMR 6152
CNRS-Université de la Méditerranée, Marseille

Permettez-nous de vous présenter Oscar : un robot aérien de 100 grammes contrôlé par un capteur visuel d'un genre particulier baptisé *Optical scanning Sensor for the Control of Aerial Robots* (d'où son nom). Suspendu au plafond par un fil de pêche, Oscar est capable de tourner autour de son axe vertical. Il nous démontre ainsi qu'il *voit*. Au sommet de la bête, se trouve un œil unique composé d'une lentille et d'une *rétine* artificielle. Malgré le fait que cette rétine est particulièrement élémentaire, Oscar y voit suffisamment bien pour fixer du regard un objet contrasté placé à un ou deux mètres devant lui. Il actionne ses deux hélices de manière indépendante pour maintenir son regard verrouillé sur la cible. En fixant ainsi un objet, Oscar se stabilise dans l'espace. Et si la cible vient à bouger, Oscar s'oriente de manière à la suivre du regard. La particularité de ce robot et que son œil frétille en permanence et que si l'on supprime le frétillement… il ne voit plus rien ! La construction d'Oscar vise à comprendre un mécanisme découvert récemment en laboratoire : des enregistrements par microélectrodes (ci-contre), effectués sur la mouche *en vol* ont révélé que sa rétine était animée cinq fois par seconde d'un mouvement de quelques micromètres d'amplitude : un muscle extraoculaire entraîne l'ensemble de la mosaïque rétinienne sous la mosaïque fixe des facettes. L'œil d'Oscar illustre les bienfaits de ce *microbalayage rétinien* en reproduisant le mécanisme dans une seule *facette*, équipée de deux photorécepteurs seulement : une rétine minimaliste à deux pixels (loin de la rétine à *mégapixels* d'un appareil photo numérique). Calculs et simulations ont montré qu'en associant un microbalayage (inspiré de la mouche) à un *capteur électronique de mouvement* (inspiré lui aussi de la mouche), on obtient un *capteur de position*. La propriété étonnante de ce capteur est qu'il est capable de repérer la position angulaire d'un objet avec une résolution 40 fois plus fine que l'angle entre les axes optiques de ses deux photorécepteurs : Oscar présente ce qu'on appelle une *hyperacuité*.

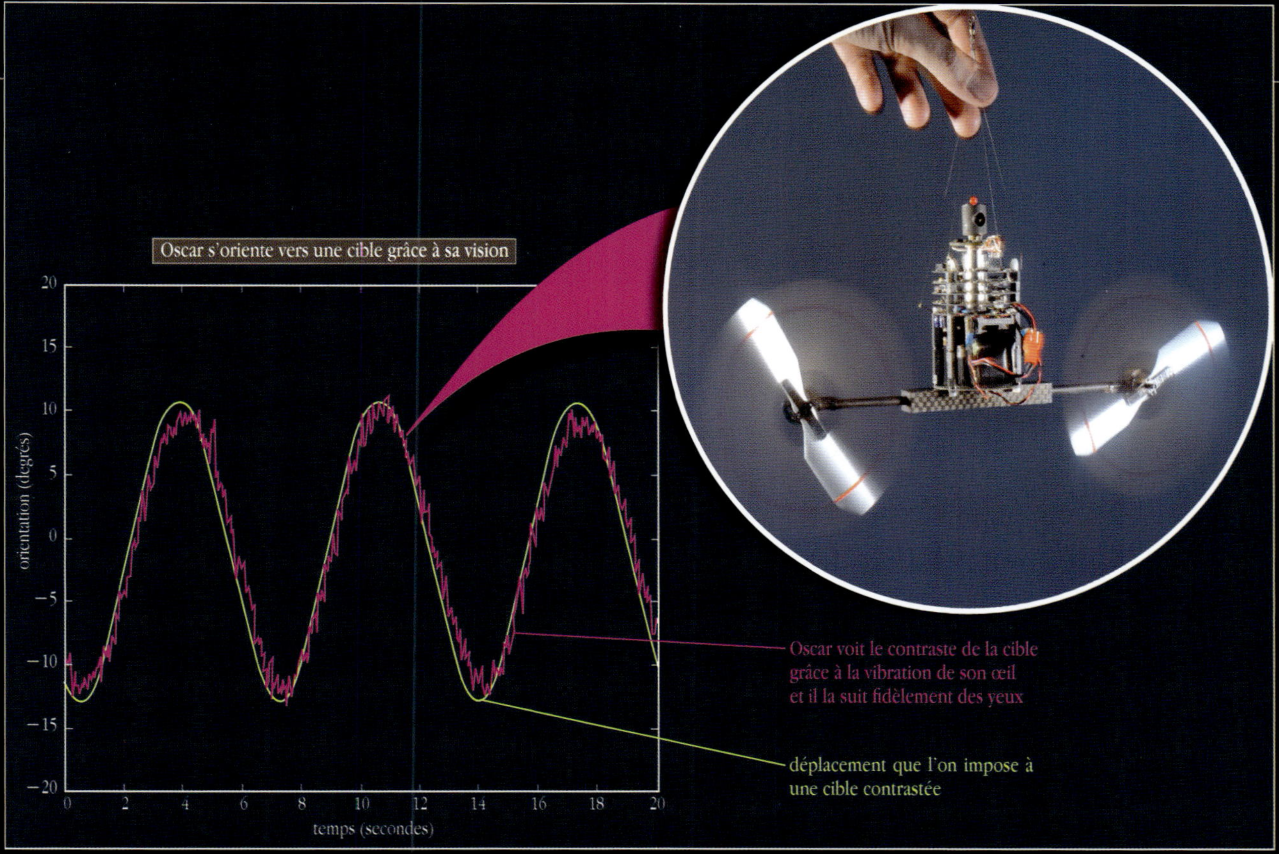

— 28 - 30 - 216 —

Montrer l'intérêt biologique du microbalayage rétinien de la mouche n'est pas chose simple, car il n'est pas possible de débrancher ce mécanisme temporairement sur une mouche en vol ! Sans son microbalayage, l'animal s'écraserait-il au sol ? Le mâle serait-il encore capable de poursuivre la femelle ? On peut certes aborder ce genre de question à l'aide de simulations informatiques, mais seule la réalisation d'un robot et sa confrontation au monde réel peuvent démontrer la robustesse ou la fragilité de l'hypothèse. Cette démarche *biorobotique* aura finalement permis de montrer, au niveau élémentaire, comment le microbalayage rétinien peut améliorer la résolution d'un œil. Un brevet a d'ailleurs été déposé par le CNRS sur un œil frétillant inspiré de la mouche, avec des applications potentielles à la sécurité des hélicoptères (détection automatique de câbles).

Depuis plus de 50 ans, on sait que l'œil de l'être humain est lui-même animé d'un tremblement qui accompagne la fixation visuelle, et dont l'importance est considérable. Quand, dans les années 1950, des chercheurs ont réussi, par divers artifices optiques, à stabiliser l'image sur la rétine d'un sujet humain, celui-ci est devenu aveugle… jusqu'à ce qu'on rétablisse le micromouvement naturel. Il semble qu'un tremblement oculaire de fixation soit essentiel chez maintes créatures : crabe, araignée, mouche, être humain, etc. La mouche et les robots qu'elle inspire offrent une clé nouvelle pour étudier dans le détail et sans aucune limitation technique le processus biologique fondamental de la vision.

Pour en savoir plus

« A sighted aerial robot with fast gaze and heading stabilization », L. Kerhuel, S. Viollet et N. Franceschini, *IEEE/RSJ International Conference on Robots and Systems (IROS 07)*, 2007.

« A high speed gaze control system based on the Vestibulo-Ocular Reflex », S. Viollet et N. Franceschini, *Robotics and Autonomous Systems*, 2005, **50**, p. 147-161.

« Visual guidance based on optic flow: a biorobotic approach », N. Franceschini, *Journal of Physiology*, 2004, **98**, p. 281-292.

« Aerial minirobot that stabilizes and tracks with a bio-inspired visual scanning sensor ». S. Viollet et N. Franceschini, *Biorobotics*, MIT Press, 2001, p. 67-83.

« Biologically-inspired visual scanning sensor for stabilization and tracking ». S. Viollet et N. Franceschini, *IEEE/RSJ International Conference on Intelligent Robots and Systems (IROS 99)*, 1999, **1**, p. 204-209.

« Repetitive scanning in the fly compound eye ». N. Franceschini et R. Chagneux, *Göttingen Neurobiology Report*, 1997, **2**, p. 279.

http://www.biorobotique.fr

Y a-t-il un pilote dans l'insecte ?

Nicolas Franceschini, Franck Ruffier et Julien Serres

Mouvement et perception - UMR 6152
CNRS-Université de la Méditerranée, Marseille

Octave est un microrobot de type hélicoptère. Il pèse 100 grammes et est aussi petit que son cousin Oscar. Il est capable de naviguer dans le plan vertical grâce à sa vision. Sous l'appareil, un œil orienté vers le bas voit défiler le paysage et analyse en continu la vitesse de défilement de l'image rétinienne, le *flux optique*. Octave réagit en accroissant ou en diminuant sa poussée verticale pour décoller, suivre le terrain et se poser. Ce démonstrateur biorobotique, tout en s'inspirant du comportement animal, permet en retour de mieux appréhender ce qui se passe dans la tête de ces as du pilotage que sont les insectes ailés. Des expériences anciennes suggèrent que l'insecte vole de manière à créer sur sa rétine une vitesse de défilement *préférée*. Mais pourquoi et comment le fait-il ?

Pour une même vitesse, plus l'insecte vole haut et plus la vitesse de défilement de l'image sur la rétine est faible. Dans l'œil de l'insecte se trouvent des neurones spécialisés qui sont aptes à mesurer ce flux optique et qui semblent être impliqués dans une sorte de *pilote automatique,* très différent de celui des hélicoptères modernes. La construction d'Octave a suggéré que l'insecte met en œuvre un automatisme appelé *régulateur de flux optique*. Ainsi, si l'insecte décide de changer de vitesse (ou si sa vitesse est modifiée par un vent de face ou un vent arrière), il changera automatiquement d'altitude pour garder le même flux optique. Et c'est bien la manière dont Octave se comporte – d'ailleurs Octave signifie *Optic flow based control system for aerial vehicles*. Ce schéma de contrôle permet de rendre compte de comportements énigmatiques décrits chez les insectes depuis plusieurs décennies : par exemple, le fait que les criquets et les papillons migrateurs descendent par vent de face et s'élèvent par vent arrière, ou que les abeilles atterrissent à pente constante et se noient en traversant une eau dormante. Dans ce dernier cas, l'absence de ride sur l'eau met hors service les capteurs de flux optique et le régulateur entraîne irrésistiblement l'insecte vers le bas. À la base de ces comportements étonnants se trouvent, dans le cockpit de l'insecte, des *neurones détecteurs de mouvement*, dont notre laboratoire a patiemment déchiffré le fonctionnement au moyen de microélectrodes et de microscopes spéciaux construits à cet effet. Nous en avons ensuite transcrit le principe en circuits électroniques de plus en plus miniaturisés (le dernier ne pèse que 0,2 gramme) qui ont permis la réalisation de nos robots aériens.

L'insecte se guide à l'aide d'un pilote automatique commandé par sa vision. Sa vitesse aussi bien que son altitude sont contraints par l'environnement *visuel*, ce qui lui permet de pénétrer

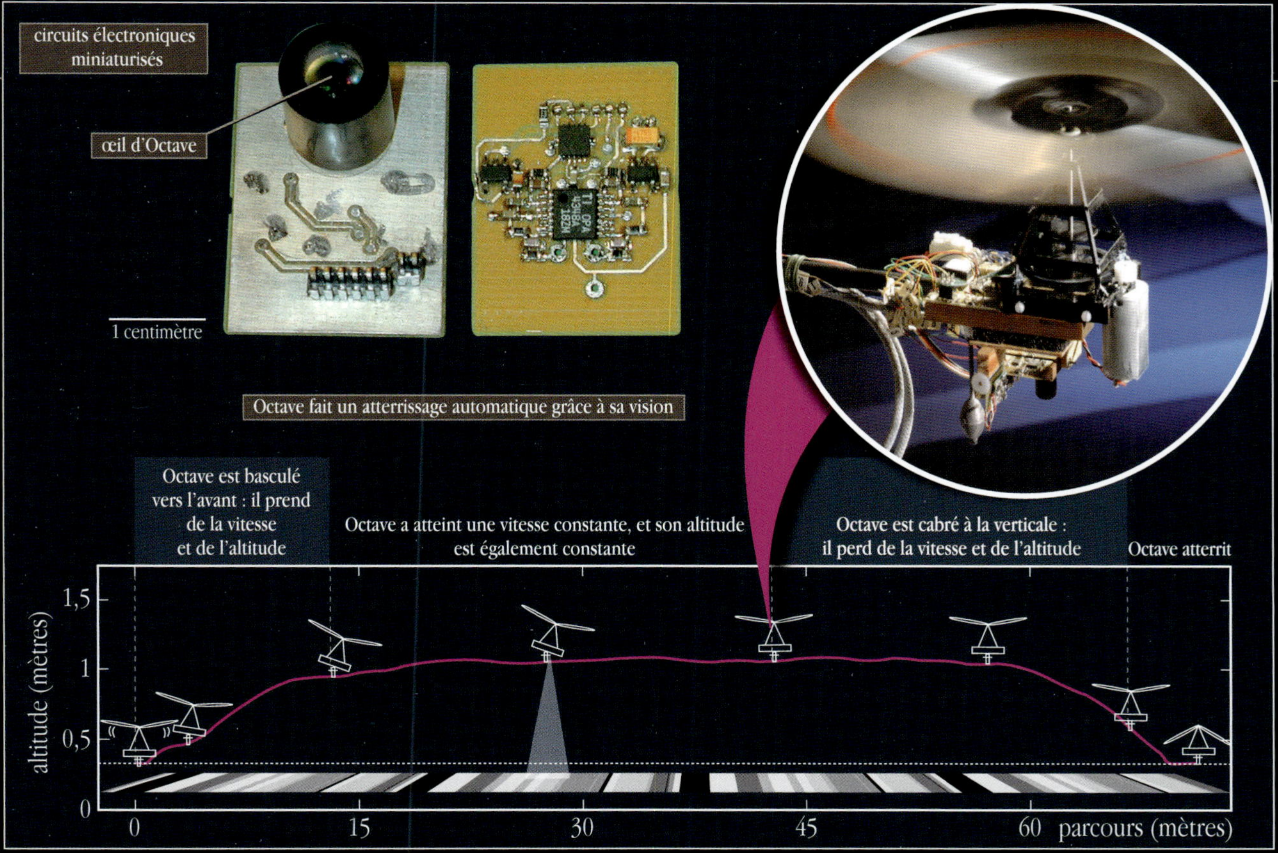

— 28 - 30 - 36 - 214 —

avec aisance dans un feuillage ou un champ de graminées. Les signaux électriques issus de son œil excitent les muscles alaires, par l'intermédiaire de neurones spécialisés reliant la tête au thorax. Ce sont de véritables *commandes électriques* de vol qui permettent à l'animal de se stabiliser en permanence, de redresser son vol et d'éviter les crashes. Il est vraisemblable que ces commandes électriques de vol équipaient déjà les libellules géantes du permien, il y a 250 millions d'années, bien longtemps avant que l'homme du quaternaire n'ait eu l'idée d'en installer à bord de ses aéronefs.

Ces travaux, initiés dès 1985, illustrent le double enjeu, fondamental et appliqué, de la biorobotique. La démarche consiste à s'aider de constructions robotiques pour tester des principes biologiques, que l'on perçoit d'abord de manière confuse. Un va-et-vient permanent entre expériences sur l'insecte et constructions robotiques permet ensuite d'affiner la compréhension des principes du comportement animal, principes qui ont fait leurs preuves durant des millions d'années et qui, pour cette même raison, sont susceptibles d'être appliqués aujourd'hui à l'aérospatiale. Un brevet international a d'ailleurs été déposé par le CNRS sur le *pilote automatique de la mouche* !

Pour en savoir plus

« A bio-inspired flying robot sheds light on insect piloting abilities », N. Franceschini, F. Ruffier et J. Serres, *Current Biology*, 2007, 17, p. 329-335.

« A miniature bio inspired optic flow sensor based on low temperature co-fired ceramics (LTCC) technology », M. Pudas, S. Viollet, F. Ruffier, A. Kruusing, S. Amic, S. Leppävuori et N. Franceschini, *Sensors and Actuators A: Physical*, 2007, **133**, p. 88-95.

« Two optic flow regulator for speed control and obstacle avoidance », J. Serres, F. Ruffier et N. Franceschini, *IEEE/RAS-EMBS International Conference on Biomedical Robotics and Biomechatronics (BioRob)*, 2006, 284.

« Optic flow regulation: the key to aircraft automatic guidance », F. Ruffier et N. Franceschini, *Robotics and Autonomous Systems*, 2005, **50**, p. 177-194.

« Visually guided Micro-Aerial Vehicle: automatic take off, terrain following, landing and wind reaction », F. Ruffier et N. Franceschini, *IEEE International Conference Robotics and Automation (ICRA 04)*, 2004, p. 2339-2346.

« OCTAVE, a bioinspired visuomotor control system for the guidance of micro-aircraft ». F. Ruffier et N. Franceschini, *Bioengineered and Bioinspired Systems*, 2003, **5119**, p. 1-12.

Glossaire technique

Holographie. L'*holographie* permet de visualiser un objet en trois dimensions par un procédé photographique qui utilise la lumière cohérente d'un laser. Cette cohérence permet de faire interférer le faisceau laser incident avec celui diffracté par l'objet analysé. L'image photographique de la figure d'interférence ainsi obtenue (hologramme) est éclairée par un faisceau laser. L'hologramme agit alors comme un réseau et diffracte cette lumière laser pour reconstituer l'objet en trois dimensions. Les applications sont nombreuses, bien qu'encore limitées par la qualité des optiques que demande cette technique. L'application la plus connue est celle des images en relief pour la publicité, pour les musées ou pour les jeux. Les autres sont relatives à la sécurité : passeports, cartes bancaires, déformations de structure, etc.

Imagerie par résonance magnétique nucléaire. L'*imagerie par résonance magnétique nucléaire* (IRM) est une technique d'imagerie médicale basée sur le principe de la résonance magnétique nucléaire (RMN). On mesure les variations engendrées dans le noyau des atomes (l'hydrogène de l'eau pour le corps humain) par un champ magnétique. La localisation de ces variations permet d'obtenir une image de l'ensemble de cette interaction. L'information est tridimensionnelle et la résolution spatiale obtenue est de l'ordre du millimètre. Cette imagerie est principalement utilisée pour l'analyse du cerveau, de la moelle épinière et de la moelle osseuse car l'atome d'hydrogène (l'eau) y est très présent et ce sont des parties du corps difficiles d'accès, et susceptibles d'être endommagées par le rayonnement X d'une radiographie.

Interférométrie. Le principe de l'*interférométrie* repose sur l'utilisation de la figure d'interférence créée par la combinaison de faisceaux lumineux cohérents qui présentent une différence de marche. Les caractéristiques des franges obtenues (contraste, distance, etc.) donnent des informations sur la taille des objets observés, sur la distance entre deux objets ou sur la longueur d'onde du rayonnement. On se sert de ces mesures notamment en spectrométrie pour déterminer le spectre lumineux de différentes sources de lumière. Dans ce contexte, cette technique est largement utilisée en astronomie (mesure angulaire à haute résolution, analyse spectrale des sources de lumière, etc.), en physique (mesure de vitesse, etc.) ou en optique (contrôle de défauts des pièces optiques, etc.).

Microscopie. La *microscopie* est l'observation à courte distance d'un objet de très faible dimension dont l'image a été agrandie afin de le rendre observable par l'œil humain.

Microscopie optique. L'observation en *microscopie optique* se fait grâce à un jeu de lentilles, de miroirs, d'un diaphragme et d'un système d'éclairage. L'optique de l'appareil peut agir par réfraction, réflexion ou diffraction des rayons émis par la source lumineuse. Le microscope optique est utilisé en particulier en biologie (observation des tissus et des cellules), en pétrographie (observation des roches) et en métallurgie (analyse de la structure des matériaux).

La *microscopie en lumière visible directe* permet d'observer la lumière réfléchie ou transmise par l'objet. Plus particulièrement, la *microscopie en contraste de phase* permet, au moyen de deux diaphragmes (ou anneaux de phase), d'observer les déphasages entre rayons lumineux réfractés (les rayons sont déviés quand ils traversent des milieux d'indice différent) et donc les changements de milieu dans l'objet. On l'utilise en biologie et en particulier quand on étudie sans préparation des cellules vivantes.

La *microscopie à fluorescence* utilise la propriété de certaines molécules qui, éclairées à une longueur d'onde plus courte, absorbent le rayonnement pour créer l'émission d'un autre rayonnement, dit de fluorescence, à une autre longueur d'onde (domaine visible ou rayons X). Notons que cette technique s'applique à des cellules ou des molécules non fluorescentes à condition de les marquer au préalable avec des fluorochromes qui possèdent cette propriété de fluorescence.

La *microscopie à épifluorescence* correspond à une technique particulière d'éclairage, la longueur d'onde étant sélectionnée par des filtres. Ensuite, plutôt que d'éclairer l'objet directement par transmission, un miroir dichroïque permet d'injecter le faisceau d'éclairage au travers de l'optique du microscope lui-même.

La *microscopie confocale* utilise un système pour lequel l'éclairement et la détection sont limités, par des diaphragmes, à un même volume de taille réduite que constitue le point focal du faisceau d'éclairement. L'image confocale est ensuite obtenue par le déplacement de ce point de focalisation de la lumière d'excitation (laser en général) dans les trois dimensions de l'échantillon observé, ce qui permet d'en obtenir une coupe optique en épaisseur (quelques dixièmes de micromètres). La microscopie confocale fonctionne *en lumière réfléchie* ou *en fluorescence*.

La *microscopie par spectroscopie Raman* utilise la lumière parfaitement monochromatique (une seule longueur d'onde) d'un laser. Celle-ci subit une diffusion inélastique par l'objet analysé. Le rayonnement de faible intensité qui résulte de cette interaction caractérise l'état vibrationnel des atomes et de leurs liaisons chimiques. Le spectre traduit la structure et la composition de la matière dont est composé l'objet. Sa résolution spatiale est de l'ordre du micromètre. Ainsi, sans prélèvement, la *spectrométrie Raman* conduit à l'identification de nombreuses substances. Elle a des applications multiples dans les domaines des matériaux (polymères, semi-conducteurs, oxydes, verres, etc.), de la pharmacie, des sciences de la vie, de l'art, de l'archéologie, etc.

Microscopie électronique. En *microscopie électronique*, l'éclairage par une source lumineuse utilisé dans la microscopie optique est remplacé par une source d'électrons dont la longueur d'onde est 1 000 fois plus petite. Ce système permet d'accroître considérablement la résolution de l'objet observé. En effet, l'objet observé en microscopie optique n'est visible que s'il ne dépasse pas la moitié de la longueur d'onde de la source d'éclairage ; le plus petit détail vu en microscopie optique a donc une dimension de 0,2 micromètre si on l'éclaire avec du violet. Le microscope électronique a révolutionné le monde de la microscopie en permettant une résolution de l'ordre des distances interatomiques ! À la différence du microscope optique, ses lentilles sont magnétiques.

La *microscopie électronique en transmission* (MET) et la *microscopie électronique en réflexion* (MER) nous donnent une image électronique transmise ou réfléchie par l'objet, elle est mise au point sur un écran fluorescent qui la transforme fidèlement en une image visible par l'œil ou un appareillage de prise de vues. En mode transmission, on observe en volume. L'objet doit être alors très mince, à l'instar des cellules ou des coupes minces d'organes. En réflexion, l'objet est massif et on acquiert une information de surface.

La *microcopie électronique à balayage* (MEB) utilise des déflecteurs électromagnétiques qui permettent de balayer la sonde d'électrons sur la surface de l'objet. Elle fonctionne sur la base du principe des interactions entre les électrons et la matière. On réalise alors une microscopie électronique à balayage en transmission (MEBT) ou en réflexion (MEBR).

La *microscopie en champ proche*, contrairement à la microscopie en champ lointain qui utilise le rayonnement réfléchi, réfracté ou diffracté par l'objet étudié, utilise une sonde qui est déplacée à la surface de l'objet étudié et maintenue en contact ou à très faible distance de celui-ci. La *microscopie à effet tunnel* (STM pour *scanning tunneling microscope*) utilise le comportement quantique de l'électron qui peut, par son comportement probabiliste, traverser par effet tunnel une barrière de potentiel ordinairement infranchissable. Ce comportement est tel qu'une pointe métallique, située à environ cent millionièmes de mètre d'une surface d'un matériau conducteur, recueille un courant *tunnel* qui correspond au passage des électrons des atomes de la surface de ce matériau vers la pointe. Si la pointe balaie à courant constant la surface, on caractérise son profil avec une précision inférieure aux distances interatomiques ! La *microscopie à force atomique* (AFM pour *atomic force microscope*) utilise le principe de la microscopie à effet tunnel mais la sonde, compte tenu de sa faible distance par rapport à la surface de l'objet, mesure directement le déplacement qu'elle subit par la force d'attraction-répulsion entre les atomes qui la constituent et ceux de la surface étudiée.

Rayonnement et spectre électromagnétique. La lumière (ou *rayonnement*) est constituée de particules (les photons). Pour des raisons liées à la physique classique et quantique, on considère aussi ces photons comme une onde électromagnétique (dualité onde-particule). Cette onde est un ensemble de vibrations électromagnétiques (le *spectre électromagnétique*) dont la période d'oscillation est appelée longueur d'onde. Comme décrit ci-dessous, le spectre électromagnétique de la lumière couvre un très large domaine de longueur d'onde.

Les *ondes radio* (ou ondes radioélectriques) sont par définition des ondes dont la longueur est comprise entre 33 km et 0,1 mm. Les ondes UHF sont comprises entre 1 m et 10 cm et les ondes VHF entre 10 m et 1 m. Les ondes très basse fréquence (*extremely low frequency*) s'étagent entre 100 000 km et 10 000 km. On les utilise dans le domaine des communications (bande FM, bande AM, téléphonie mobile, etc.), des radars pour la mesure de la vitesse d'objets réfléchissants (longueur d'onde comprise entre 100 m et 10 m pour le transhorizon, entre 1 m et 0,3 m pour la détection de missiles à longue portée et de quelques centimètres pour les radars routiers) et en radioastronomie.

Les *micro-ondes* sont des ondes dont la longueur est comprise entre 30 cm et 1 mm. On les utilise pour les radars (mesures de vitesse et de distance), les fours à micro-ondes, les téléphones mobiles, le GPS, etc.

Les *ondes térahertz* sont des ondes dont la longueur est comprise entre 3 mm et 30 µm. D'abord utilisées par les astronomes, elles connaissent aujourd'hui un développement certain grâce à l'apparition des lasers à durée d'impulsion ultracourte (femtoseconde). Les applications sont la détection de polluants, la sécurité, l'imagerie médicale, etc.

Les longueurs d'onde de l'*infrarouge* (IR) sont comprises entre 1 mm et 0,7 µm. On utilise ce rayonnement pour l'imagerie des sources thermiques et en particulier celles de faible intensité lumineuse, par exemple pour le guidage de missiles, la vision de nuit, les télécommandes à distance, etc.

Les longueurs d'onde du *visible* correspondent aux couleurs de l'arc-en-ciel, elles sont comprises entre 0,7 µm (le rouge) et 0,4 µm (le violet). Ce rayonnement est utilisé en spectroscopie pour les applications chimiques, biologiques, astronomiques (recherche des exoplanètes), etc.

Les longueurs d'onde de l'*ultraviolet* (UV) sont comprises entre 0,4 µm (le violet) et 0,01 µm (les rayons X mous). On l'utilise pour le bronzage (toutefois danger de cancer de la peau), pour la stérilisation, pour la sécurité (contrôle des billets de banque), pour rendre des colorants fluorescents aux fins d'analyses biochimiques ou métallurgiques, pour la microgravure (photolithographie sur semi-conducteurs), en astronomie, etc.

Les *rayons X* sont des ondes dont la longueur est comprise entre 0,01 µm (soit 10 nm) et 5 pm (5 picomètres, soit 5 milliardièmes de mètre). Ils sont énergétiques et pénètrent facilement dans la matière. On les utilisent pour faire des radiographies en médecine (visualisation des fractures, des lésions au poumon, etc.), dans l'industrie (pour contrôler des objets usinés, pour caractériser des cristaux, etc.), dans le domaine de la sécurité (contrôle des bagages à la douane), en astronomie (analyse de la structure des étoiles), dans le domaines des arts (analyse des peintures ou des objets), en biologie (analyse de la structure de l'ADN), etc.

Les *rayons* γ sont de même nature que les rayons X mais d'origine différente. En effet, leur longueur d'onde est inférieure à 5 pm. Ils possèdent donc aussi un grand pouvoir de pénétration dans la matière. Dangereux pour l'être humain (brûlures, mutation génétique), il faut s'en protéger par des blindages.

Spectrométrie. La *spectrométrie* (ou spectroscopie) donne la répartition, en longueurs d'onde, d'un rayonnement ou d'un faisceau de particules. Par exemple, la lumière visible qui traverse un prisme (spectromètre) est dispersée pour se répartir suivant les couleurs de l'arc-en-ciel. Notons que cette notion de spectre est très générale et qu'elle s'applique donc non seulement au rayonnement électromagnétique, mais aussi aux particules, aux sons, aux masses, etc. Il s'ensuit un grand nombre de type de spectrométries : infrarouge, visible, par rayons X, par électrons, etc.

Par conséquent, nous comptons des applications dans tous les domaines de la physique, de la chimie, de la biologie, de l'astronomie, etc.

Synchrotron. Une particule chargée qui subit une accélération émet un rayonnement électromagnétique. Le rayonnement du *synchrotron* correspond au rayonnement émis par des électrons qui tournent dans un anneau de stockage. Il va de l'infrarouge aux rayons X durs et possède des propriétés remarquables. L'émission est stable (avec une faible divergence du faisceau), pulsée (avec une durée d'impulsion de l'ordre de la picoseconde) et intense (ce rayonnement X a une intensité de plusieurs milliards de fois supérieure aux sources de rayons X traditionnelles de la radiographie en médecine). Les applications sont dédiées à la recherche fondamentale (aussi bien en physique, qu'en biologie et en chimie) et à la recherche appliquée (microfabrication en électronique et mécanique par lithographie X, tests médicaux sur patients, analyse de substances, etc.). Le synchrotron Soleil, synchrotron de troisième génération optimisé dans la gamme des rayons X moyens, sera utilisé dans des domaines très différents tels que la pharmacie, la médecine, la chimie et la pétrochimie, l'environnement, le nucléaire, l'industrie automobile, mais aussi les nanotechnologies, la micromécanique et la microélectronique, etc.

Télescopes. Les *télescopes* sont des instruments d'optique destinés à l'observation d'objets éloignés. En effet, la combinaison de miroirs permet d'augmenter la taille de l'objet observé et situé à grande distance. De plus, des miroirs de grands diamètres permettent de collecter plus de lumière et donc d'augmenter la luminosité de l'objet observé. Leur domaine d'utilisation est principalement l'astronomie. Aujourd'hui, on peut leur associer un miroir déformable (adaptatif) qui compense les turbulences de l'atmosphère. On travaille alors à la résolution spatiale ultime du télescope, soit la limite de diffraction. Les résultats dans le domaine visible sont comparables (à moindre coût) à ceux des télescopes satellisés comme Hubble. Notons que ce type de miroir adaptatif est aussi utilisé en ophtalmologie pour voir de façon précise la rétine. Il existe aussi des télescopes qui fonctionnent dans le rayonnement X (en incidence rasante) et des *radiotélescopes*. Ce dernier type capte les ondes radioélectriques émises par différentes sources de l'espace, qui peuvent être ainsi étudiées : les astres, le Soleil, les galaxies, les quasars, etc. Les longueurs d'onde vont du millimètre à plusieurs kilomètres et les surfaces réceptrices sont des grilles métalliques (la dimension de la maille doit être inférieure à la longueur d'onde du rayonnement incident). La taille du miroir (antenne) peut atteindre un grand diamètre (305 mètres pour le miroir parabolique du site d'Arecibo de Porto Rico). Les radiotélescopes peuvent être mobiles, donc orientables, pour examiner le ciel dans sa presque totalité. Les diamètres sont de l'ordre de 50 à 100 mètres et la résolution est celle de l'œil humain (1 minute d'arc). Pour obtenir une meilleure résolution, les antennes travaillent en réseau (comme les 144 antennes du réseau décamétrique de l'Observatoire de Nançay dans le Cher).

Tomographie. La *tomographie* est une technique qui permet de reconstruire en trois dimensions l'objet analysé. On trouve ses applications plus particulièrement dans les domaines de la médecine et de la géophysique. Les formes les plus connues de tomographie sont celles de l'imagerie par résonance magnétique nucléaire (IRM) et la *tomographie axiale calculée* (ou tomodensitométrie, ou scanner, ou encore CT-scan). Cette dernière technique se traduit par le balayage d'un faisceau de rayons X qui procure une analyse tomographique du patient. Par calcul, on reconstruit alors l'image en trois dimensions.

Crédits photographiques

Page 12 : © JM.Design. **Page 15** : © NASA. **Page 17** : © NASA. **Page 18** : © Yann Gauduel/Inserm. **Pages 21 et 23** : photo d'Étienne-Jules Marey. **Page 25** : © juanjo tugores – www.fotolia.com. Voir... **Page 28** : © Hubert Raguet/Photothèque CNRS. **Page 29** : © Nicolas Franceschini/CNRS. **Pages 30 et 31** : © Nicolas Franceschini/CNRS. **Page 33** : © Observatoire de Paris/Lesia/Mauna Kea Technologies. **Pages 34 et 35** : © Edwige Pissaloux/LRP. **Pages 36 et 37** : © Philippe Simon/Jean-Christophe Popieul. Voir la matière. **Page 41** : © Michel Brune/LKB. **Page 42** : © collaboration Antares. **Page 43** : © L. Fabre/CEA – © François Montanet/CNRS/IN2P3/UJF – © collaboration Antares. **Page 45** : © Yann Gauduel/Inserm. **Page 47** : © Yann Gauduel/Inserm. **Page 49** : © Carlos Javier Villagomez Ojeda/Tomaso Zambelli/Sébastien Gauthier/André Gourdon/SladjanaStojkovic/Christian Joachim. **Page 51** : © Paul Dumas/Synchrotron Soleil. **Pages 52 et 53** : © Guillaume Baffou/CNRS. **Page 55** : © Damien Riedel/Photothèque CNRS. **Pages 56 et 57** : © CNRS. **Pages 58 et 59** : © Didier Cot/IEM/CNRS. **Page 61** : © Paul Montgomery/CEM2/IES. **Page 62** : © Eric Martinez – www.fotolia.com. **Page 63** : © Marie-José Casanove/CNRS. **Page 64** : © Cyrille Benhamou. **Page 65** : © Philippe Colomban/Mickaël Havel/CNRS/ONERA. **Page 66** : © ARCoptix 2007. **Page 67** : © InESS 2006 – © Omar Manzardo/IMT 2004. **Page 68** : © aldan – www.fotolia.com. **Page 69** : © Thales. **Pages 70 et 71** : © Éric Audouard/Laboratoire Hubert Curien. **Page 73** : © Mathilde Reyssat/David Quéré. **Page 75** : © InESS – © Cyrille Benhamou. **Page 77** : © Marc Fourmentin. **Page 78** : © a4stockphotos – www.fotolia.com. **Page 79** : © Thales. **Page 81** : © L'Oréal Recherche. Voir l'homme. **Page 85** : © Françoise Argoul/Équipe chromatine et génome/ENS Lyon. **Page 87** : © Michel Faupel. **Page 89** : © Haimad Baudriller/Patrick Cañadas/Bernard Maurin – © S. Wendling/E. Planns/V.M. Laurent/L. Barbe/A. Mary/C. Oddon/D. Isabey/The European Physical Journal – Applied Physics. **Page 91** : © Nicolas Fourré/Pierre Jeannesson. **Page 93** : © Ircad 2006 www.ircad.org. **Pages 94 et 95** : © Nicolas Toussaint/Jean-Marc Peyrat/Maxime Sermesant/Hervé Delinguette/Nicholas Ayache. **Pages 96 et 97** : © CHU Robert Debré (Reims)/Claude Marcus. **Pages 98 et 99** : © Unité MéDIAN/Ganesh D. Sockalingum. **Pages 100 et 101** : © L'Oréal/Stéphane Commo. **Page 103** : © L'Oréal/CIERM Hôpital Bicêtre. **Page 105** : © M.-C. Schanne-Klein/E. Beaurepaire/Laboratoire d'optique et biosciences/École polytechnique/Inserm/CNRS. **Page 107** : © L'Oréal/Philippe Hallégot/Journal of Investigative Dermatology. **Page 109** : © L'Oréal/Gustavo Luengo/Anne Potter. **Page 111** : © Françoise Peyrin/Creatis. **Page 113** : © Pierre Fillard/Inria 2006. **Page 115** : © LSIIT/LNV-IPB. **Page 117** : © Pierre Fillard/Inria 2006. **Page 119** : © Franck Plouraboué/IMFT. Voir l'univers. **Page 123** : © Suzanne Sommer/IGM. **Page 125** : © Manuela Gruska/Alexandros Linarondis/Max Planck Institute of Biochemistry. **Pages 126 et 127** : © John R. Dolan/CNRS. **Page 129** : © François Yves Bouget/Marie Line Escande. **Pages 130 et 131** : © David Giron/Irbi. **Page 133** : © David Giron/Irbi. **Page 135** : © Gilles Vidal/Photothèque CNRS. **Pages 136 et 137** : © Bruno Clair/Photothèque CNRS. **Pages 138 et 139** : © Stéphane Douady – © Rolf Rutishauser – © Yves Couder. **Pages 140 et 141** : © Stéphane Douady. **Page 143** : © Ifremer/Campagne Serpentine 2007. **Page 144** : © Crenem/Université Bordeaux 1. **Page 145** : © NASA. **Page 146** : © marie-luce chevalier – www.fotolia.com. **Page 147** : © Sabine Décamp/Henri Didelle/Joël Sommeria/Samuel Viboud – © NASA EO. **Page 149** : © Ghislain Picard/LGGE. **Page 151** : © LGGE/LMD. **Page 153** : © Jean-Yves Pontaillier/CNRS. **Pages 154 et 155** : © Hervé Delbarre. **Page 157** : © Alain Hauchecorne. **Page 159** : © Meteosat-8/Louis Gonzales. **Page 160** : © NASA. **Page 161** : © Bertrand Lembège/Pierre Martel. **Page 162** : © Steele Hill/NASA. **Page 163** : © Patrick Robert/CETP. **Page 164** : © Joshua Strang/USAF/Wikipedia. **Page 165** : © Dong-Chen Cai. **Page 166** : © Don Pettit/ISS Expedition 6/NASA. **Page 167** : © Patrick Robert/CETP. **Page 169** : © BSF/AURA/NSO/GONG/Jack Harvey. **Pages 170 et 171** : © Alain Lecacheux/Lesia. **Page 173** : © Alfred Vidal-Madjar/ESA. **Page 175** : © ESA 2002. **Page 176** : © Observatoire de Paris. **Page 177** : © Gonzàles/CEA – © Lerma/OPM-Drecam/CEA – © NASA. **Page 179** : © Ego/Virgo Collaboration. **Pages 180 et 181** : © NASA – D.R. **Page 183** : © Hubble – © ESO. **Page 184** : © Bruno Courtet. **Page 185** : © Patrick Robert/CETP. Voir... imperceptiblement. **Pages 188 et 189** : © Le2i/EyeNetics. **Page 191** : © Paul Smigielski/IFL. **Pages 192 et 193** : © Irit 2005-2007/Projet FOVEA. **Page 195** : © Robert Vergnieux/Institut Ausonius. **Page 197** : © URCA/LEO. **Page 198** : © Bruno Courtet. **Page 199** : © Jean-Louis Bellec/C2RMF – © Elsa Lambert/Élisabeth Ravaud/C2RMF. **Pages 200 et 201** : © Laurence Médard/Photothèque CNRS – © Claude Mirguet/Peggy Frederikx/Philippe Sciau/Philippe Colomban/Photothèque CNRS. **Pages 202 et 203** : © Christophe Lebedinsky/Photothèque CNRS. **Page 205** : © Pierre-Emmanuel Malissin/Frédéric Valdès www.roi-president.com – © Thierry Borel/C2RMF. **Pages 206 et 207** : © IEMN. **Page 209** : © Alain Gaugue/L3i. **Page 211** : © Etis. **Page 212** : © Philippe Psaila/Doublevue.fr. **Page 213** : © SilMach SA – © Philippe Psaila/Doublevue.fr. **Pages 214 et 215** : © Hubert Raguet/Photothèque CNRS. **Page 217** : © Nicolas Franceschini/CNRS – © Hubert Raguet/Photothèque CNRS. Jaquette. © David Giron/Irbi – © Didier Cot/IEM/CNRS – © Alfred Vidal-Madjar/ESA – © Nicolas Franceschini/CNRS – © Franck Plouraboué/IMFT. Fonds. © CSeigneurgens – © piccaya – © Alexey Kotelnikov – © Danish kamran – © Eisenhans – © marie-luce chevalier – © paradoksB – © MAXFX – © Stephen Coburn – © Kirsty Pargeter – © Julien Grondin – © Sandra Henderson – © a4stockphotos – © Eric Martinez – © Uladzimir Bakunovich – © John – © Alx – © Roman Dekan – © Olga Rut'ko – © marie-luce chevalier – www.fotolia.com – © Cyrille Benhamou – © JM.Design - Jennie Malandain.

Remerciements

Nous remercions très chaleureusement l'ensemble des 101 auteurs qui ont participé à l'élaboration de ce livre. Malgré leur emploi du temps très chargé, dès le premier contact, ils ont accepté avec enthousiasme de participer à la rédaction de cet ouvrage. Chacun dans son domaine a su, par des images insolites et des textes d'accompagnement concis et simples, nous montrer les merveilles de la science et l'intérêt des recherches auxquelles elle donne lieu.

Nous remercions également Monsieur le Professeur Jean-Marie Lehn, qui a accepté de préfacer cet ouvrage.

Nous adressons notre vive et sincère reconnaissance à l'ensemble des participants du comité de lecture, dont les séances ont toujours été fructueuses et riches d'échanges, à l'ensemble des personnes du groupe de travail dédié à ce livre, et en particulier à Isabelle Walter de la société L'Oréal, à Luc Soler de l'Ircad, à Patrick Robert du CERT-CNRS et à Paul Montgomery de l'InESS, ainsi qu'à Christian Ngô, Marie-France Penazzi et Franck Gehrhard de l'association Écrin.

Écrin remercie tout particulièrement son antenne régionale Rhenaphotonics Alsace (pôle optique et photonique d'Alsace) pour son implication dans l'élaboration de cet ouvrage.

Recherche ECRIN Entreprise

Rhenaphotonics Alsace

609713/1 – Burgo R4 170 g

Achevé d'imprimer sur les presses
de l'imprimerie Stige à San Mauro (TO)
Dépôt légal : novembre 2007